教育部高等学校电子信息类专业教学指导委员会规划教材

高等学校电子信息类专业系列教材

现代信号处理

陈纯锴　关雪梅　编著

清华大学出版社

北京

内 容 简 介

本书系统、全面地介绍了现代信号处理的主要理论、具有代表性的方法及一些典型应用。取材广泛，内容新颖，充分反映了信号处理的新理论、新技术、新方法和新应用，可以帮助读者尽快跟踪信号处理的发展。全书共7章，内容包括绪论、时域离散随机信号分析、功率谱估计、最优滤波和自适应滤波器设计、时频分析与小波变换、神经网络及信号处理应用专题。

本书既重视原理、概念和算法的讲解，保持课程知识体系的完整性和系统性，又重视算法实现和实践。本书图文并茂介绍这些理论的同时将 MATLAB 引入其中，以工程实际为背景，深入详尽分析各种实例，使学生尽快掌握数字信号处理的精髓。致力于经典理论＋应用实例＋专题模式，以生物医学、图像处理工程专题实例进行介绍。

本书可作为信息、电子、通信、计算机、生物医学和机械工程等学科领域高年级本科生或研究生教材，也可供从事这些专业及相近专业信号处理的科学研究工作者和工程技术人员作为参考书。

图书在版编目（CIP）数据

现代信号处理/ 陈纯锴，关雪梅编著. -- 北京：清华大学出版社，2025. 5. --（高等学校电子信息类专业系列教材）. -- ISBN 978-7-302-68796-2

Ⅰ. TN911.7

中国国家版本馆 CIP 数据核字第 2025SQ5854 号

责任编辑：赵　凯
封面设计：李召霞
责任校对：郝美丽
责任印制：刘　菲

出版发行：清华大学出版社

  网　　　址：https://www.tup.com.cn, https://www.wqxuetang.com
  地　　　址：北京清华大学学研大厦 A 座　　邮　　编：100084
  社 总 机：010-83470000　　　　　　　　邮　　购：010-62786544
  投稿与读者服务：010-62776969，c-service@tup.tsinghua.edu.cn
  质量反馈：010-62772015，zhiliang@tup.tsinghua.edu.cn
  课件下载：https://www.tup.com.cn,010-83470236

印 装 者：大厂回族自治县彩虹印刷有限公司
经　　销：全国新华书店
开　　本：185mm×260mm　　　印　　张：14　　　字　　数：341 千字
版　　次：2025 年 6 月第 1 版　　　　　　　　印　　次：2025 年 6 月第 1 次印刷
印　　数：1～1500
定　　价：59.00 元

产品编号：103666-01

前 言
PREFACE

随着信息、通信、计算机科学与技术的迅速发展,信号处理的理论得到快速的发展,其应用领域也日益广泛,现代信号处理是电子信息类、生物医学工程类研究生学位课,是一门重要的必修课。目前适合这些研究方向的通用教材不多,而且存在大量理论分析与公式推导。本书包括基础经典信号处理理论,同时拥有现代应用前沿知识,内容通俗易懂,比较适合普通本科院校作为高年级本科生或研究生教材。

本书是根据作者长期为研究生开设现代信号处理课程的教学讲义,并结合作者的科研活动和应用体会,参考国内外相关文献资料写作而成,在内容取舍和安排上有下面一些考虑。现代信号处理内容十分丰富,限于学时数的规定,本书汇集了现代信号处理领域中的一些重要内容。期望通过书中内容的介绍,对研究生教育起到抛砖引玉、触类旁通的作用。本书以工程创新为导向,致力于经典理论+应用实例+专题模式,以生物医学、图像处理工程专题实例进行介绍。结合科研背景,揭示隐藏在课程内容背后的概念本质,提炼渗透在知识链中的逻辑规律以及相应知识的现代应用,充实教学内容,培养学生的工程思维和创新意识,以更好地适应应用型人才的要求。

本书具有如下主要特点:

(1) 强调基础。本书保留最基本的理论分析与必要的公式推导,对现代信号处理的基本概念,尽量使用通俗易懂的语言,尽可能使用图、表来阐述理论,深入浅出地进行描述,使读者易于理解和掌握。本书虽强调基础,但能全面、深入地阐述近年来数字信号处理领域的新技术和新成果;图文并茂,能用图形来说明的不用文字阐述;结合典型实例进行分析,实用性、实践性强,理论联系实际,侧重实用。

(2) 注重理论算法与具体工程应用相结合。本书中各章末增加基于 MATLAB 的应用实例,并给出完整程序,有助于学生理解和掌握数字信号处理的基本理论和基本实现方法。而有些书籍只是给出部分程序,不能独立运行,或在网络中给出下载完成程序的链接,增加了阅读使用的麻烦。考虑到这门课程在图像处理和生物医学信号处理中的重要作用,因此,以专题形式做了介绍。

(3) 增加新理论、新方法。随着人工智能技术的发展,电子信息很多基础理论也随着更新,深度学习、强化学习等技术不断涌现,相关书籍也很多,但不管怎样改变其核心技术不过是神经网络+图像信号处理,所以有必要将核心技术作为经典理论列入现代信号处理课程之中。

本书由天津工业大学的陈纯锴、关雪梅两位老师编写完成,同时完成教学课件的制作。本书编写过程中,参阅了大量文献,本书末尾列出的参考文献以及书中未能提及资料来源的文献,我们在此对这些文献的作者表示诚挚的感谢。另外还要感谢清华大学出版社的赵凯编辑及其他工作人员,他们在本书的出版过程中给予了大力支持与帮助。

由于作者水平有限,疏漏和不当之处在所难免,敬请读者批评指正。

作　者

2025 年 4 月

目 录
CONTENTS

第 0 章　绪论 ··· 1
第 1 章　时域离散随机信号分析 ··· 4
　1.1　随机信号 ·· 4
　1.2　平稳随机信号的时域统计表达 ··· 9
　　1.2.1　平稳随机序列 ·· 9
　　1.2.2　平稳随机信号的各态遍历性 ·· 10
　1.3　平稳随机信号的 Z 域及频域的统计表达 ···································· 11
　　1.3.1　相关函数的 z 变换 ··· 11
　　1.3.2　平稳随机信号的功率密度谱 ·· 12
　　1.3.3　功率谱的分类 ··· 13
　1.4　随机序列数字特征的估计 ·· 15
　　1.4.1　估计准则 ··· 15
　　1.4.2　随机序列数字特征的估计 ·· 16
　1.5　平稳随机序列通过线性系统 ··· 18
　　1.5.1　系统响应的均值、自相关函数和平稳性分析 ························· 19
　　1.5.2　输出响应的功率谱密度函数 ·· 21
　　1.5.3　互相关函数及卷积定理 ··· 21
　1.6　时间序列信号模型 ·· 23
　　1.6.1　三种时间序列模型 ·· 23
　　1.6.2　三种时间序列信号模型的适用性 ··· 26
　　1.6.3　自相关函数、功率谱与时间序列信号模型的关系 ··················· 27
　1.7　应用实例 ··· 29
　习题 ·· 34
第 2 章　功率谱估计 ··· 35
　2.1　功率谱估计方法与特点 ··· 35
　　2.1.1　经典谱估计方法 ··· 36
　　2.1.2　现代谱估计方法 ··· 36
　2.2　经典功率谱估计 ··· 37
　　2.2.1　BT 法(间接法) ··· 37
　　2.2.2　周期图法(直接法) ··· 38
　　2.2.3　周期图法谱估计质量分析 ·· 39
　2.3　经典谱估计方法改进法 ··· 42
　　2.3.1　窗函数法 ··· 42

2.3.2 平均周期图法 ·· 43

2.3.3 Welch 法 ·· 44

2.4 现代谱估计 ·· 45

2.4.1 AR 模型的尤尔-沃克方法 ·· 47

2.4.2 莱文森-德宾算法 ··· 48

2.5 应用实例 ·· 49

习题 ·· 55

第 3 章 最优滤波和自适应滤波器设计 ·· 56

3.1 维纳滤波器 ·· 56

3.1.1 维纳滤波器概述 ··· 56

3.1.2 维纳滤波器的时域解 ··· 57

3.1.3 维纳滤波器的 z 域解 ··· 61

3.2 卡尔曼(Kalman)滤波器 ·· 68

3.2.1 卡尔曼滤波器信号模型 ·· 68

3.2.2 卡尔曼滤波的递推算法 ·· 69

3.3 自适应滤波器 ·· 72

3.3.1 基本原理 ·· 73

3.3.2 LMS 自适应滤波器 ··· 74

3.3.3 最陡下降法 ··· 76

3.3.4 LMS 算法流程 ··· 78

3.4 应用实例 ·· 79

习题 ·· 87

第 4 章 时频分析与小波变换 ·· 88

4.1 时频分析的基本概念 ··· 88

4.2 短时傅里叶变换 ··· 90

4.2.1 短时傅里叶变换的定义及其物理解释 ·· 90

4.2.2 短时傅里叶变换的性质 ·· 95

4.2.3 短时傅里叶变换的时间、频率分辨率 ·· 95

4.2.4 短时傅里叶变换的计算 ·· 97

4.2.5 从傅里叶变换到小波变换过程 ··· 98

4.3 连续小波变换 ·· 100

4.3.1 连续小波变换定义 ·· 101

4.3.2 连续小波变换性质 ·· 103

4.3.3 连续小波反变换及小波容许条件 ··· 104

4.3.4 典型小波函数 ·· 104

4.3.5 连续小波变换的计算 ··· 106

4.4 离散小波变换 ·· 108

4.4.1 离散小波变换定义 ·· 108

4.4.2 离散小波变换的多分辨率分析 ··· 109

4.4.3 小波变换与滤波器组 ··· 114

4.4.4 Mallat 快速算法 ·· 116

4.4.5 小波包分析 ··· 119

4.4.6 基于小波的信号处理 ··· 121

4.5 应用实例 ………………………………………………………………………… 124
习题 …………………………………………………………………………………… 132

第 5 章 神经网络 ………………………………………………………………………… 133
  5.1 机器学习基础 ………………………………………………………………… 133
    5.1.1 基本概念 ………………………………………………………………… 133
    5.1.2 线性回归 ………………………………………………………………… 136
    5.1.3 逻辑回归 ………………………………………………………………… 142
  5.2 人工神经网络 ………………………………………………………………… 145
    5.2.1 神经元 …………………………………………………………………… 145
    5.2.2 M-P 神经元 …………………………………………………………… 146
    5.2.3 感知机 …………………………………………………………………… 147
    5.2.4 多层神经网络模型 …………………………………………………… 150
    5.2.5 误差反向传播算法 …………………………………………………… 155
    5.2.6 激活函数 ………………………………………………………………… 159
  5.3 卷积神经网络 ………………………………………………………………… 162
    5.3.1 特征工程 ………………………………………………………………… 162
    5.3.2 图像卷积运算 ………………………………………………………… 163
    5.3.3 卷积神经网络的基本思想 …………………………………………… 166
    5.3.4 典型的卷积神经网络结构 …………………………………………… 169
  5.4 应用实例 ……………………………………………………………………… 171
    5.4.1 开发工具与环境创建 ………………………………………………… 171
    5.4.2 一元线性回归应用实例 ……………………………………………… 174
    5.4.3 手写字符识别应用实例 ……………………………………………… 176
  习题 ………………………………………………………………………………… 180

第 6 章 信号处理应用专题 …………………………………………………………… 181
  6.1 生物医学信号处理应用专题 ………………………………………………… 181
    6.1.1 学科发展与系统组成 ………………………………………………… 181
    6.1.2 医学信号处理关键设备 ……………………………………………… 182
    6.1.3 生物医学信号及其类型 ……………………………………………… 185
    6.1.4 脑电信号处理实例 …………………………………………………… 188
    6.1.5 脑电信号的分析实例 ………………………………………………… 191
    6.1.6 自适应噪声抵消法增强心电图实例 ………………………………… 195
  6.2 图像信号处理应用专题 ……………………………………………………… 197
    6.2.1 基础知识 ………………………………………………………………… 197
    6.2.2 典型数字图像处理应用 ……………………………………………… 200
    6.2.3 图像信号处理应用实例 ……………………………………………… 210
  习题 ………………………………………………………………………………… 213

参考文献 ……………………………………………………………………………… 214

绪　　论

　　随着科学技术的飞速发展,人类步入了信息时代。信号的类型多种多样,通常各种文字、语言、图像、电压、电流、波形等都是常用的信号形式。信号处理就是运用数学或物理的方法对信号进行各种加工或变换。其目的是滤除混杂在信号中的噪声和干扰,将信号变换成易于识别的形式,便于提取它的特征参数。因此,信号处理的本质是信息的提取和变换。

　　数字信号处理在理论上所涉及的范围极广。数学领域中的微积分、概率统计、随机过程、高等代数、数值分析、复变函数等是其基本分析工具;网络理论、信号与系统等是其理论基础。在近 40 年的发展中,数字信号处理已基本形成了一套较完整的理论体系,主要包括信号的采集(A/D 转换、采样定理、多抽样率等)、离散信号的分析(时频分析、信号变换等)、离散系统分析及其算法(系统转移函数、频率特性、快速傅里叶变换、快速卷积等)、信号的估值(各种估值理论、相关函数与功率谱估计等)、数字滤波技术(各种数字滤波器的设计与实现)、信号的建模(AR、MA、ARMA 等模型)、信号处理中的特殊算法(抽取、插值、反卷积、信号重建等)、信号处理技术的实现与应用(软硬件系统的整体实现)。

　　伴随着通信技术、电子技术及计算机技术的飞速发展,数字信号处理的理论也在不断地发展和完善,各种新算法、新理论层出不穷。平稳信号的高阶统计量分析、非平稳信号的联合时域分析、信号的多抽样率分析、神经网络、小波变换及独立分量分析等信号理论取得了较大的发展。目前信号处理已经成为了现代科学技术的支柱之一,已广泛应用于人类生产和生活的各个方面。

1. 信号类课程及相互关系

　　信号类课程主要包括信号与系统、数字信号处理和现代信号处理。其中,信号与系统和数字信号处理为本科课程,现代信号处理为硕士研究生学位课,三门课关系如图 0-1 所示。

　　信号与系统:信号与系统是一门学科基础课程,主要研究信号与系统的基本概念、连续信号系统时域、频域分析及复频域分析、系统函数与系统模拟;离散信号系统时域和 Z 域分析;系统状态变量分析法等。学习信号与系统可以帮助理解信号的特性、系统的行为,以及信号与系统之间的相互作用。信号与系统课程是电子信息类专业本科生必选的专业基础课程,是数学到工程性课程之间的一座桥梁。

　　数字信号处理:数字信号处理是电子信息类专业课程,主要包括离散时间信号(序列)与系统的基本概念、模拟信号用数字信号处理的原理方法、时域、频域(z 变换)的分析方法,重点掌握数字谱分析、离散傅里叶变换及其快速算法(FFT),各种 IIR 及 FIR 数字滤波器的

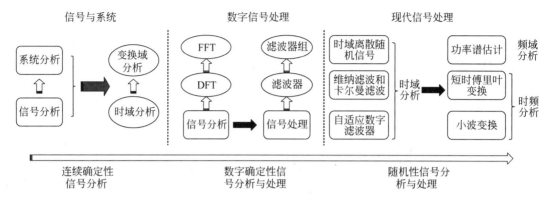

图 0-1 信号与系统、数字信号处理和现代信号处理三门课关系

基本概念、理论、结构与设计方法。

现代信号处理：现代信号处理是电子信息类硕士研究生的学位课，是基于数字信号处理的基础上，进一步研究信号处理的新方法和技术。该课程涉及的内容包括随机信号分析、功率谱分析、时频分析和小波变换、神经网络、维纳滤波、卡尔曼滤波和自适应滤波等。现代信号处理主要应用于图像处理、语音处理、通信系统等领域，旨在提高信号处理的效果和性能。

2. 现代信号处理的研究内容

在传统数字信号处理理论基础之上，基于概率统计的思想，用数理统计、优化估计、线性代数和矩阵计算等理论进行研究，研究对象由确定性信号转为随机信号，且系统可能是时变、非线性的。对随机信号进行数学、统计和频谱等方面的分析，以了解信号的特性、结构和内容。其目的是从信号中提取信息并获取对信号的认识，主要包括信号分析和信号处理两方面。

信号分析的内容包括信号的时域分析、频域分析、统计分析以及相关分析等。常见的信号分析方法包括傅里叶变换、短时傅里叶变换、时频分析、小波变换、自相关和互相关等。信号分析主要关注信号的性质和特征，为信号处理提供基础。

信号处理指对随机信号进行操作、改变或者提取其中的信息的过程。其目的是在实际应用中对信号进行处理，以满足特定的需求。信号处理的内容涵盖信号的滤波、降噪、压缩、增强、重构等。常见的信号处理方法包括数字滤波器设计、图像处理算法、语音识别和压缩编码等。信号处理主要关注信号的处理方法和算法，为实际应用中对信号进行优化和改进提供技术手段。教材采用对不同处理对象的线索来讲解：

■ 确定性信号→随机信号；

■ 平稳信号处理→非平稳信号处理；

■ 时域→频域→时频分析。

3. 现代信号处理应用

现代信号处理是一门涉及多学科的新兴学科，在语音、雷达、声呐、地震、图像、通信系统、系统控制、生物医学工程、机械振动、遥感遥测、地质勘探、航空航天、电力系统、故障检测、自动化仪器等众多领域获得了极其广泛的应用，有效地推动了众多工程技术领域的技术改造和学科发展，如图 0-2 所示。例如，医生要了解一个人心脏的信息，往往先进行一个心电图检查。心电图实质上是一种反映人的心脏跳动的生物电信号，医生根据专业知识对此心电信号做出分析与处理,才能得到是否有心脏病的信息。再如,对于飞机这样一个大型复杂系统,驾驶员要获得飞机的飞行状态与发动机的工作状态信息,就要对飞行高度、飞行速度、航向、温度、压力、振动等信号进行处理,再结合一定专业知识才能最终取得飞行是否正常这一信息。信号处理与分析技术是科学研究的重要手段,同时也是工业领域的一个重要基础技术,而且发挥着越来越大的作用。随着信息化的发展,信息技术不断地渗透到科学研究的各个领域中。

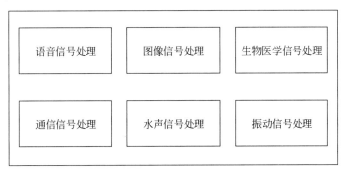

图 0-2　现代信号处理技术应用领域

语音信号处理:语音分析、语音合成、数字语音通信、语音计算机识别、声控计算机、计算机话音综合等。

图像信号处理:图像编码、图像恢复、图像增强、图像识别等技术已经广泛地应用在军事和国民经济各部门中。如卫星遥感、资源勘探、气象云图、军事侦察、工业 CT 以及细胞、指纹、相貌、文字识别等领域。

水声信号处理:利用潜艇螺旋桨、发动机、艇体振动等声波,经过信号处理后,可分辨出潜艇的类型。

生物医学信号处理:通过对心电信号、脑电信号的处理,可以及时发现心脏或脑部疾患。

## 第 1 章

时域离散随机信号分析

信号有确定性信号和随机信号之分。所谓确定性信号,就是信号的幅度随时间的变化有一定的规律性,可以用一个明确的数学关系进行描述,是可以再现的。而随机信号随时间的变化没有明确的变化规律,在任何时间的信号大小不能预测,因此不可能用明确的数学关系进行描述,但是这类信号存在着一定的统计分布规律,它可以用概率密度函数、概率分布函数、数字特征等进行描述。本书主要研究随机数字信号,有时也将这种信号简称为随机序列,本章是后续内容的基础,主要介绍随机信号概念,平稳随机信号的时域和频域的统计表达,数字特征的估计,平稳随机序列通过线性系统时间以及序列的信号模型。

1.1 随机信号

1. 随机变量及其分布

离散型随机变量的定义:如果随机变量 X 只能取有限个或可列不同的数值 $x_1, x_2, \cdots$,则称 X 为离散型随机变量,p_k 是取值为 $x_k (k=1,2,\cdots)$ 时相应的概率。例如,掷骰子出现的点数 X 只能取 $1,2,3,4,5,6$ 是离散型随机变量。要掌握一个离散型随机变量的统计规律,只知道 X 的所有可能取值是不够的,还必须知道 X 取每个可能值的概率。

$$P\{X=x_k\} = p_k (k=1,2,\cdots) \tag{1-1}$$

或表示为

X	x_1	x_2	x_3	$\cdots$	x_k	$\cdots$
$P\{X=x_k\}$	p_1	p_2	p_3	$\cdots$	p_k	$\cdots$

称式(1-1)或表格表示的函数为离散型随机变量 X 的概率分布,或称为 X 的分布密度或分布律。它清楚而完整地表示了随机变量 X 取值的概率分布情况。

连续型随机变量的定义:对于可以在某一区间内任意取值的随机变量 X,由于它的取值不是集中在有限个或可列无穷个点上,因此只有确知取值于任一区间上的概率 P{a< X<b}(其中 a<b,a、b 为任意实数),才能掌握它取值的概率分布情况,这就是连续型随机变量。

对于连续型随机变量 X,由于其可能值不能一个一个地列举出来,因而就不能像离散型随机变量那样可以用分布律来描述它,并且 $p_k = P\{X = x_k\}$ 无意义。因而,我们只好转而去研究随机变量所取的值落在一个区间内的概率,这就是下面要引入的分布函数。

分布函数的定义：设 X 是一随机变量，x 是任意实数，称函数

$$F(x) = P\{X \leqslant x\} \quad (-\infty < x < \infty) \tag{1-2}$$

为随机变量 X 的分布函数。分布函数又叫累积分布函数（*Cumulative Distribution Function*，*CDF*），是概率密度函数的积分，能完整描述一个随机变量 X 的概率分布。一般以大写 *CDF* 标记，与概率密度函数（*Probability Density Function*，*PDF*）相对。

知道了随机变量 X 的分布函数，就能知道 X 落在任一区间内的概率，它完整地描述了随机变量 X 的统计特性。分布函数 F(x) 既然是概率，就应具有下面的基本性质：

（1）$0 \leqslant F(x) \leqslant 1$；

（2）F(x) 为不减函数，即当 $x_1 < x_2$ 时，有 $F(x_1) < F(x_2)$；

（3）随机变量 X 在区间 $x_1 < X < x_2$ 上取值的概率为

$$P\{x_1 < X < x_2\} = F(x_2) - F(x_1) \tag{1-3}$$

概率密度函数可表示为一条曲线，称为分布曲线。根据积分的几何意义可知，分布函数 F(x) 是分布曲线下从 $-\infty$ 到 x 与横轴包围的面积，如图 1-1 所示。

其中，$F(x) = \int_{-\infty}^{x} f(t)\mathrm{d}t$，$f(x)$ 为随机变量 X 的概率密度函数，概率密度函数 f(x) 具有如下性质。

（1）$f(x) \geqslant 0$；

（2）由概率密度函数曲线与 x 轴所围成的面积为 1；

（3）随机事件 $\{x_1 < X < x_2\}$ 的概率等于分布函数曲线下从 x_1 到 x_2 的面积，如图 1-2 所示。

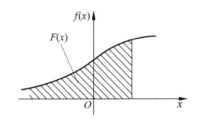

图 1-1 随机变量的概率密度函数

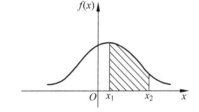

图 1-2 随机事件 $\{x_1 < X < x_2\}$ 的概率

阅读本书的读者默认前期学习过随机信号分析或随机过程，所以本章为复习性、概况性内容，有一些概念需要特殊强调一下：

（1）如果说微积分是研究变量的数学，那么概率论与数理统计是研究随机变量的数学；

（2）研究一个随机变量，不只是要看它能取哪些值，更重要的是它取各种值的概率如何；

（3）概率分布，严格来说，应该称为"离散型随机变量的值分布和值的概率分布列表"。概率分布函数就是概率函数取值的累加结果，所以又称为累积概率函数；

（4）连续型随机变量也有"概率函数"和"概率分布函数"，但是连续型随机变量的"概率函数"换了一个名字，称为"概率密度函数"。

2. 随机信号的定义

随机变量是一个与时间无关的量，随机变量的某个结果是一个确定的数值。例如，骰子的 6 面，点数总是 1～6，假设 A 面点数为 1，那么无论何时投掷成 A 面，它的点数都是 1，不

会出现其他的结果,即结果具有同一性。但生活中,许多参量是随时间变化的,如图 1-3 所示为测量接收机的输出噪声电压,它是一个随时间变化的曲线;图中 $x_n(t)$ 表示第 n 部接收机的输出噪声,称为第 n 条样本曲线。现在进一步论述随机过程的概念,当对接收机的噪声电压进行"单次"观察时,可以得到波形 $x_1(t)$,也可能得到波形 $x_2(t)$、$x_3(t)$ 等,每次观测的波形的具体形状,虽然事先不知道,但肯定为所有可能的波形中的一个。而这些所有可能的波形集合 $x_1(t)$,$x_2(t)$,$\cdots$,$x_n(t)$,就构成了随机过程 $X(t)$。这些随时间变化的随机变量就称为随机过程。显然,随机过程是由随机变量构成的,又与时间相关。**实际应用中,常常把随时间变化而变化的随机变量,称为随机过程。**

如果对随机信号 $X(t)$ 进行等间隔采样,或者说将 $X(t)$ 进行时域离散化,得到 $X(t_1)$,$X(t_2)$,$\cdots$,所构成的集合称为时域离散随机信号。用序号 n 取代 t_n,随机序列用 $X(n)$ 表示。换句话说,随机序列是随 n 变化的随机变量序列。图 1-4 表示的就是图 1-3 所示随机信号经过时域离散化形成的随机序列。相应的 $x_i(n)$,$i=1,2,3,\cdots$,称为样本序列,它们是 n 的确定性函数。样本序列也可以用 x_n 表示,而 $X(t_1)$,$X(t_2)$,$\cdots$ 或者 $X(1)$,$X(2)$,$\cdots$ 则都是随机变量,因此随机序列兼有随机变量和函数的特点。这里要注意,$X(n)$ 与 $x_i(n)$ 分别表示不同的含义,大写字母表示随机序列或者随机变量,小写字母表示样本序列。但在本书以后的章节中,为简单起见,也用小写字母 $x(n)$ 或 x_n 表示随机序列,只要概念清楚,会分清楚何时代表随机序列,何时代表样本函数。

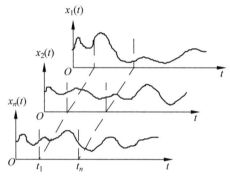

图 1-3 *n* 部接收机的输出噪声

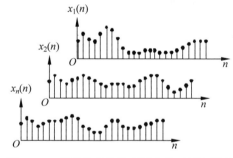

图 1-4 *n* 部接收机的输出噪声的时域离散化

总体来说,随机信号是随机过程的具体描述。随机信号描述的物理过程具有不可重复性和不可预测性。因而,随机信号不能用确定性函数来描述,信号波形表面看来没有规律,但这种信号波形却有一定的统计规律性。统计特征是随机信号的基本特征,常用概率分布函数和概率密度函数来描述。对随机信号必须用统计的方法进行处理。要确定随机信号的统计规律性,需要进行多次实验得到多个信号样本,即研究所有可能取得的全部样本集合。

随机信号的特点:

(1) 在任何时间的取值都是随机的(不能确切已知);

(2) 取值服从概率分布规律(统计特性确定,但未知)。

随机信号的定义:一个随机信号 $X(t)$ 是依赖时间 t 的一族随机变量,或者说它是所有可能的样本函数的集合。

3. 随机信号的统计描述

与随机变量类似,随机过程也存在着某种规律性,这种规律性是从大量的样本经统计后表现出来的,这就是随机过程的统计规律(或称为统计特性),随机过程的统计规律仍然用概率分布或数字特征来描述。

(1) 一维概率分布函数

$$F_{X_n}(x_n,n) = P(X_n \leqslant x_n) \tag{1-4}$$

(2) 一维概率密度函数

$$f_{X_n}(x_n,n) = \frac{\partial F_{X_n}(x_n,n)}{\partial x_n} \tag{1-5}$$

随机过程的一维概率分布函数和一维概率密度函数仅给出了随机过程最简单的概率分布特性,描述随机序列在某一时刻 n 的统计特性。它们只能描述随机过程在各个孤立时刻的统计特性,而不能反映随机过程在不同时刻的状态之间的联系。为了更加完整地描述随机序列,需要了解二维及多维统计特性。

(3) 二维概率分布函数

$$F_{X_n,X_m}(x_n,n,x_m,m) = P(X_n \leqslant x_n, X_m \leqslant x_m) \tag{1-6}$$

(4) 二维概率密度函数

$$f_{X_n,X_m}(x_n,n,x_m,m) = \frac{\partial^2 F_{X_n,X_m}(x_n,n,x_m,m)}{\partial x_n \partial x_m} \tag{1-7}$$

式中,X_n 为随机变量,P 为概率。以此类推,n 维概率分布函数和概率密度函数这里不再列出。

随机过程的二维概率分布虽然比一维概率分布包含了更多的信息,但它仍不能反映随机过程在两个以上时刻的状态之间的联系,不能完整地反映出随机过程的全部统计特性。

随机过程的 n 维概率分布函数或 n 维概率密度函数描述了随机过程在任意 n 个时刻的状态之间的联系,能够近似地描述随机过程 X(t) 的统计特性。显然,n 取得越大则描述越完善。在工程应用中,通常只考虑随机过程的二维概率分布就够了。

4. 随机信号的数字特征

虽然随机过程的 n 维概率分布函数能够比较全面地描述整个随机过程的统计特性,但它们的获得实际上很困难,甚至是不可能的。因而,类似概率论中引入随机变量的数字特征那样,有必要引入随机过程的基本数字特征,它们应该既能刻画随机过程的重要特征,又要便于运算和实际测量。随机过程的数字特征是由随机变量的数字特征推广而来的,所不同的是,随机过程的数字特征一般不再是确定的常数,而是时间 t 的函数。因此,也常把随机过程的数字特征称为矩函数。下面我们介绍随机过程的一些基本数字特征。

(1) 数学期望(统计平均值)

$$m_x(n) = E[X(n)] = \int_{-\infty}^{\infty} x(n) p_{x_n}(x,n) \mathrm{d}x \tag{1-8}$$

从式(1-8)可以看出,随机过程 X(n) 的数学期望在一般情况下依赖于时间 n,是时间 n 的函数,它表示该随机过程在各个时刻的摆动中心。因此,随机过程的数学期望 E[X(n)] 是某一个平均函数,随机过程的诸样本在它的附近起伏变化。如果随机序列是平稳的,则数学期望是常数,与 n 无关。

（2）均方值

$$E\big[\,|\,X(n)\,|^{\,2}\,\big]=\int_{-\infty}^{\infty}\,|\,x(n)\,|^{\,2}p_{x_n}(x,n)\mathrm{d}x \tag{1-9}$$

（3）方差

$$\sigma_x^2(n)=E\big[\,|\,X(n)-m_x(n)\,|^{\,2}\,\big]=E\big[\,|\,X_n\,|^{\,2}\,\big]-m_x^2(n) \tag{1-10}$$

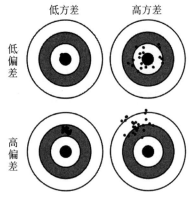

低方差　高方差

低偏差

高偏差

图 1-5　方差与偏差的区别

一般均方值和方差都是 n 的函数，但对于平稳随机序列，它们与 n 无关，是常数。如果随机变量 X_n 代表电压或电流，则其均方值表示在 n 时刻消耗在 1Ω 电阻上的集合平均功率，方差则表示消耗在 1Ω 电阻上的交变功率的集合平均，有时将 σ_x 称为标准方差。

需要注意区分方差与偏差的区别，偏差描述的是预测值（估计值）的期望与真实值之间的差距。偏差越大，越偏离真实数据。方差描述的是预测值的变化范围，即离散程度，也就是离其期望值的距离。方差越大，数据的分布越分散，如图 1-5 所示。

从上述讨论中可以看出，均值、均方值和方差都只与随机过程的一维概率分布相关，随机过程的这类数字特征常称为一维数字特征，它们只能描述随机过程孤立的时间点上的统计特性。为了描述随机过程两个不同时刻状态之间的内在联系，需利用随机过程的二维概率分布引入新的数字特征。在随机序列不同时刻的状态之间，存在着关联性，或者说不同时刻的状态之间互相有影响，包括随机序列本身或者不同随机序列之间。这一特性常用自相关函数和互相关函数进行描述。

（4）自相关函数

$$r_{xx}(m,n)=E\big[X_m X_n^*\big]=\int_{-\infty}^{\infty}\int_{-\infty}^{\infty}x_m x_n^* p_{X_m,X_n}(x_m,m,x_n,n)\mathrm{d}x_m\mathrm{d}x_n \tag{1-11}$$

（5）自协方差函数

$$\mathrm{cov}(X_m,X_n)=E\big[(X_n-m_{X_n})^*(X_m-m_{X_m})\big]=r_{xx}(n,m)-m_{X_n}^* m_{X_m} \tag{1-12}$$

（6）互相关函数

$$r_{xy}(n,m)=E\big[X_n^* Y_m\big]=\int_{-\infty}^{\infty}\int_{-\infty}^{\infty}x_n^* y_m p_{X_n,Y_m}(x_m,m,y_n,n)\mathrm{d}x_n\mathrm{d}y_m \tag{1-13}$$

（7）互协方差函数

$$\mathrm{cov}(X_n,Y_m)=E\big[(X_n-m_{X_n})(Y_m-m_{Y_m})^*\big]=r_{xy}(n,m)-m_{X_n}^* m_{Y_m} \tag{1-14}$$

式中，“ * ”表示复共轭，$p_{X_n,Y_m}(x_m,m,y_n,n)$ 表示 X_n 和 Y_m 的联合概率密度。

直观上来看，协方差表示的是两个变量总体的误差，这与只表示一个变量误差的方差不同。如果两个变量的变化趋势一致，也就是说如果其中一个大于自身的期望值，另外一个也大于自身的期望值，那么两个变量之间的协方差就是正值。如果两个变量的变化趋势相反，即其中一个大于自身的期望值，另外一个却小于自身的期望值，那么两个变量之间的协方差就是负值。如果 X 与 Y 是统计独立的，那么二者之间的协方差就是 0。

1.2 平稳随机信号的时域统计表达

1.2.1 平稳随机序列

在信息处理与传输中,经常遇到一类称为平稳随机序列的重要信号。所谓平稳随机序列,是指它的 N 维概率分布函数或 N 维概率密度函数与时间 n 的起始位置无关。换句话说,平稳随机序列的统计特性不随时间的平移而发生变化。如果将随机序列在时间上平移 k,其统计特性满足

$$F_{X_{1+k}, X_{2+k}, \cdots, X_{N+k}}(x_{1+k}, 1+k, x_{2+k}, 2+k, \cdots, x_{N+k}, N+k)$$
$$= F_{X_1, X_2, \cdots, X_N}(x_1, 1, x_2, 2, \cdots, x_N, N) \tag{1-15}$$

上面这类随机序列称为狭义(严)平稳随机序列,从上面的定义看出,严平稳随机过程的统计特性与所选取的时间起点无关,或者说不随时间的平移而变化。这意味着对于任何实数 k,随机过程 X(n) 和 X(n+k) 具有相同的统计特性。这一严平稳的条件在实际情况下很难满足。许多随机序列不是平稳随机序列,但是它们的均值和均方差却不随时间而改变,其相关函数仅是时间差的函数。一般将这一类随机序列称为广义(宽)平稳随机序列。下面重点分析研究这类平稳随机序列。为简单起见,将广义平稳随机序列简称为平稳随机序列。

将随机过程划分为平稳和非平稳有着重要的实际意义。因为随机过程属于平稳的,可使问题的分析大为简化。顺便指出,在本书后面的讨论中,凡是提到"平稳过程"一词时,除特别声明外,均指宽平稳的随机过程。平稳过程的 n 维概率密度不随时间平移而变化的特性,反映在其一、二维概率密度及数字特征上,具有以下性质:

(1) 平稳随机过程的一维概率密度函数与时间无关,因此均值、方差和均方值均与时间无关,分别表示为

$$m_x = E[x(n)] = E[x(n+m)] \tag{1-16}$$

$$\sigma_x^2 = E[|x_n - m_x|^2] = E[|x_{n+m} - m_x|^2] \tag{1-17}$$

$$E[|X_n|^2] = E[|X_{n+m}|^2] \tag{1-18}$$

(2) 平稳随机过程的二维概率密度函数只与 t_1、t_2 的时间间隔有关,而与时间起点无关。则随机过程 X(n) 自相关函数与自协方差函数分别为

$$r_{xx}(m) = E[X_n^* X_{n+m}] \tag{1-19}$$

$$\mathrm{cov}_{xx}(m) = E[(X_n - m_x)^* (X_{n+m} - m_x)] \tag{1-20}$$

对于两个各自平稳且联合平稳的随机序列,其互相关函数为

$$r_{xy}(m) = r_{xy}(n, n+m) = E[X_n^* Y_{n+m}] \tag{1-21}$$

对于自相关函数和互相关函数,下面公式成立:

$$r_{xx}^*(m) = r_{xx}(-m) \tag{1-22}$$

$$r_{xy}^*(m) = r_{yx}(-m) \tag{1-23}$$

互相关函数反映两个样本在不同时刻之间的相互依从关系。如果对于所有的 m,满足公式 $r_{xy}(m) = 0$,则称两个随机序列互为正交。如果对于所有的 m,满足公式 $r_{xy}(m) = m_x m_y$、$cov_{xy}(m) = 0$,则称两个随机序列互不相关。

平稳随机过程变量的取值范围为"实数"或"实函数",则称为实平稳随机序列如图 1-6

所示,其相关函数、协方差函数具有以下重要性质。

（1）相关函数和协方差函数是 m 的偶函数,用下式表示:

$$r_{xx}(m) = r_{xx}(-m), \quad \text{cov}_{xx}(m) = \text{cov}_{xx}(-m) \tag{1-24}$$

$$r_{xy}(m) = r_{yx}(-m), \quad \text{cov}_{xy}(m) = \text{cov}_{yx}(-m) \tag{1-25}$$

（2）$r_{xx}(0)$ 数值上等于随机序列的平均功率,则 $r_{xx}(0) = E[X_n^2]$。

（3）相关性随时间差的增大越来越弱: $r_{xx}(0) \geqslant |r_{xx}(m)|$。

（4）大多数平稳随机序列内部的相关性随着时间差的变大,越来越弱:

$$\lim_{m \to \infty} r_{xx}(m) = m_x^2, \quad \lim_{m \to \infty} r_{xy}(m) = m_x m_y \tag{1-26}$$

$$\text{cov}_{xx}(m) = r_{xx}(m) - m_x^2, \quad \text{cov}_{xx}(0) = \sigma_x^2, \quad \lim_{m \to \infty} \text{cov}_{xx}(m) = 0 \tag{1-27}$$

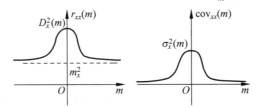

图 1-6　$r_{xx}(m)$ 和 $\text{cov}_{xx}(m)$ 的特性

此外,这里补充几个公式,后面有时候会遇到。

（1）离散时间实信号自相关函数定义为

$$r_{xx}(m) = \sum_{n=-\infty}^{\infty} x(n)x(n+m) \tag{1-28}$$

（2）对复值信号自相关函数定义为

$$r_{xx}(m) = \sum_{n=-\infty}^{\infty} x^*(n)x(n+m) \tag{1-29}$$

（3）功率信号自相关函数定义为

$$r_{xx}(m) = \lim_{N \to \infty} \frac{1}{2N+1} \sum_{n=-N}^{N} x(n)x(n+m) \tag{1-30}$$

（4）离散时间信号卷积

$$y(n) = \sum_{m=-\infty}^{\infty} x(m)x(n-m) \tag{1-31}$$

（5）相关与卷积运算的关系

$$r_{xx}(m) = x(m) * x(-m) \tag{1-32}$$

1.2.2　平稳随机信号的各态遍历性

对平稳随机过程的研究,涉及对大量的样本函数的观测。也就是说,要得到平稳随机过程的统计特性,就需要观察大量的样本函数。例如,数学期望、方差、相关函数等,都是对大量样本函数在特定时刻的取值利用统计方法求平均而得到的数字特征。这种平均称为集合平均。

集合平均的定义: 由随机序列 X(n)的无穷样本 x(n,i),i=1,2,…在相应时刻 n 对应项相加来实现。

$$m_x(n) = E[X(n)] = \lim_{N \to \infty} \frac{1}{N} \sum_{i=1}^{N} x(n,i) \tag{1-33}$$

$$r_{xx}(m,n) = E[X^*(m)X(n)] = \lim_{N \to \infty} \frac{1}{N} \sum_{i=1}^{N} x^*(m,i)x(n,i) \tag{1-34}$$

显然,N 取得越大误差就越小,这就使得试验工作量太大,况且计算也太复杂。这就使人们联想到平稳随机过程的特性。根据平稳随机过程统计特性与时间原点的选取无关这个特点,能否找到更简单的方法代替上述的方法呢?辛钦证明:在具备一定的补充条件下,对平稳随机过程的一个样本函数取时间均值,在观察时间足够长时,从概率意义上趋近于该随机过程的集合均值。对于这样的随机过程,我们说它具有各态历经性或各态遍历性。

时间平均的定义:设 x(n)是平稳随机序列 X(n)的一条样本曲线,其时间平均值为

$$\langle x(n) \rangle = \lim_{N \to \infty} \frac{1}{2N+1} \sum_{n=-N}^{N} x(n) \tag{1-35}$$

式中,<·>表示时间平均算子,类似地,其时间自相关函数为

$$\langle x^*(n)x(n+m) \rangle = \lim_{N \to \infty} \frac{1}{2N+1} \sum_{n=-N}^{N} x^*(n)x(n+m) \tag{1-36}$$

各态遍历性的定义:对一平稳随机信号,如果它的所有样本函数在某一固定时刻的一阶和二阶统计特性(集合平均)和单一样本函数在长时间内的统计特性(时间平均)一致,则称其为各态遍历信号。

$$\langle x(n) \rangle = E[X(n)] \tag{1-37}$$

$$\langle x(n)x^*(n+m) \rangle = E[X(n)X^*(n+m)] = r_{xx}(m) \tag{1-38}$$

平稳随机过程的各态遍历性,可以理解为平稳随机过程的各样本函数都同样地经历了随机过程的各种可能状态,因而从中任选一个样本函数都可以得到该随机过程的全部统计信息,任何一个样本函数的特性都可以充分地代表整个随机过程的特性。随机过程的一条样本曲线是很容易获得的,且它是确定的时间函数,对 x(n)求时间平均只需进行积分运算就能完成。所以,问题被大大地简化了。直观理解:只要一个实现时间充分长的过程能够表现出各个实现的特征,就可以用一个实现来表示总体的特性。

1.3 平稳随机信号的 Z 域及频域的统计表达

1.3.1 相关函数的 z 变换

平稳随机序列是非周期函数,且是能量无限信号,因而随机序列的任意一个样本函数不满足绝对可积条件,无法直接利用傅里叶变换进行分析。由前面对自相关函数和自协方差函数的讨论可知

$$\lim_{m \to \infty} \text{cov}_{xx}(m) = 0 \tag{1-39}$$

$$\lim_{m \to \infty} r_{xx}(m) = m_x^2 \tag{1-40}$$

当 $m_x = 0$ 时,$r_{xx}(m)$是收敛序列。这说明虽然无限能量信号本身的 z 变换与傅里叶变换不存在,但它的自协方差序列和自相关序列(当 $m_x = 0$ 时)的 z 变换与傅里叶变换却是存在的,其 z 变换用 $P_{xx}(z)$表示如下:

$$P_{xx}(z) = \sum_{-\infty}^{\infty} r_{xx}(m) z^{-m} \tag{1-41}$$

且

$$r_{xx}(m) = \frac{1}{2\pi j} \oint_c P_{xx}(z) z^{m-1} dz \tag{1-42}$$

因为 $r_{xx}^{*}(m) = r_{xx}(-m)$，将式(1-42)进行 z 变换，得到

$$P_{xx}(z) = P_{xx}^{*}\left(\frac{1}{z^{*}}\right) \tag{1-43}$$

如果 z_1 是其极点，则 $1/z_1^{*}$ 也是极点。$P_{xx}(z)$ 的收敛域包含单位圆，因此 $R_{xx}(m)$ 的傅里叶变换存在。

1.3.2　平稳随机信号的功率密度谱

一个随机序列的样本函数 x(n)，尽管它的总能量是无限的，但它的平均功率却是有限的。因此，对于这类函数，研究它的能量谱是没有意义的，研究其平均功率谱才有意义。功率谱密度 $P_{xx}(e^{j\omega})$ 是从频率角度描述随机过程 X(n) 的统计特性的最主要的数字特征，自相关函数是从时间角度描述随机过程统计特性的最主要的数字特征，它们之间有没有联系呢？维纳-辛钦定理(*Wiener-Khinchin Theorem*)给出了答案。对于式(1-41)，令 $z = e^{j\omega}$，可以得到 $r_{xx}(m)$ 的傅里叶变换如下所示：

$$P_{xx}(e^{j\omega}) = \sum_{-\infty}^{\infty} r_{xx}(m) e^{-j\omega m} \tag{1-44}$$

$$r_{xx}(m) = \frac{1}{2\pi} \int_{-\pi}^{\pi} P_{xx}(e^{j\omega}) e^{j\omega m} d\omega \tag{1-45}$$

式(1-44)和式(1-45)称为维纳-辛钦定理，表示平稳随机信号功率谱密度和其自相关函数是一对傅里叶变换。它揭示了从时间角度描述随机过程的统计规律和从频率角度描述的统计规律之间的联系。维纳-辛钦定理是分析随机信号的一个最重要、最基本的定理，在实际中有着重要的应用价值。

将 m＝0 代入式(1-45)，得到

$$r_{xx}(0) = \frac{1}{2\pi} \int_{-\pi}^{\pi} P_{xx}(e^{j\omega}) d\omega \tag{1-46}$$

式中，$r_{xx}(0)$ 为随机序列的平均功率，$P_{xx}(e^{j\omega})$ 为功率谱密度(简称为功率谱)。

正如平稳随机过程的自相关函数与其功率与密度之间互为傅里叶变换一样，互相关函数与互谱密度之间也存在类似的关系。

$$P_{xy}(\omega) = \sum_{m=-\infty}^{\infty} r_{xy}(m) e^{-j\omega n} \tag{1-47}$$

$$r_{xy}(m) = \frac{1}{2\pi} \int_{-\pi}^{\pi} P_{xy}(\omega) e^{j\omega n} d\omega \tag{1-48}$$

式中，互谱密度为偶函数，即 $P_{xy}(\omega) = P_{yx}(-\omega)$。

实、平稳随机序列功率谱的性质如下：

（1）功率谱是 ω 的偶函数，即 $P_{xx}(\omega)=P_{xx}(-\omega)$；

（2）功率谱是实的非负函数，即 $P_{xx}(e^{j\omega})\geqslant 0$。

1.3.3　功率谱的分类

1. 平谱（白噪声谱）

一个平稳的随机序列 $w(n)$，如果其功率谱密度 $P_w(e^{j\omega})$ 在 $|\omega|\leqslant\pi$ 的范围内始终为一常数，则称为平谱（白噪声谱），代表性的白噪声（*White Noise*），其功率谱密度函数为常数，见式(1-49)。白噪声的"白"字的来由是借用光学中的白光，白光在它的频谱上包含了所有可见光的频率。而色噪声的功率谱密度中各种频率分量的大小是不同的，具有均匀功率谱的白噪声是一种最为重要的随机过程。

$$P_w(e^{j\omega})=\frac{N_0}{2}=\sigma_w^2 \tag{1-49}$$

式中，N_0 为正实常数。白噪声及其功率谱如图 1-7 所示，图 1-7(a) 为时域波形图，注意这里画的是连续的，图 1-7(b) 为功率谱密度图形。

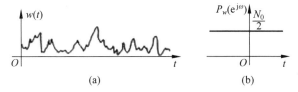

图 1-7　白噪声及其功率谱

根据维纳-辛钦定理式(1-45)，则

$$r_w(m)=\frac{1}{2\pi}\int_{-\pi}^{\pi}P_w(e^{j\omega})e^{j\omega m}\,\mathrm{d}\omega=\frac{N_0}{4\pi}\int_{-\pi}^{\pi}1\cdot e^{j\omega m}\,\mathrm{d}\omega=\frac{N_0}{2}\delta(m)=\sigma_w^2\delta(m) \tag{1-50}$$

式(1-50)说明白噪声序列在任意两个不同的时刻（不管这两个时刻多么邻近）的取值是不相关的。若 $w(n)$ 是高斯型的，那么它在任意两个不同时刻又是相互独立的。可以这样通俗理解，功率谱是功率的"傅里叶变换"。所以，在频域是一条直线，在时域（相关函数）是一个 δ 脉冲，这个脉冲的强度就是 σ^2，我们一般都说白噪声的强度为多少，其实就是其 δ 的强度。

如果白噪声序列服从正态分布，序列中随机变量的两两不相关性就是相互独立性，称为正态白噪声序列。显然，白噪声是随机性最强的随机序列，实际中不存在，是一种理想白噪声，一般只要信号的带宽大于系统的带宽，且在系统的带宽中信号的频谱基本恒定，便可以把信号看作白噪声。注意：正态和白色是两种不同的概念，前者是指信号取值的规律服从正态分布，后者指信号不同时刻取值的关联性。

由于理想白噪声的不自相关性质，其组成一定是大量无限窄的彼此独立的脉冲的随机组合。高斯白噪声又称为加性高斯白噪声（*Additive White Gaussian Noise*，*AWGN*），功率谱密度服从均匀分布，幅度分布服从高斯分布，幅度以 0 为中心，之后向两侧逐渐减小。图 1-8 给出了高斯白噪声功率谱密度频谱图和噪声幅值分布图。我们可以将此过程中任一个独立成分看成一个平稳的随机过程，因为这个独立过程出现的时间是等概率地分布在全时域上，它在一个时间点上取值的概率特性与在任何其他时间点上取值的概率特性是相同的。

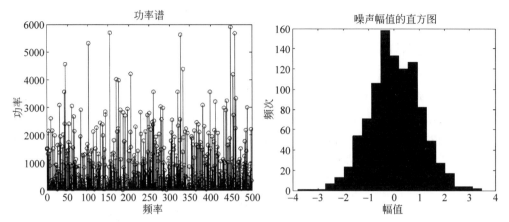

图 1-8　高斯白噪声功率谱密度频谱图和噪声幅值分布图

图 1-8 的 MATLAB 代码：

```
noise = wgn(1000,1,0);              % 生成 1000 * 1 个高斯白噪声,功率为 0dBW(分贝瓦)
y1 = fft(noise,1000);               % 采样点个数为 1000
p1 = y1. * conj(y1);                % conj()得到相应的复共轭数,y1. * conj(y1)就是模的平方
ff = 0:499;
figure,stem(ff,p1(1:500));          % 只显示一半
xlabel('频率');ylabel('功率');title('功率谱');

% 从高斯白噪声的统计信息和幅值分布看一下它的特点
mean_value = mean(noise)            % 均值为 0
variance = var(noise)               % 方差为 1,功率为 0dBW(10 * log1 = 0)
figure,hist(noise);
xlabel('幅值');ylabel('频次');title('噪声幅值的直方图');
```

白噪声的应用领域之一是建筑声学,为了减弱内部空间中分散人注意力并且不希望出现的噪声(如人的交谈),使用持续的低强度噪声作为背景声音。就像全彩色白颜色的光频谱,白噪声充满整个人类耳朵可以听到的振动频率,可以帮助一个人放松或睡眠。很多接受过白噪声治疗的人形容它们听上去像下雨的声音,或者像海浪拍打岩石的声音,再或者像是风吹过树叶的沙沙声,抑或是高山流水瀑布小溪的声音。这种声音对各个年龄层的人来说,都可以起到一定声音治疗作用,是一种"和谐"的治疗声音。研究表明,一个稳定、平和的声音流,如白噪声,可过滤和分散噪声,可以帮助减轻噪声分心,这也正是为什么它用来帮助人们放松、睡眠。

2. 线谱

由一个或多个正弦信号所组成的信号的功率谱为线谱。若 $x(n)$ 由 L 个正弦组成,即

$$x(n) = \sum_{k=1}^{L} A_k \sin(\omega_k n + \varphi_k) \tag{1-51}$$

式中,φ_k 是均匀分布的随机变量,可以求出

$$r_{xx}(m) = \sum_{k=1}^{L} \frac{A_k^2}{2} \cos(\omega_k m) \tag{1-52}$$

$$P_{xx}(e^{j\omega}) = \sum_{k=1}^{L} \frac{\pi A_k^2}{2}[\delta(\omega+\omega_k) + \delta(\omega-\omega_k)] \tag{1-53}$$

此即为线谱,它是相对于平谱的另一个极端情况。

3. ARMA 谱

ARMA 谱表示既有峰点又有谷点的连续谱,这样的谱可以由一个 ARMA 模型来表征。

1.4　随机序列数字特征的估计

知道一个随机序列的分布函数,就掌握了这个随机变量的统计规律性。但求得一个随机变量的分布函数是不容易的,而且往往也没有这个必要。随机序列的数字特征则比较简单易求,也能满足我们研究分析具体问题的需要。一般来说,根据观测数据对一个量(参数)或者同时对几个量(参数)进行推断,是估计问题。例如,通信工程中的信号参数和波形,包括振幅、频率、相位、时延和瞬时波形。这里无论对何种量估计,都必须根据观测值进行估计,而观测存在观测误差(或者把观测误差看成噪声),虽然被估计的参数是确定量,观测数据却是随机的,由观测值推算出的估计量存在随机估计误差。因此如何判定估计方法的好坏,是统计估计的基本问题。

1.4.1　估计准则

从不同的角度出发可以提出不同的评价标准,常用的参数估计评价标准有偏移性、有效性与一致性等三种,下面分别讨论。假定对随机变量 x 观测了 N 次,得到 N 个观测值 x_0,x_1,x_2,$\cdots$,x_{N-1},希望通过这 N 个观测值估计参数 α,称 α 为真值,它的估计值用 $\hat{\alpha}$ 表示。$\hat{\alpha}$ 是观测值的函数,假定该函数关系用 $F[\cdot]$ 表示,即

$$\hat{\alpha} = F[x_0,x_1,x_2,\cdots,x_{N-1}] \tag{1-54}$$

设 $\hat{\alpha}$ 的概率密度曲线如图 1-9 所示,图中 α 是要估计的参数,如果估计值 $\hat{\alpha}$ 接近 α 的概率很大,则说明这是一种比较好的估计方法。图 1-9 可以看出 $P_1(\hat{\alpha})$ 估计方法好于 $P_2(\hat{\alpha})$ 的估计方法。

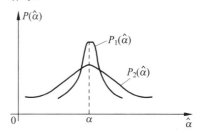

图 1-9　估计量 $\hat{\alpha}$ 的概率密度曲线

1. 偏移性

令估计量的统计平均值与真值之间的差值为偏移 B,其公式为

$$B = \alpha - E[\hat{\alpha}] \tag{1-55}$$

(1)如果 $B=0$,称为无偏估计;

(2)如果 $B\neq 0$,称为有偏估计;

(3)如果随着观察次数 N 的加大,能够满足

$$\lim_{N\to\infty} E[\hat{\alpha}] = \alpha \tag{1-56}$$

则称为渐近无偏估计,这种情况在实际中是经常有的。在许多情况下,一个有偏但渐近无偏的估计具有比一个无偏的估计好得多的分析和计算性质。

2. 有效性-估计量的方差

如果两个估计量的观察次数相同,又都是无偏估计,哪一个估计量在真值附近的摆动更小一些,即估计量的方差更小一些,就说这一个估计量的估计更有效。如果 $\hat{a}$ 和 $\hat{a}'$ 都是 x 的无偏估计值,对任意 N,它们的方差满足

$$\sigma_{\hat{a}}^2 < \sigma_{\hat{a}'}^2$$

式中,$\sigma_{\hat{a}}^2 = E[(\hat{a} - E[\hat{a}])^2]$,$\sigma_{\hat{a}'}^2 = E[(\hat{a}' - E[\hat{a}'])^2]$,则称 $\hat{a}$ 比 $\hat{a}'$ 更有效。一般希望当 $N \to \infty$ 时,$\sigma_{\hat{a}}^2 \to 0$。

3. 一致性-均方误差

估计量的均方误差表示为

$$E[\tilde{a}^2] = E[(\hat{a} - a)^2] \tag{1-57}$$

估计误差用 $\tilde{a}$ 表示,$\tilde{a} = \hat{a} - a$,如果估计量的均方误差随着观察次数的增加趋于 0,即估计量随 N 的加大,在均方意义上趋于它的真值,则称该估计是一致估计。估计量的均方误差与估计量的方差和偏移的关系为

$$
\begin{aligned}
E[\tilde{a}^2] &= E[(\hat{a} - a)^2] = E[((\hat{a} - E[\hat{a}]) - (a - E[\hat{a}]))^2] \\
&= E[(\hat{a} - E[\hat{a}])^2 + (a - E[\hat{a}])^2] - 2E[(\hat{a} - E[\hat{a}])(a - E[\hat{a}])] \quad (1\text{-}58) \\
&= \sigma_{\hat{a}}^2 + B^2
\end{aligned}
$$

式(1-58)表示,随 N 的加大,偏移和估计量方差都趋于 0,是一致估计的充分必要条件。通常对于一种估计方法的选定,往往不能使上述的三种性能评价一致,要对它们折中考虑,尽量满足无偏性和一致性。

1.4.2 随机序列数字特征的估计

1. 均值的估计

假设已取得样本数据 $x_i (i = 0, 1, 2, \cdots, N-1)$,均值的估计量为

$$\hat{m}_x = \frac{1}{N} \sum_{i=0}^{N-1} x_i \tag{1-59}$$

式中,N 是观察次数。下面用已介绍的方法评价它的估计质量。

(1)偏移性

$$B = m_x - E[\hat{m}_x] \tag{1-60}$$

$$E[\hat{m}_x] = E\left[\frac{1}{N} \sum_{i=0}^{N-1} x_i\right] = \frac{1}{N} \sum_{i=0}^{N-1} E[x_i] = m_x \tag{1-61}$$

因此 $B = 0$,说明这种估计方法是无偏估计。

(2)估计量的方差与均方误差

$$\sigma_{\hat{m}_x}^2 = E[(\hat{m}_x - E[\hat{m}_x])^2] = E[\hat{m}_x^2] - m_x^2 \tag{1-62}$$

$$E[\hat{m}_x^2] = \frac{1}{N^2} \sum_{i=0}^{N-1} \sum_{j=0}^{N-1} E[x_i x_j] \tag{1-63}$$

先假设数据内部不相关,那么估计量的方差随观察次数 N 增加而减少,当 $N \to \infty$ 时,$B = 0$,估计量的方差趋于 0。这种情况下估计量的均方误差为

$$E[\tilde{m}_x^2] = B^2 + \sigma_{\hat{m}_x}^2 \tag{1-64}$$

所以 $E[\tilde{m}_x^2] \to 0$，是一致估计。

如果数据内部存在关联性，会使一致性的效果下降，估计量的方差比数据内部不存在相关情况的方差要大，达不到信号方差的 $1/N$。

2. 方差的估计

已知 N 点样本数据 $x_i(i=0,1,2,\cdots,N-1)$，数据之间不存在相关性，均值也不知道的情况下，方差估计为

$$\hat{\sigma}_x^2 = \frac{1}{N}\sum_{n=0}^{N-1}(x_n - \hat{m}_x)^2 \tag{1-65}$$

$$E[\hat{\sigma}_x^2] = \frac{1}{N}\sum_{n=0}^{N-1}\{E[x_n^2] + E[\hat{m}_x^2] - 2E[x_n\hat{m}_x]\} \tag{1-66}$$

式(1-66)推导从略，可以得出

$$E[\hat{\sigma}_x^2] = \frac{N-1}{N}\sigma_x^2 \tag{1-67}$$

当 $N \to \infty$ 时，$E[\hat{\sigma}_x^2] = \sigma_x^2$，该估计方法是有偏估计，但是渐近无偏。

3. 自相关函数的估计

设只观测到实随机序列 $x(n)$ 的一段样本数据，$n=0,1,2,\cdots,N-1$，利用这一段样本数据估计自相关函数的方法有两种，即无偏自相关函数估计和有偏自相关函数估计。

(1) 无偏自相关函数的估计。

这里我们直接给出估计公式为

$$\hat{r}_{xx}(m) = \frac{1}{N-|m|}\sum_{n=0}^{N-|m|-1}x(n)x(n+m) \tag{1-68}$$

■ **偏移性**

$$B = E[\hat{r}_{xx}(m)] - r_{xx}(m) \tag{1-69}$$

$$E[\hat{r}_{xx}(m)] = \frac{1}{N-|m|}\sum_{n=0}^{N-|m|-1}E[x(n)x(n+m)] = r_{xx}(m) \tag{1-70}$$

因此，$B=0$，这是一种无偏估计。

■ **估计量的方差**

$$\mathrm{var}[\hat{r}_{xx}(m)] \leqslant \frac{N}{(N-|m|)^2}\sum_{r=1+|m|-N}^{N-|m|-1}r_{xx}^2(r) + r_{xx}(r+m)r_{xx}(r-m) \tag{1-71}$$

式(1-71)中，只有当 $N \gg m$，$N \to \infty$ 时，相关函数趋于 0，估计量的方差才趋于 0。但是，当 $m \to N$ 时，方差将很大。因此，该估计方法在一般情况下不是一种好的估计方法，虽然是无偏估计，也不能算是一致估计。

(2) 有偏自相关函数的估计。

有偏自相关函数用 $\hat{r}'_{xx}(m)$ 表示，计算公式如下：

$$\hat{r}'_{xx}(m) = \frac{1}{N}\sum_{n=0}^{N-|m|-1}x(n)x(n+m) \tag{1-72}$$

求平均只用 N 去除，不合理，但推导时发现它服从渐近一致估计的原则。原则比无偏自相关函数的估计误差小，因此以后需要由观测数据估计自相关函数时，均用式(1-72)进行计

算。对比式(1-68)和式(1-72)，无偏自相关函数与有偏自相关函数的关系式为

$$\hat{r}'_{xx}(m) = \frac{N-|m|}{N}\hat{r}_{xx}(m) \tag{1-73}$$

因为 $\hat{r}_{xx}(m)$ 是无偏估计，因此得到

$$E\left[\hat{r}'_{xx}(m)\right] = \frac{N-|m|}{N}r_{xx}(m) \tag{1-74}$$

式中，$\hat{r}'_{xx}(m)$ 是有偏估计，但是渐近无偏，其偏移为

$$B = \frac{|m|}{N}r_{xx}(m) \tag{1-75}$$

在式(1-74)中，$\hat{r}'_{xx}(m)$ 的统计平均值等于其真值乘以三角窗函数 $w_B(m)$（或称为巴特利特窗函数），即

$$w_B(m) = \frac{N-|m|}{N} \tag{1-76}$$

三角窗函数的波形如图 1-10 所示。只有当 $m=0$ 时，$\hat{r}'_{xx}(m)$ 才是无偏的，其他 m 值都是有偏的，但当 $N\to\infty$ 时，$w_B(m)\to1$，$B\to0$，因此 $\hat{r}'_{xx}(m)$ 是渐近无偏。

图 1-10　三角窗函数的波形

1.5　平稳随机序列通过线性系统

研究确定信号通过线性系统时常用的方法是傅里叶变换，如图 1-11 所示，输出等于时域的卷积或频域的乘积。

当 $x(n)$ 是随机信号时就无法求它的傅里叶变换，要想分析输出信号 $y(n)$ 可以考虑分析 y 的概率密度函数，这是最直接、最全面的方法；或者分析 y 的自相关函数或功率谱密度，反映二阶特征；或者分析 y 的均值、方差，反映一阶特征。模型如图 1-12 所示。

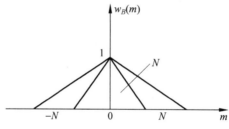

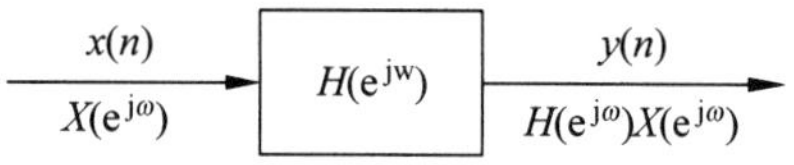

图 1-11　确定性信号通过 LTI 系统模型 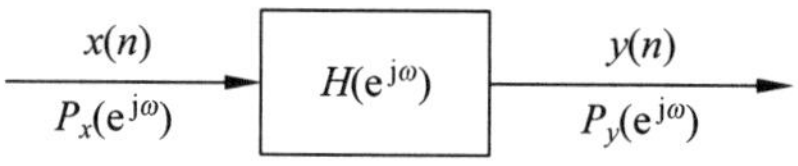　　图 1-12　随机信号通过 LTI 系统模型

本节介绍的分析方法只适用于输出能保证平稳的情况下，要求输入必须是平稳的，系统是稳定时不变系统，这时输出才能成为平稳信号。随机信号通过线性系统的基本关系式为

$$P_{yy}(e^{j\omega}) = |H(e^{j\omega})|^2 P_{xx}(e^{j\omega}) \tag{1-77}$$

$$r_{yy}(m) = r_{xx}(m) * h(-m) * h(m) = r_{xx}(m) * r_h(m) \tag{1-78}$$

$$P_{xy}(e^{j\omega}) = H(e^{j\omega})P_{xx}(e^{j\omega}) \tag{1-79}$$

$$r_{xy}(m) = r_{xx}(m) * h(m) \tag{1-80}$$

四个公式中,式(1-77)和式(1-78)是一对 DTFT,式(1-79)和式(1-80)是一对 DTFT。下面的讨论均围绕这四个公式展开。

式(1-77)证明如下:

$$
\begin{aligned}
P_{yy}(e^{j\omega}) &= \sum_m r_y(m)e^{-j\omega m} = \sum_m \left[E[y(n) \cdot y(n+m)] \right] e^{-j\omega m} \\
&= \sum_m \left[E\left[\sum_k h(k)x(n-k) \cdot \sum_l h(l)x(n+m-l) \right] \right] e^{-j\omega m} \\
&= \sum_m \left[\sum_k h(k) \sum_l h(l) E[x(n-k) \cdot x(n+m-l)] \right] e^{-j\omega m} \\
&= \sum_m \left[\sum_k h(k) \sum_l h(l) r_{xx}(m-l+k) \right] e^{-j\omega m} \\
&= \sum_k h(k) \sum_l h(l) \sum_m r_{xx}(m-l+k)e^{-j\omega(m-l+k)}e^{-j\omega(l-k)} \\
&= \left(\sum_k h(k)e^{-j\omega k} \right)^* \cdot \left(\sum_l h(l)e^{-j\omega l} \right) \cdot P_{xx}(e^{j\omega}) = |H(e^{j\omega})|^2 P_{xx}(e^{j\omega})
\end{aligned}
$$

1.5.1 系统响应的均值、自相关函数和平稳性分析

设所研究的线性系统是稳定非时变的,其单位脉冲响应为 $h(n)$,输入是平稳随机序列 $x(n)$,输出为

$$y(n) = \sum_{k=-\infty}^{\infty} h(k)x(n-k) \tag{1-81}$$

输出均值为

$$m_y = E[y(n)] = \sum_{k=-\infty}^{\infty} h(k)E[x(n-k)] \tag{1-82}$$

因为输入是平稳随机序列,$E[x(n-k)] = m_x$,故

$$m_y = m_x \sum_{k=-\infty}^{\infty} h(k) = m_x H(e^{j0}) \tag{1-83}$$

式中,m_x 与时间无关,m_y 也与时间无关。

根据相关函数定义有

$$
\begin{aligned}
r_{yy}(n, n+m) &= E[y^*(n)y(n+m)] \\
&= E\left[\sum_{k=-\infty}^{\infty} h^*(k)x^*(n-k) \sum_{r=-\infty}^{\infty} h(r)x(n+m-r) \right] \\
&= \sum_{k=-\infty}^{\infty} h^*(k) \sum_{r=-\infty}^{\infty} h(r)E[x^*(n-k)x(n+m-r)] \\
&= \sum_{k=-\infty}^{\infty} h^*(k) \sum_{r=-\infty}^{\infty} h(r)r_{xx}(m+k-r) = r_{yy}(m)
\end{aligned} \tag{1-84}
$$

式中,$E[x^*(n-k)x(n+m-r)] = r_{xx}(m+k-r)$。这样,可以推导出

$$r_{yy}(n, n+m) = r_{yy}(m) \tag{1-85}$$

式(1-85)说明：对于一个线性非时变系统，输出自相关函数仅是时间差 m 的函数，如果输入是平稳随机序列，则输出也是平稳随机序列。

令 $l=r-k$，根据式(1-84)，可以得到

$$r_{yy}(m) = \sum_{l=-\infty}^{\infty} r_{xx}(m-l) \sum_{k=-\infty}^{\infty} h^*(k)h(l+k)$$

$$= \sum_{l=-\infty}^{\infty} r_{xx}(m-l)v(l) = r_{xx}(m)*v(m) \tag{1-86}$$

$v(l)$ 为 $h(n)$ 的自相关函数 $r_h(m)$，有

$$v(l) = \sum_{k=-\infty}^{\infty} h^*(k)h(l+k) = h^*(l)*h(-l)$$

$$= h^*(-l)*h(l) = r_h(m) \tag{1-87}$$

式(1-86)表明：线性系统输出的自相关函数等于输入自相关函数与线性系统单位脉冲响应的自相关函数的卷积。实际上这也证明了式(1-78)：$r_{yy}(m)=r_{xx}(m)*r_h(m)$。

【例 1-1】 已知一个线性离散系统的系统函数为 $H(z)=\dfrac{1}{1-az^{-1}}$，$0<a<1$，现输入一个自相关函数为 $r_{xx}(m)=\sigma^2\delta(m)$ 的平稳随机序列 $x(n)$，试求系统输出 $y(n)$ 的自相关函数 $r_{yy}(m)$ 及其平均功率 P_{yy}。

【解】 因为 $H(z)=\dfrac{1}{1-az^{-1}}$，可求得

$$h(n)=a^n u(n)$$

根据随机信号通过线性系统的相关卷积定理，有

$$r_{yy}(m) = r_{xx}(m)*r_h(m) = \sigma^2\delta(m)*r_h(m) = \sigma^2 r_h(m)$$

根据确定性能量信号自相关函数的定义，并考虑到 $h(n)=a^n u(n)$ 为因果系统，有

$$r_h(m) = \sum_{n=0}^{\infty} h(n)h(n+m), \quad m \geqslant 0$$

于是

$$r_{yy}(m) = \sigma^2 \sum_{n=0}^{\infty} h(n)h(n+m) = \sigma^2 \sum_{n=0}^{\infty} a^n a^{n+m}$$

$$= \sigma^2 a^m \sum_{n=0}^{\infty} a^{2n} = \frac{\sigma^2 a^m}{1-a^2}, \quad m \geqslant 0$$

故有

$$r_{yy}(m) = \frac{\sigma^2 a^{|m|}}{1-a^2}$$

因为 $r_{yy}(0)=\dfrac{1}{2\pi}\displaystyle\int_{-\pi}^{\pi} P_{yy}(\mathrm{e}^{\mathrm{j}\omega})\mathrm{d}\omega$ 为随机序列的平均功率，所以平均功率为

$$P_{yy} = r_{yy}(0) = \frac{\sigma^2}{1-a^2}$$

1.5.2 输出响应的功率谱密度函数

下面来看输入和输出的功率谱密度和相关函数之间的关系,根据式(1-87),得

$$V(z) = H(z)H^*\left(\frac{1}{z^*}\right) \tag{1-88}$$

由式(1-86),得

$$P_{yy}(z) = P_{rr}(z)H(z)H^*\left(\frac{1}{z^*}\right) \tag{1-89}$$

将 $z = \mathrm{e}^{\mathrm{j}\omega}$ 代入式(1-89),得到输出功率谱

$$P_{yy}(\mathrm{e}^{\mathrm{j}\omega}) = P_{xx}(\mathrm{e}^{\mathrm{j}\omega})H(\mathrm{e}^{\mathrm{j}\omega})H^*(\mathrm{e}^{\mathrm{j}\omega}) = P_{xx}(\mathrm{e}^{\mathrm{j}\omega})\left|H(\mathrm{e}^{\mathrm{j}\omega})\right|^2 \tag{1-90}$$

如果 $h(n)$ 是实序列,则式(1-87),式(1-88),式(1-89)可以化简为

$$v(l) = h(l) * h(-l) \tag{1-91}$$

$$V(z) = H(z)H(z^{-1}) \tag{1-92}$$

$$P_{yy}(z) = P_{xx}(z)H(z)H(z^{-1}) \tag{1-93}$$

1.5.3 互相关函数及卷积定理

线性非时变系统输入与输出之间互相关函数为

$$r_{xy}(m) = E[x^*(n)y(n+m)] = E\left[x^*(n)\sum_{k=-\infty}^{\infty}h(k)x(n+m-k)\right]$$

$$= \sum_{k=-\infty}^{\infty}h(k)r_{xx}(m-k) = h(m) * r_{xx}(m) \tag{1-94}$$

一般称式(1-94)为**输入、输出互相关定理**。因此,输入、输出之间的互相关函数等于系统的单位脉冲响应与输入自相关函数的卷积。设 $x(n)$ 是零均值平稳随机序列,其 z 变换为

$$P_{xy}(z) = H(z)P_{xx}(z) \tag{1-95}$$

输入、输出的功率谱表示为

$$P_{xy}(\mathrm{e}^{\mathrm{j}\omega}) = H(\mathrm{e}^{\mathrm{j}\omega})P_{xx}(\mathrm{e}^{\mathrm{j}\omega}) \tag{1-96}$$

将前面推导出的式(1-86)和式(1-87)重写如下:

$$r_{yy}(m) = \sum_{l=-\infty}^{\infty}r_{xx}(m-l)v(l) = r_{xx}(m) * v(m)$$

$$v(m) = \sum_{k=-\infty}^{\infty}h^*(k)h(m+k)$$

相关卷积定理用语言叙述如下: $x(n)$ 与 $h(n)$ 卷积的自相关函数等于 $x(n)$ 的自相关函数和 $h(n)$ 的自相关函数的卷积。或者简单地说,卷积的相关等于相关的卷积。用一般公式表示如下:

如果

$$\begin{cases} e(n) = a(n) * b(n) \\ f(n) = c(n) * d(n) \end{cases}$$

那么

$$r_{ef}(m) = r_{ac}(m) * r_{bd}(m) \qquad (1\text{-}97)$$

【例 1-2】 假设系统的输入、输出和单位脉冲响应分别用 $x(n)$、$y(n)$ 和 $h(n)$ 表示,试求输入、输出互相关函数和输入自相关函数之间的关系。

【解】 按照相关卷积定理,得

$$x(n) = x(n) * \delta(n)$$
$$y(n) = x(n) * h(n)$$
$$r_{xy}(m) = r_{xx}(m) * r_{\delta h}(m)$$

式中,

$$r_{\delta h}(m) = \sum_{l=-\infty}^{\infty} \delta(l)h(m+l) = h(m)$$

相应地有

$$r_{h\delta}(m) = h(-m)$$

这就是已经推导出的输入、输出互相关卷积定理。对于实、平稳随机信号相关函数的性质,得到输出、输入互相关函数和输入自相关函数之间的关系,即

$$r_{yx}(m) = r_{xy}(-m) = r_{xx}(-m) * h(-m) = r_{xx}(m) * h(-m)$$
$$P_{yx}(z) = P_{xx}(z)H(z^{-1})$$

【例 1-3】 设实平稳白噪声 $x(n)$ 的方差是 σ_x^2,均值为 $m_x = 0$,让 $x(n)$ 通过一个网络,网络的差分方程为

$$y(n) = x(n) + ay(n-1)$$

式中,a 是实数。求网络输出的功率谱和自相关函数。

【解】 先求网络输出的自相关函数

$$r_{yy}(m) = E[y(n)y(n+m)]$$

令 $m = 0$,则

$$r_{yy}(0) = E[y^2(n)] = E[(x(n) + ay(n-1))^2]$$
$$r_{yy}(0) = E[x^2(n)] + a^2 E[y^2(n-1)] + 2aE[x(n)y(n-1)]$$

式中,$y(n-1)$ 发生在 $x(n)$ 之前,它只和 $x(n-1),x(n-2),\cdots$,有关,而且 $x(n)$ 是白噪声,$x(n)$ 和 $x(n-1)x(n-2),\cdots$,无关,因此上式中的第三项等于 0,那么

$$r_{yy}(0) = \sigma_x^2 + a^2 r_{yy}(0)$$

$$r_{yy}(0) = \frac{\sigma_x^2}{1-a^2}$$

令 $m = 1$,则

$$r_{yy}(1) = E[y(n)y(n+1)]$$
$$r_{yy}(1) = E[y(n)(ay(n) + x(n+1))] = ar_{yy}(0)$$

令 $m = 2$,则

$$r_{yy}(2) = E[y(n)y(n+2)] = E[y(n)(ay(n+1) + x(n+2))]$$
$$= ar_{yy}(1) = a^2 r_{yy}(0)$$

总结规律,因此有

$$r_{yy}(m) = a^m r_{yy}(0) = \frac{a^m}{1-a^2}\sigma_x^2$$

下面再求网络输出的功率谱,由给定的网络差分方程,得到网络系统函数

$$H(z) = \frac{1}{1-az^{-1}}$$

根据式(1-90),网络输出功率谱为

$$P_{yy}(\mathrm{e}^{\mathrm{j}\omega}) = P_{xx}(\mathrm{e}^{\mathrm{j}\omega}) \mid H(\mathrm{e}^{\mathrm{j}\omega}) \mid^2 = \sigma_x^2 \left| \frac{1}{1-a\mathrm{e}^{-\mathrm{j}\omega}} \right|^2 = \frac{\sigma_x^2}{1+a^2-2a\cos\omega}$$

式中,a 是网络的极点,为了稳定,要求 $|a|<1$。a 越接近于单位圆,功率谱峰越尖锐,带宽越窄,但相关函数衰减越慢;反过来,a 越小,功率谱下降越慢,自相关函数衰减越快。

1.6　时间序列信号模型

经典的频谱分析存在频谱分辨率低、频谱能量泄漏、需要较长的原始数据等不足。针对这些问题,20 世纪 70 年代以后逐渐出现了现代谱分析方法,参数模型频谱估计是现代谱分析中的主要内容。随机信号 $x(n)$ 的参数模型频谱估计可以分为以下三步:

(1) 对给定的随机信号确定合理的参数模型;

(2) 根据信号的自相关函数估计所确定的模型参数;

(3) 用估计出的模型参数计算信号的功率谱密度函数。

1.6.1　三种时间序列模型

随机序列主要采用自相关函数和功率谱密度函数进行研究。对于平稳随机序列,又提出另一种研究方法,即时间序列信号模型法。这是一种线性模型,它具有连续功率谱的特性,在功率谱估计方面,表现出很大优点。很多平稳随机序列都可以看成由典型噪声源激励一个线性系统产生的,这种噪声源一般是白噪声序列源。

假设随机信号 $x(n)$ 是由零均值、方差为 σ_w^2 的白噪声 $w(n)$ 激励某一确定性的线性系统 $H(z)$ 所产生的,如图 1-13 所示。

图 1-13　平稳随机序列的信号模型

因此只要已知白噪声的功率 δ_w^2 和系统的传递函数 $H(\mathrm{e}^{\mathrm{j}\omega})$,就可根据式(1-98)估计出信号的功率谱密度函数。

$$P_{yy}(\mathrm{e}^{\mathrm{j}\omega}) = \mid H(\mathrm{e}^{\mathrm{j}\omega}) \mid^2 P_{xx}(\mathrm{e}^{\mathrm{j}\omega}) = \mid H(\mathrm{e}^{\mathrm{j}\omega}) \mid^2 \delta_w^2 \tag{1-98}$$

假设信号模型用一个 p 阶差分方程描述:

$$x(n) + a_1 x(n-1) + \cdots + a_p x(n-p) = w(n) + b_1 w(n-1) + \cdots + b_q w(n-q) \tag{1-99}$$

式中,常数 p 和 q 被称为参数模型的阶数。

对式(1-99)两边进行 z 变换,得到参数模型的传递函数 $H(z)$ 为

$$H(z) = \frac{B(z)}{A(z)} = \frac{1 + \sum_{i=1}^{q} b_i z^{-i}}{1 + \sum_{i=1}^{p} a_i z^{-i}} \tag{1-100}$$

式中,a_i 是自回归参数,b_i 称为滑动平均参数。显然,$H(z)$ 是一个有理分式,根据 $H(z)$ 的不同,参数模型可分为如下三类:

1. 自回归(Auto-regressive,AR)模型

在式(1-100)中 $b_i = 0, i = 1, 2, 3, \cdots, q$ 时,该模型称为 AR 模型。模型差分方程和系统函数分别表示为

$$x(n) + a_1 x(n-1) + a_2 x(n-2) + \cdots + a_p x(n-p) = w(n)$$

$$H(z) = \frac{1}{A(z)} = \frac{1}{1 + \sum_{i=1}^{p} a_i z^{-i}}$$

$$A(z) = 1 + a_1 z^{-1} + a_2 z^{-2} + \cdots + a_p z^{-p}$$

参数模型的输出是该时刻的输入及以前 p 个输出的线性组合,因此该模型被称为自回归模型。上式表明该模型只有极点没有零点,因此该模型也称为全极点模型。只有当全部极点都在单位圆内部时,模型才稳定。AR 随机过程模型如图 1-14 所示。

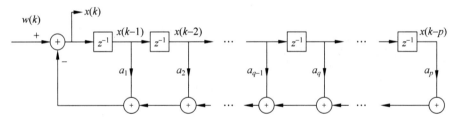

图 1-14　AR 随机过程模型

AR 模型的功率谱为

$$P_{xx}(z) = \frac{\sigma_w^2}{A(z)A(z^{-1})}$$

$$P_{xx}(\omega) = \sigma_w^2 \left| \frac{1}{A(e^{j\omega})} \right|^2$$

2. 滑动平均(Moving-average,MA)模型

在式(1-100)中 $a_i = 0, i = 1, 2, 3, \cdots, q$ 时,该模型称为 MA 模型。模型差分方程和系统函数分别表示为

$$x(n) = w(n) + b_1 w(n-1) + \cdots + b_q w(n-q)$$

$$H(z) = B(z) = \sum_{k=0}^{q} b_k z^{-k}$$

$$B(z) = 1 + b_1 z^{-1} + b_2 z^{-2} + \cdots + b_q z^{-q} \cdots$$

参数模型的输出是该时刻的输入和以前 q 个输入的线性组合,因此该模型被称为滑动

平均模型,简称 MA 模型,记为 MA(q),式中 q 为 MA 模型的阶数。MA 模型的传递函数中只含有零点,不含有极点,所以 MA 模型也叫作全零点模型。如果模型全部零点都在单位圆内部,则是一个最小相位系统。MA(q)随机过程模型如图 1-15 所示。

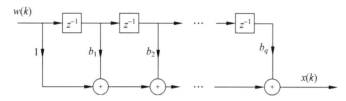

图 1-15 MA(q)随机过程模型

MA 模型的功率谱为

$$P_{xx}(z) = \sigma_w^2 B(z) B(z^{-1})$$

$$P_{xx}(\omega) = \sigma_w^2 \mid B(e^{j\omega}) \mid^2$$

3. 自回归-滑动平均模型(Auto-regressive & Moving-average,ARMA)

在式(1-100)中,若 $a_i(i=1,2,3,\cdots,p)$ 不全为 0,$b_i(i=1,2,3,\cdots,q)$ 也不全为 0,则该参数模型被称为自回归-滑动平均模型,记为 ARMA(p,q),其中 p 和 q 为 ARMA 模型的阶数。模型差分方程和系统函数分别表示为

$$x(n) + a_1 x(n-1) + \cdots + a_p x(n-p) = w(n) + b_1 w(n-1) + \cdots + b_q w(n-q)$$

$$H(z) = \frac{B(z)}{A(z)} = \frac{1 + \sum_{i=1}^{q} b_i z^{-i}}{1 + \sum_{i=1}^{p} a_i z^{-i}}$$

其中,$A(z) = 1 + a_1 z^{-1} + a_2 z^{-2} + \cdots + a_p z^{-p}$

$$B(z) = 1 + b_1 z^{-1} + b_2 z^{-2} + \cdots + b_q z^{-q} \cdots$$

ARMA 模型的传递函数既包含零点又包含极点,所以 ARMA 模型也叫作极零点模型,模型如图 1-16 所示。

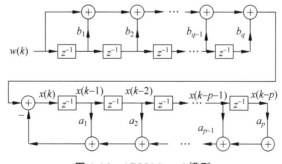

图 1-16 ARMA(p,q)模型

利用维纳-辛钦定理给出其功率谱为

$$P_{xx}(z) = H(z)H(z^{-1})P_{ww}(z) = \sigma_w^2 \frac{B(z)B(z^{-1})}{A(z)A(z^{-1})}$$

$$P_{xx}(\mathrm{e}^{\mathrm{j}\omega}) = \sigma_w^2 \left| \frac{B(\mathrm{e}^{\mathrm{j}\omega})}{A(\mathrm{e}^{\mathrm{j}\omega})} \right|^2 \tag{1-101}$$

获得了模型的参数后,就可以利用式(1-101)估计出信号的功率谱密度函数。由于对所建立的模型 $H(\mathrm{e}^{\mathrm{j}\omega})$ 是多项式的有理分式,因此得到的功率谱密度函数是频率 ω 的连续函数。这就避免了周期图法估计频谱时的随机起伏现象。同时,在估计信号模型的参数时,往往只使用比较短的信号,因此该方法对非平稳性较强的信号的频谱分析也是有利的。

关于 ARMA、AR、MA 模型的功率谱,可以作一个定性的描述:

(1) 由于 MA 模型是通过一个全零点滤波器产生的,当有零点接近单位圆时,MA 谱可能是一个深谷;

(2) 类似地,当极点接近单位圆时,AR 谱对应的频率处会是一个尖峰;

(3) ARMA 谱既有尖峰又有深谷。

1.6.2 三种时间序列信号模型的适用性

为了说明三种信号模型都有普遍适用性质,首先介绍沃尔德(Wold)分解定理。

1. 沃尔德分解定理

定理:任意一个实平稳随机序列 $x(n)$ 均可以分解成

$$x(n) = u(n) + v(n)$$

式中,$u(n)$ 是确定性信号,$v(n)$ 是具有连续谱分布函数的平稳随机 MA 序列。

该定理说明 MA 信号模型具有普遍适用的性质。由于 ARMA 信号模型包含了 MA 模型部分,因此 ARMA 信号模型也具有普遍适用的性质。

按照沃尔德定理,一切宏观物体抛却其确定性成分,混融于平稳随机性成分,该平稳随机成分可以看成真空白噪声激励该物体信息结构所对应线性系统生成,其系统函数则代表了该物体信息属性。平稳随机成分古人称为"形而上者之谓道",而所对应的确定性成分乃有"形而下者之谓器"。当然这只是一种比喻。本质上,万事万物剖则有别,是确定性成分加平稳随机成分,合则无别,本为平稳随机过程产物。

2. 柯尔莫格洛夫定理

安德雷·柯尔莫格洛夫(1903—1987 年),俄国数学家,主要在概率论、算法信息论和拓扑学有贡献,最为人所道的是对概率论公理化所做出的贡献。柯尔莫格洛夫 1920 年进入莫斯科大学学习,入大学前在铁路上当过列车员。在莫斯科大学学习期间,师从于著名数学家卢津。柯尔莫格洛夫是现代概率论的开拓者之一,1933 年,柯尔莫格洛夫的专著《概率论的基础》出版,建立了概率论的严密公理体系,这一光辉成就使他名垂史册。他酷爱体育锻炼,被人称作"户外数学家"。他的许多奇妙而关键的思想往往是在林间漫步、湖中畅游、山坡滑雪的时候诞生的。

定理:任意一个 MA 序列可用无限阶 AR 信号模型表示,或者用阶数足够大的 AR 信号模型近似表示。该定理暗示了 MA 模型或 ARMA 模型可用一个可能是无穷阶 AR 模型来表示,从而说明了 AR 信号模型的适用性。证明如下:

设 MA 序列为

$$x(n) = \sum_{i=0}^{\infty} b_i w(n-i), \quad b_0 = 1$$

对上式进行 z 变换得到

$$X(z) = B(z)W(z)$$

设 MA 信号模型满足可逆性条件,即 $B^{-1}(z)$ 存在,令

$$B^{-1}(z) = G(z) = 1 + g_1 z^{-1} + g_2 z^{-2} + \cdots$$

这样

$$X(z)G(z) = (1 + g_1 z^{-1} + g_2 z^{-2} + \cdots)X(z) = W(z)$$

$$X(z) = \frac{1}{1 + g_1 z^{-1} + g_2 z^{-2} + \cdots} W(z)$$

对上式进行 z 反变换,得到

$$x(n) + g_1 x(n-1) + g_2 x(n-2) + \cdots = w(n)$$

上式表示的就是 $x(n)$ 的 AR 信号模型差分方程,因此证明了一个时间序列可以用有限阶 MA 信号模型表示时,也可以用无限阶的 AR 模型表示。同样,对于 ARMA 模型也可以用无限阶 AR 模型表示。

以上表明三种信号模型可以相互转化,而且都具有普遍适用性,但是对于同一时间序列用不同信号模型表示时,却有不同的效率。这里说的效率,指的是模型的系数越少,效率越高。一般 AR 模型适合表示时间序列的功率谱有尖峰而没有深谷的信号,MA 模型适合表示其功率谱有深谷而没有尖峰的信号,ARMA 模型则适合尖峰和深谷都有的情况。如果信号的功率谱有尖峰而没有深谷,用具有极点的 AR 模型表示将比用 MA 模型表示用的系数少,即效率高。但 AR 模型比较其他两种模型计算简单,许多研究人员喜欢采用 AR 模型,只要阶数选高些,近似性较好。

1.6.3 自相关函数、功率谱与时间序列信号模型的关系

自相关函数、功率谱与时间序列信号模型是对平稳随机序列三种不同方式的描述,从不同方面说明信号的统计特性。我们已经知道自相关函数和功率谱是一对傅里叶变换关系。如果由随机序列求出其模型的参数,且模型系统函数 $H(z)$ 确定,那么对于实平稳随机信号 $x(n)$ 的功率谱可以由求模型输出功率谱(z 变换形式表示)的方法得到。

实平稳随机信号 $x(n)$ 的功率谱为

$$P_{xx}(z) = \sigma_w^2 H(z)H(z^{-1}) \tag{1-102}$$

如何按照式(1-102)唯一地分解出一个因果稳定的模型系统函数 $H(z)$,是下面要讨论的问题。

1. 有理谱信号

如果信号模型输出的功率谱是 $e^{j\omega}$ 或者 $\cos\omega$ 的有理函数,这种信号称为有理谱信号。根据式(1-102),如果 z_i 是 $H(z)$ 的极点,z_i^{-1} 就是 $H(z^{-1})$ 的极点,$P_{xx}(z)$ 一定包含

$$(z - z_i)(z^{-1} - z_i) = 1 - z_i(z + z^{-1}) + z_i^2$$

上式表示 $H(z)H(z^{-1})$ 是 $(z + z^{-1})$ 的函数,设该函数用 $V(\varphi)$ 表示,可以写成

$$H(z)H(z^{-1}) = V(\varphi), \quad \varphi = (z + z^{-1})/2$$

$$P_{xx}(z) = \sigma_w^2 V(\varphi)$$

令 $z = e^{j\omega}$,可以得到

$$P_{xx}(e^{j\omega}) = \sigma_w^2 V(\cos\omega)$$

上式说明有理谱信号的功率谱是 $e^{j\omega}$ 或者 $\cos\omega$ 的有理函数。

2. 谱分解定理

如果功率谱 $P_{xx}(e^{j\omega})$ 是平稳随机序列 $x(n)$ 的有理谱,那么一定存在一个零极点均在单位圆内的有理函数 $H(z)$,则

$$H(z) = \frac{B(z)}{A(z)} = \frac{\sum_{k=0}^{q} b_k z^{-k}}{\sum_{k=0}^{p} a_k z^{-k}} = \frac{\prod_{k=1}^{q}(1-\beta_k z^{-1})}{\prod_{k=1}^{p}(1-\alpha_k z^{-1})}$$

满足

$$P_{xx}(z) = \sigma_w^2 H(z) H(z^{-1}), \quad \sigma_w^2 > 0$$

式中,a_k,b_k 都是实数,$a_0 = b_0 = 1$,且 $|\alpha_k| < 1$,$|\beta_k| < 1$。

我们知道系统函数的极点只能分布在单位圆内部,才能构成因果稳定的系统,而零点分布不影响系统的因果稳定性。单位圆上可以有零点但不能有极点,否则极点在单位圆上会使系统不稳定。这样我们总可以用单位圆内部的零极点组成一个系统 $H(z)$(该系统自然是最小相位系统),又因为系统系数是实数,圆外的零极点必定与圆内的零极点共轭对称。这样除了单位圆内部零极点外,用其他零极点组成的系统函数必定是 $H(z^{-1})$。这是谱分解定理的一种解释。下面用例子说明。

【例 1-4】 已知有理谱为

$$P_{xx}(e^{j\omega}) = \frac{(e^{j\omega}+0.2)(e^{-j\omega}+0.2)}{(e^{j\omega}+0.5)(e^{-j\omega}+0.5)}$$

把所有可能的分解形式写出来。

【解】

$$P_{xx}(z) = \frac{(z+0.2)(z^{-1}+0.2)}{(z+0.5)(z^{-1}+0.5)} = \sigma_w^2 H(z) H(z^{-1})$$

(1) $H(z) = \dfrac{z+0.2}{z+0.5}$ (2) $H(z) = \dfrac{1+0.2z}{z+0.5}$

(3) $H(z) = \dfrac{z+0.2}{1+0.5z}$ (4) $H(z) = \dfrac{1+0.2z}{1+0.5z}$

在以上四种分解情况中,只有(1)满足极零点均在单位圆内部,因此按照谱分解定理的约束条件,只能唯一地分解出一个零极点均在单位圆内部的系统函数。如果没有零极点均在单位圆内部的约束条件,分解便不是唯一的。另外,按照谱分解定理分解出 $H(z)$ 一定是最小相位系统,它保证了模型的可逆性,即逆系统存在。

自相关函数、功率谱、时间序列信号模型三者之间的关系如图 1-17 所示。

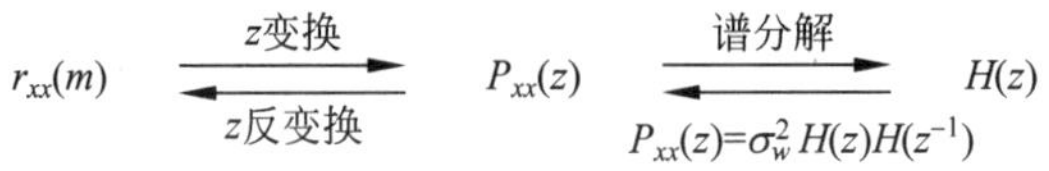

$$r_{xx}(m) \xrightarrow[\text{z反变换}]{\text{z变换}} P_{xx}(z) \xrightarrow[P_{xx}(z)=\sigma_w^2 H(z)H(z^{-1})]{\text{谱分解}} H(z)$$

图 1-17 自相关函数、功率谱、时间序列信号模型关系

1.7 应用实例

相关技术的应用基础非常广泛,相关技术有自相关和互相关的不同,它们分别用自相关函数和互相关函数来定义。自相关函数用来研究信号本身,例如信号波形的同步性、周期性等;互相关函数用来研究两个信号的同一性程度,例如测定两信号间的时间滞后或从噪声中检测信号,如果两个信号完全不同,则互相关函数趋近于 0,如果两个信号波形相同,则在提前、滞后处出现峰值。

对于确定信号 $x(n)$,自相关函数为

$$r_{xx}(m) = \sum_{n=-\infty}^{\infty} x(n)x(n+m)$$

如果信号是随机的或周期的,其自相关函数定义为

$$r_{xx}(m) = \lim_{N \to \infty} \frac{1}{N} \sum_{n=0}^{N-1} x(n)x(n+m)$$

下面给出几种常用信号的自相关函数

1. 信号为正弦波的自相关函数

设 $x(n) = A\sin(\omega_0 n + \varphi)$,周期为 M,则自相关函数为

$$\begin{aligned}
r_{xx}(m) &= \lim_{N \to \infty} \frac{1}{N} \sum_{n=0}^{N-1} A\sin(\omega_0 n + \varphi) \cdot A\sin(\omega_0 n + \omega_0 m + \varphi) \\
&= \lim_{N \to \infty} \frac{1}{N} \sum_{n=0}^{N-1} \frac{A^2}{2} \left[\cos(\omega_0 m) - \cos(2\omega_0 n + \omega_0 m + 2\varphi) \right] \\
&= \frac{A^2}{2} \cos(\omega_0 m)
\end{aligned}$$

即周期信号的自相关函数和原来的信号有同样的周期,并且 $r_{xx}(m+M) = r_{xx}(m)$。

2. 信号为白噪声的自相关函数

设有一功率谱为 σ^2 的白噪声,则自相关函数为

$$r(m) = \sigma^2 \delta(m)$$

从上式就能理解“白”的含义,两点之间没有任何相关性。还有另外一种带限白噪声,它的功率谱为一矩形波,因此自相关函数呈现 sinc 函数形状,$m = 0$ 时有最大值,m 足够大时趋近于 0。一般的干扰噪声的自相关函数的性质与带限白噪声的性质相同。

利用上面的自相关函数性质,当观测信号 $x(n)$ 中包含了周期信号 $s(n)$ 和白噪声 $w(n)$ 时,即

$$x(n) = s(n) + w(n)$$

如果信号和噪声互不相关,则自相关函数为

$$r_{xx}(m) = r_{ss}(m) + r_{ww}(m)$$

当 m 足够大时,观测信号的自相关函数仍不为 0,则表明在背景噪声中含有周期信号,并且可以估计出该信号的周期。下面用实例来说明上述关系。

【**例 1-5**】 设周期信号 $s(n) = 0.8\sin\left(\frac{\pi}{5}n\right)$,噪声 $w(n)$ 为随机产生的白噪声,观测信号为 $x(n) = s(n) + w(n)$,这三个信号分别如图 1-18 所示,为了容易看出周期性,这里把离散

的点连成了曲线。分别画出这三个信号的自相关函数,并进行比较。

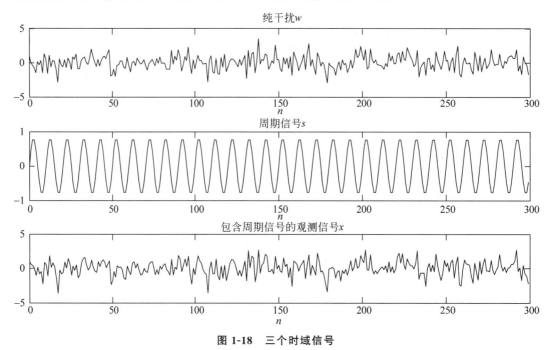

图 1-18   三个时域信号

分析:干扰信号、观测信号的自相关计算可以直接调用函数 xcorr();周期信号的自相关函数计算要利用循环自相关(类似循环卷积)方法来计算,要注意这时得到的相关点的长度只有 N,把它周期化,增加点长到 $2N-1$。结果如图 1-19 所示。

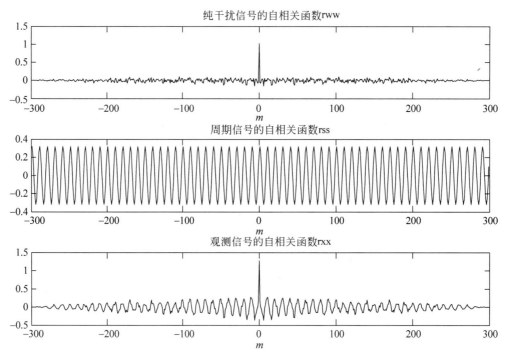

图 1-19   三个信号的自相关函数

MATLAB 程序完整代码：

```
clear;N = 300;n = 0:N - 1;
w = randn(1,N); rww = xcorr(w,'biased');
s = 0.8 * sin(pi/5 * n);
rss = circlecorr(s,s);
rss1 = [rss rss];
rss2 = rss1(1:2 * N - 1)/N;
x = s + w;rxx = rww + rss2;rxx = xcorr(x,'biased');
figure(1)
subplot(3,1,1);plot(n,w);title('纯干扰 w')
subplot(3,1,2);plot(n,s);title('周期信号 s')
subplot(3,1,3);plot(n,x);title('包含周期信号的观测信号 x'),xlabel('n')
figure(2)
m = - (N - 1):N - 1;
subplot(3,1,1);plot(m,rww);title('纯干扰信号的自相关函数 rww')
subplot(3,1,2);plot(m,rss2);title('周期信号的自相关函数 rss')
subplot(3,1,3);plot(m,rxx);title('观测信号的自相关函数 rxx'),xlabel('m')
```

循环自相关函数代码：

```
function result = circlecorr(x, y)
    len = length(x);
    result = zeros(1, len);

    for i = 1:len
        shifted = circshift(y, [0 i-1]);
        result(i) = sum(x .* shifted);
    end
end
```

从图 1-18 所示的时域图中很难判断观测信号中是否包含周期信号以及很难判断出该周期信号的周期。分别对它们求自相关函数后发现，干扰信号的自相关函数类似于冲激函数；正弦信号的自相关函数还是周期信号，根据 $r_{xx}(m) = \dfrac{A^2}{2}\cos(\omega_0 m)$，所以最大值为 $(0.8 \times 0.8/2) = 0.32$，与前面得出的结论一致。观测信号的自相关函数，当 m 比较大时，可以看出具有周期振荡，把图 1-19 的第三个图放大，如图 1-20 所示，可以看出周期大约为 10 左右，与理想的信号 $s(n) = 0.8\sin\left(\dfrac{\pi}{5}n\right)$ 的周期接近，这样就可以通过相关计算来判断是否包含周期信号以及信号的周期。

另外，不是所有信号都是规范的，可以通过图形直接求出其周期，进而求出频率，可以设计一个滤波器，如带通滤波器将有用信号过滤出来。

【例 1-6】 设 $x(n) = \mathrm{e}^{-0.05n}\cos\left(\dfrac{\pi}{6}n\right)$，$y(n) = 1.2x(n-n_0)$，它们的波形如图 1-21 所示，估计延迟时间为 n_0。

【解】 观测到两个相似波形后，为了估计它们的延迟时间，可以计算互相关函数 $r_{xy}(m)$，然后找到最大值，该值对应的 m 就是延迟 n_0。互相关函数调用函数 xcorr() 计算，结果如图 1-22 所示，明显当 $m = 4$ 时，相关值最大，因此延迟 $n_0 = 4$。

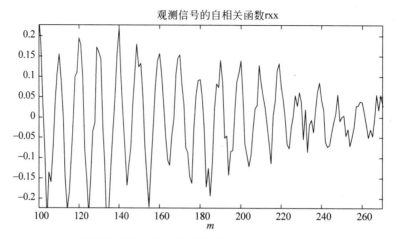

图 1-20　观测信号的自相关函数($m=100\sim270$)

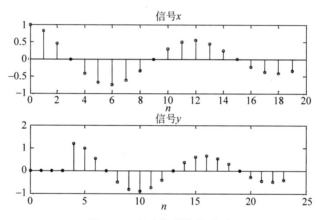

图 1-21　两个相似信号波形

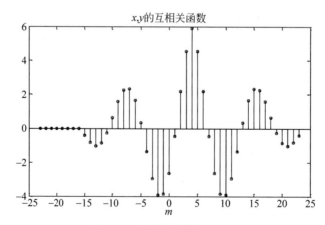

图 1-22　互相关函数 $r_{xy}(m)$

MATLAB 程序完整代码：

```
clear;
N = 20;
n = 0:N-1;m = 4;
```

```
x = exp( - 0.05. * n). * cos(pi/6 * n);
subplot(2,1,1);stem(n,x);title('信号 x');
y = [zeros(1,m) 1.2 * x];ny = 0:length(y) - 1;
subplot(2,1,2);stem(ny,y);title('信号 y');xlabel('n')
ryx = xcorr(y,x);
nr = ( - N + 1 - m):(N + m - 1);
figure(2)
stem(nr,ryx);title('x,y 的互相关函数');xlabel('m')
```

以上分析的为离散信号,对于连续信号有类似结论。

若 $x(t) = A\sin(\omega_0 t + \varphi)$,则其自相关函数为

$$r_{xx}(\tau) = \frac{A^2}{2}\cos(\omega_0 t)$$

就是说,若平稳随机信号 $x(t)$ 含有周期成分,则它的自相关函数 $r_{xx}(\tau)$ 中亦含有周期成分,且 $r_{xx}(\tau)$ 中周期成分的周期与信号 $x(t)$ 中周期成分的周期相等,该性质对于确定性信号也是成立的。

【例 1-7】　在用噪声诊断机器运行状态时,正常机器噪声是由大量、无序、大小近似相等的随机成分叠加的结果,因此正常机器噪声具有较宽而均匀的频谱,通过对噪声本身不能发现异常故障。当机器状态异常时,随机噪声中将出现有规则、周期性的信号,其幅度要比正常噪声的幅度大得多。依靠自相关函数 $r_{xx}(\tau)$ 就可在噪声中发现隐藏的周期分量,确定机器的缺陷所在。特别是对于早期故障,周期信号不明显,直接观察难以发现,自相关分析就显得尤为重要。

下面给出两个自相关分析诊断的实例。

(1) 利用自相关分析确定信号的周期。图 1-23(a)和(b)分别给出汽车车身振动信号 $x(t)$ 及其自相关函数 $r_{xx}(\tau)$。车身振动信号 $x(t)$ 的波形比较杂乱,难以发现存在的周期成分。但从对应的自相关函数 $r_{xx}(\tau)$ 上可发现 $x(t)$ 中包含有频率为 $f = \dfrac{1}{0.15\text{s}} = 6.6(\text{Hz})$ 的周期性信号。

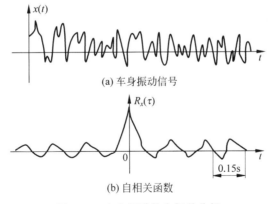

(a) 车身振动信号

(b) 自相关函数

图 1-23　车身振动的自相关分析

(2) 利用自相关分析识别车床变速箱运行状态。图 1-24 是两台车床变速箱噪声的自相关函数。图 1-24(a)是正常状态下噪声的自相关函数,随着 τ 的增大 $r_{xx}(\tau)$ 迅速趋近于 0,这说明变速箱噪声是随机噪声。图 1-24(b)所示的自相关函数 $r_{xx}(\tau)$ 中含有周期分量,当 τ

增大时 $r_{xx}(\tau)$ 并不趋近于 0,这标志着变速箱工作异常。将变速箱中各根轴的转速与自相关函数 $r_{xx}(\tau)$ 上周期性波动的频率进行比较,可确定存在缺陷轴的位置。

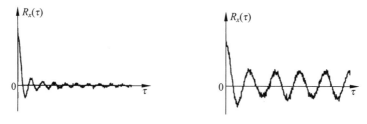

(a) 正常状态变速箱噪声信号的自相关函数   (b) 异常状态变速箱噪声信号的自相关函数

图 1-24   机床变速箱噪声的自相关分析

习题

1-1   若随机变量 x 具有均匀分布的概率密度函数

$$p_x(x) = \begin{cases} 1/(b-a), & a \leqslant x \leqslant b \\ 0, & \text{其他} \end{cases}$$

求 x 的均值和方差。

1-2   设 A 和 B 是随机变量,构成随机过程 $x(n) = A\cos(\omega_0 n) + B\sin(\omega_0 n)$,其中 ω_0 是实常数。

(1) 若 A 和 B 具有零均值、相同的方差且互不相关,证明 $x(n)$ 是宽平稳过程;

(2) 求 $x(n)$ 的自相关函数;

(3) 求 $x(n)$ 的功率谱密度。

1-3   已知 $x(n) = 0.6x(n-1) + w(n-1)$,$y(n) = x(n) + v(n)$,$w(n)$ 和 $v(n)$ 分别是方差为 0.82 和 1 的零均值白噪声,$v(n)$ 和 $x(n)$ 不相关。求 $y(n)$ 的功率谱,并按谱分解定理对其进行分解。

1-4   已知有理谱 $P_{xx}(e^{j\omega})$ 如下式:

$$P_{xx}(e^{j\omega}) = \frac{1.04 + 0.4\cos\omega}{1.25 + \cos\omega}$$

求相应的信号模型系统函数。

1-5   用谱分解定理对有理功率谱

$$S_{xx}(z) = \frac{0.36}{(1 - 0.8z^{-1})(1 - 0.8z)}$$

进行分解。

## 第 2 章

功率谱估计

功率谱(简称为谱)估计应用范围很广,日益受到各学科和应用领域的极大重视。以傅里叶变换为基础的传统(或经典)谱估计方法,虽然具有计算效率高的优点,却有着频率分辨率低和旁瓣泄漏严重的固有缺点,这就激发了对现代谱估计方法的大力研究,这是以参数模型为基础的一些谱估计方法。本章主要讨论这些方法的基本原理、主要算法、工程实现和典型应用。按经典谱估计和现代谱估计两个内容来进行讨论。其中,经典谱估计主要讨论周期图法和 BT 法;而现代谱估计主要讨论参数模型(AR,MA,ARMA)法,在参数模型法中又以 AR 参数模型法谱估计作为主要讨论内容。

2.1 功率谱估计方法与特点

众所周知,"谱"(Spectrum)的概念最早是由牛顿所提出,1822 年法国工程师傅里叶提出了谐波分析的理论,此理论奠定了信号分析和功率谱估计的理论基础;19 世纪末,舒斯特(Schuster)提出了周期图(Periodogram)的概念,沿用至今;1927 年 Yule 提出了用线性回归方程来模拟一个时间序列,这一工作成了现代谱估计中最重要的方法——参数模型法的基础;1930 年著名控制论专家维纳(Wiener)首次精确定义了一个随机过程的自相关函数和功率谱密度,即功率谱密度是随机过程二阶统计量——自相关函数的傅里叶变换,这就是维纳-辛钦定理;1958 年,布莱克曼(Blackman)和杜基(Tukey)提出了自相关谱估计,后人将其简称为 BT(Blackman-Tukey)法,它利用有限长数据 $x(n)$ 估计自相关函数,再用该自相关函数作傅里叶变换,从而得到谱的估计;1965 年,库利(Cooley)和 Tucky 的快速傅里叶变换(FFT)的问世,促进了现代谱估计的迅速发展;1967 年,伯格(Burg)提出了最大熵谱估计,这是朝着高分辨率谱估计所作的最有意义的努力,虽然在此之前,巴特莱特(Bartlett)于 1948 年,帕曾(Parzen)于 1957 年建议利用自回归模型来作谱估计,但在伯格的论文发表之前,都没有引起注意。近 30 年来,现代谱估计的理论又得到了迅速的发展。

综上所述,功率谱估计技术的发展渊源很长,它所涉及的学科相当广泛,包括信号与系统、随机信号分析、概率统计、随机过程、矩阵代数等一系列基础学科,它的应用领域也十分广泛,包括雷达、声呐、通信、地质勘测、天文、生物医学工程等众多领域,其内容、方法都在不断更新,是一个具有强大生命力的研究领域。

2.1.1　经典谱估计方法

经典谱估计方法包括两种方法,其一为 BT 法,是先按照有限个观测数据估计自相关函数,再计算功率谱;另一个为周期图法,是直接对观测数据进行处理,计算功率谱。对于随机信号,其傅里叶变换并不存在,因此转向研究它的功率谱。按照维纳-辛钦定理,信号的功率谱和其自相关函数服从一对傅里叶变换关系,公式如下

$$P_{xx}(\mathrm{e}^{\mathrm{j}\omega}) = \sum_{m=-\infty}^{\infty} r_{xx}(m)\mathrm{e}^{-\mathrm{j}\omega m} \tag{2-1}$$

$$r_{xx}(m) = \frac{1}{2\pi}\int_{-\infty}^{\infty} P_{xx}(\mathrm{e}^{\mathrm{j}\omega})\mathrm{e}^{\mathrm{j}\omega n}\,\mathrm{d}\omega \tag{2-2}$$

式(2-1)称为功率谱的定义,对于平稳随机信号,服从各态历经定理,集合平均可以用时间平均代替,由式(2-1)还可以推出功率谱的另一个定义:

$$P_{xx}(\mathrm{e}^{\mathrm{j}\omega}) = \lim_{N\to\infty} E\left[\frac{1}{2N+1}\left|\sum_{n=-N}^{N} x(n)\mathrm{e}^{-\mathrm{j}\omega n}\right|^2\right] \tag{2-3}$$

式(2-1)表明功率谱是无限多个自相关函数的函数,但观测数据只有有限个,只能得到有限个自相关函数。按照式(2-3)求功率谱,也需要无限个观测数据。因此根据有限个样本数据,分析计算随机序列的真正功率谱,是求功率谱的中心问题,毫无疑问,这是一个功率谱的估计问题。

经典谱估计方法的特点:

(1)都采用傅里叶变换方法,物理概念比较清楚;

(2)频率分辨率低;

(3)估计量的方差和分辨率是一对矛盾。

2.1.2　现代谱估计方法

现代谱估计方法是以信号模型为基础,估计功率谱的问题转化成由观测数据估计信号模型参数的问题。图 2-1 表示的是 $x(n)$ 的信号模型。

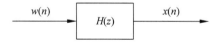

图 2-1　平稳随机序列的信号模型

输入白噪声 $w(n)$ 均值为 0,方差为 σ_w^2,$x(n)$ 的功率谱计算为

$$P_{xx}(\mathrm{e}^{\mathrm{j}\omega}) = \sigma_w^2 \mid H(\mathrm{e}^{\mathrm{j}\omega}) \mid^2 \tag{2-4}$$

如果由观测数据能够估计出信号模型的参数,信号的功率谱可以按照式(2-1)计算出来,这样估计功率谱的问题变成了由观测数据估计信号模型参数的问题。模型有很多种类,例如 AR 模型、MA 模型等,针对不同的情况,合适地选择模型,功率谱估计质量比经典谱估计的估计质量有很大提高。遗憾的是,尚无任何理论能指导我们选择一个合适的模型,我们只能根据功率谱的一些先验知识,或者说一些重要的谱特性选择模型。

现代谱估计方法的特点:

(1)频率分辨率较经典法高;

(2)缺乏如何选择信号模型的理论指导。

2.2 经典功率谱估计

经典功率谱估计是基于传统傅里叶变换的思想,其中的典型代表有 Blackman 和 Tukey 提出的自相关谱估计(简称为 BT 法)和周期图法。

2.2.1 BT 法(间接法)

BT 法是先估计自相关函数,然后按照式(2-1)进行傅里叶变换得到功率谱。设对随机信号 $x(n)$,只观测到一段样本数据,$n=0,1,2,\cdots,N-1$。关于如何根据这一段样本数据估计自相关函数,第 1 章已经作了详细介绍,结果是共有两种估计方法,即有偏自相关函数估计和无偏自相关函数估计。有偏自相关函数估计的误差相对较小,这种估计是一种渐近一致估计,将该估计公式重写为

$$\hat{r}_{xx}(m)=\frac{1}{N}\sum_{n=0}^{N-|m|-1}x^*(n)x(n+m),\quad |m|\leqslant N-1 \tag{2-5}$$

对式(2-5)进行傅里叶变换,得到 BT 法的功率估计值为

$$\hat{P}_{BT}(e^{j\omega})=\sum_{m=-\infty}^{\infty}\hat{r}_{xx}(m)e^{-j\omega m} \tag{2-6}$$

因为这种方法求出的功率谱是通过自相关函数的估计间接得到的,所以此方法称为间接法,或 BT 法。

【例 2-1】 已知平稳各态遍历的实随机序列 $X[k]$ 的单一样本的 N 个观测值为 $x[k]=\{1,\overset{\downarrow}{0},-1\}$,试计算该随机序列的自相关函数估计,并利用 BT 法估计其功率谱。

【解】 已知平稳各态遍历随机序列单一样本的 N 个观测值,其自相关函数估计的计算方法有:

根据定义 $\hat{r}_{xx}(n)=\frac{1}{N}\sum_{k=0}^{N-1}x(k)x(k+n)$;

利用卷积和 $\hat{r}_{xx}(n)=\frac{1}{N}x(n)*x(-n)$;

利用 MATLAB 函数。

(1) 定义法。

当 $k=0$ 时,$x(0)x(n)=1\times x(n)$;

当 $k=1$ 时,$x(1)x(1+n)=0\times x(1+n)$;

当 $k=2$ 时,$x(2)x(2+n)=-1\times x(2+n)$。

所以

$$\hat{r}_{xx}(n)=\frac{1}{3}\{x[n]-x[n+2]\}=\frac{1}{3}\{-1,0,\overset{\downarrow}{2},0,-1\}$$

(2) 卷积和法。

根据 $\hat{r}_{xx}(n)=\frac{1}{N}x(n)*x(-n)$,按照图 2-2 的列表法计算卷积。

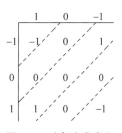

图 2-2　列表法求卷积

所以,自相关函数的估计值为

$$\hat{r}_{xx}(n) = \frac{1}{N}x(n) * x(-n)$$

$$= \frac{1}{3}\{-1,0,\overset{\downarrow}{2},0,-1\}$$

(3) 利用 MATLAB 计算自相关函数的估计。

MATLAB 计算相关函数为[R,n]=xcorr(x,'biased'),具体来说用 xcorr 估计随机过程中的互相关序列,自相关是 xcorr 的一个特例,"biased"为有偏的自相关函数估计。

具体代码如下:

```
format rat                      % 分数形式表示
x = [1 0 -1];
[Rx,n] = xcorr(x,'biased')      % "biased"为有偏的自相关函数估计
```

程序运行结果为:

```
Rx =         -1/3        0        2/3        0        -1/3
n =          -2          -1       0          1        2
```

上面通过三种方法计算了自相关函数,接下来进行功率谱的估计。对 $\hat{r}_{xx}(n)$ 进行傅里叶变换得 $X[k]$ 的功率谱估计

$$\hat{P}_{xx}(e^{j\omega}) = \mathrm{DTFT}\{\hat{r}_{xx}(n)\} = \sum_{m=-\infty}^{\infty} \hat{r}_{xx}(m)e^{-j\omega m}$$

因为

当 $m=0$ 时,$\hat{r}_{xx}(0)e^{-0j\omega} = \dfrac{2}{3}$;

当 $m=2$ 时,$\hat{r}_{xx}(2)e^{-2j\omega} = -\dfrac{1}{3}e^{-2j\omega}$;

当 $m=-2$ 时,$\hat{r}_{xx}(-2)e^{2j\omega} = -\dfrac{1}{3}e^{2j\omega}$。

所以

$$\hat{P}_{xx}(e^{j\omega}) = \frac{1}{3}[2 - e^{-2j\omega} - e^{2j\omega}] = \frac{1}{3}[2 - 2\cos(2\omega)] = \frac{2}{3}[1 - \cos(2\omega)]$$

2.2.2 周期图法(直接法)

将功率谱的另一定义式(2-3)重写为

$$P_{xx}(e^{j\omega}) = \lim_{N \to \infty} E\left[\frac{1}{2N+1}\left|\sum_{n=-N}^{N} x(n)e^{j\omega n}\right|^2\right]$$

如果忽略上式中求统计平均的运算,观测数据为 $x(n), 0 \le n \le N-1$,便得到周期图法的定义:

$$\hat{P}_{xx}(e^{j\omega}) = \frac{1}{N}\left|\sum_{n=0}^{N-1} x(n)e^{-j\omega n}\right|^2$$

周期图法进行功率谱估计步骤如图 2-3 所示。

周期图法是把随机信号的 N 个观察值 $x(n)$ 直接进行傅里叶变换,得到 $X(e^{j\omega})$,然后取其幅值的平方,再除以 N,作为对 $x(n)$ 真实功率谱的估计,以 $\hat{P}_{xx}(e^{j\omega})$ 表示周期图法估

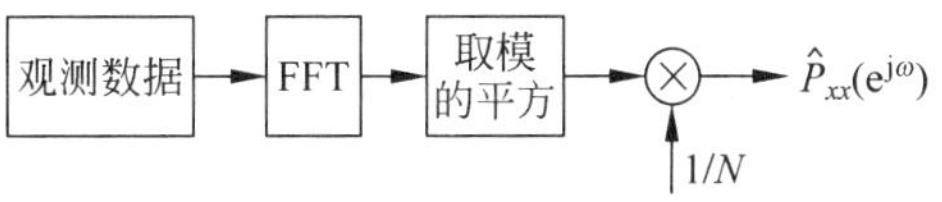

图 2-3 用周期图法计算功率谱框图

计出的功率谱。因为这种功率谱估计的方法是直接通过观察数据的傅里叶变换求得的,所以人们习惯上称为直接法。

【例 2-2】 已知实平稳随机序列 $X[k]$ 单一样本的 N 个观测值为 $x[k]=\{\overset{\downarrow}{1},0,-1\}$,试利用周期图法估计其功率谱。

【解】 对 $x[k]$ 进行离散时间傅里叶变换(DTFT),则

$$X_N(\mathrm{e}^{\mathrm{j}\omega}) = \sum_{k=0}^{N-1} x[k]\mathrm{e}^{-\mathrm{j}\omega k} = 1 - \mathrm{e}^{-\mathrm{j}2\omega}$$

功率谱估计为

$$\hat{P}_{xx}(\mathrm{e}^{\mathrm{j}\omega}) = \frac{1}{N}\,|\,X_N(\mathrm{e}^{\mathrm{j}\omega})\,|^2 = \frac{1}{N}X_N(\mathrm{e}^{\mathrm{j}\omega})X_N^*(\mathrm{e}^{\mathrm{j}\omega})$$

$$= \frac{1}{3}(1-\mathrm{e}^{-\mathrm{j}2\omega})(1-\mathrm{e}^{\mathrm{j}2\omega})$$

$$= \frac{2}{3}\big[1-\cos(2\omega)\big]$$

例 2-2 与例 2-1 的结果相同,这也说明了利用有偏自相关函数的 BT 法和周期图法的等价关系。

2.2.3 周期图法谱估计质量分析

1. 周期图的偏移

已知自相关函数的估计值 $\hat{r}_{xx}(m)$,$m=-(N-1),\cdots,0,1,\cdots,N-1$,按照式(2-6)求功率谱的统计平均值,得到

$$E\big[\hat{P}_{xx}(\mathrm{e}^{\mathrm{j}\omega})\big] = \sum_{m=-(N-1)}^{N-1} E\big[\hat{r}_{xx}(m)\big]\mathrm{e}^{-\mathrm{j}\omega m}$$

有偏自相关函数统计平均值已由第 1 章式(1-76)$E\big[\hat{r}'_{xx}(m)\big]=\dfrac{N-|m|}{N}r_{xx}(m)$ 确定,将该式代入上式,得到

$$E\big[\hat{P}_{xx}(\mathrm{e}^{\mathrm{j}\omega})\big] = \sum_{m=-(N-1)}^{N-1} \frac{N-|m|}{N}r_{xx}(m)\mathrm{e}^{-\mathrm{j}\omega m} = \sum_{m=-\infty}^{\infty} w_B(m)r_{xx}(m)\mathrm{e}^{-\mathrm{j}\omega m} \quad (2\text{-}7)$$

式中,

$$w_B(m) = \begin{cases} \dfrac{N-|m|}{N}, & |m|<N \\ 0, & \text{其他} \end{cases}$$

在式(2-7)中,两序列乘积的傅里叶变换,在频域服从卷积关系,得到

$$E\big[\hat{P}_{xx}(\mathrm{e}^{\mathrm{j}\omega})\big] = \frac{1}{2\pi}\int_{-\pi}^{\pi} W_B(\mathrm{e}^{\mathrm{j}\Omega})P_{xx}(\mathrm{e}^{\mathrm{j}(\omega-\Omega)})\mathrm{d}\Omega \quad (2\text{-}8)$$

式中,

$$P_{xx}(\mathrm{e}^{\mathrm{j}\omega}) = \mathrm{FT}[r_{xx}(m)]$$

$$W_B(\mathrm{e}^{\mathrm{j}\omega}) = \mathrm{FT}[w_B(m)] = \frac{1}{N}\left(\frac{\sin(N\omega/2)}{\sin(\omega/2)}\right)^2$$

$W_B(\mathrm{e}^{\mathrm{j}\omega})$ 称为三角谱窗函数。式(2-8)表明,周期图的统计平均值等于它的真值卷积三角谱窗函数,因此周期图是有偏估计,但当 $N \to \infty$ 时,$w_B(m) \to 1$,三角谱窗函数趋近于 δ 函数,周期图的统计平均值趋近于它的真值,因此周期图属于渐近无偏估计。

2. 周期图的方差

由于周期图的方差的精确表示式很烦冗,为分析简单起见,通常假设 $x(n)$ 是实的零均值的正态白噪声信号,方差是 σ_x^2,即功率谱是常数 σ_x^2,其周期图用 $I_N(\omega)$ 表示,N 表示观测数据的长度。按照周期图的定义,周期图表示为

$$I_N(\omega) = \frac{1}{N}|X(\mathrm{e}^{\mathrm{j}\omega})|^2 = \frac{1}{N}\sum_{n=0}^{N-1}\sum_{k=0}^{N-1}x(k)x(n)\mathrm{e}^{\mathrm{j}\omega k}\mathrm{e}^{-\mathrm{j}\omega n}$$

$$\mathrm{var}[I_N(\omega)] = E[I_N^2(\omega)] - E^2[I_N(\omega)]$$

式中,

$$E[I_N^2(\omega)] = \sigma_x^4\left\{2 + \left[\frac{\sin(N\omega)}{N\sin(\omega)}\right]\right\}$$

最后得出

$$\mathrm{var}[I_N(\omega)] = \sigma_x^4\left\{1 + \left[\frac{\sin(N\omega)}{N\sin(\omega)}\right]^2\right\} \tag{2-9}$$

当 $N \to \infty$ 时,周期图的方差并不趋近于 0,而趋近于功率谱真值的平方,即

$$\mathrm{var}[I_N(\omega)] \xrightarrow[N\to\infty]{} \sigma_x^4$$

这里无论怎样选择 N,周期图的方差总是和 σ_x^4 同一个数量级。我们知道,信号的功率谱真值是 σ_x^2,说明周期图的方差很大,周期图的均方误差也非常大。用这种方法估计的功率谱在 σ_x^2 附近起伏很大,故周期图是非一致估计,是一种很差的功率谱估计方法。

为了进一步说明数据长度 N 对功率谱估计的影响,下面求两个频率处的协方差函数。

$$\mathrm{cov}[I_N(\omega_1), I_N(\omega_2)] = I[I_N(\omega_1)I_N(\omega_2)] - E[I_N(\omega_1)I_N(\omega_2)]$$

能够得到

$$\mathrm{cov}[I_N(\omega_1)I_N(\omega_2)] = \sigma_x^4\left\{\left[\frac{\sin N(\omega_1+\omega_2)/2}{N\sin(\omega_1+\omega_2)/2}\right]^2 + \left[\frac{\sin N(\omega_1-\omega_2)/2}{N\sin(\omega_1-\omega_2)/2}\right]^2\right\}$$

令 $\omega_1 = 2\pi k/N$,$\omega_2 = 2\pi l/N$,式中 k、l 均是整数,得到

$$\mathrm{cov}[I_N(\omega_1)I_N(\omega_2)] = \sigma_x^4\left[\left(\frac{\sin[\pi(k+l)]}{N\sin[\pi(k+l)/N]}\right)^2 + \left(\frac{\sin[\pi(k-l)]}{N\sin[\pi(k-l)/N]}\right)^2\right]$$

式中,k、l 均为整数,在 $k \neq l$ 以及 $k+l$ 与 $k-l$ 不是 N 的整数倍时,协方差函数都等于 0,这说明以 $2\pi/N$ 的整数倍为频率间隔,周期图的值是不相关的。当 N 加大时,不相关的频率间隔减少,因此 N 的加大,将会使周期图的起伏加快。

【例 2-3】 利用周期图法估计零均值、方差为 1 平稳高斯白噪声的功率谱。取序列的长度分别为 $N = 64,128,256,512$,并分析谱估计质量。

利用 MATLAB 计算周期图的函数为

$$[\mathrm{Pxx},\mathrm{F}] = \mathrm{periodogram}(\mathrm{x},[\,],\mathrm{NFFT},\mathrm{Fs})$$

式中，

（1）x：进行功率谱估计的输入有限长序列；

（2）NFFT：DFT 的点数；

（3）Fs：绘制功率谱曲线的抽样频率，默认值为 1；

（4）Pxx：功率谱估计值；

（5）F：Pxx 值所对应的频率点

MATLAB 程序完整代码：

```
N = 64;Nfft = 2048;
randn('state',0);
x = randn(1,N);
[P,F] = periodogram(x,[],Nfft,2) ;
plot(F,10 * log10(P));
A = axis;axis([A(1:2) - 40 20]);grid;
title(['N = ',num2str(N)]);
xlabel('频率');
ylabel('Power Spectral(dB)');
```

平稳高斯白噪声功率谱估计结果（周期图法）如图 2-4 所示。

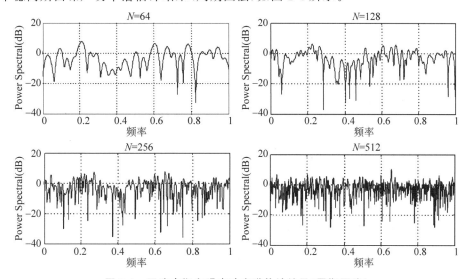

图 2-4　平稳高斯白噪声功率谱估计结果（周期图法）

从图 2-4 可以看出，周期图在它的上下摆动幅度很大，当 N 增加时摆动幅度并不减少，但频率加快。说明周期图法估计功率谱不是一致估计，均方误差很大，使估计出的功率谱不可靠。BT 法和周期图法具有等值的功率谱估计质量，都不是功率谱的良好估计。此外，它们还存在着以下两个难以克服的固有缺点：

（1）频率分辨率（区分两个邻近频率分量的能力）不高。这是因为它们的频率分辨率反比于数据记录长度，而实际应用中一般不可能获得长的数据记录。

（2）经典谱估计方法在工程中都是以离散傅里叶变换（DFT）为基础的，它隐含着对无限长数据序列进行加窗处理（加了一个有限宽的矩形窗）。矩形窗的频谱主瓣不是无限窄且有旁瓣存在，这将造成能量向旁瓣泄漏和主瓣变得模糊不清的缺点。严重情况下，会使主瓣产生很大失真，甚至主瓣中的弱分量被旁瓣中的强泄漏所掩盖。

2.3 经典谱估计方法改进法

从前面的分析可知,周期图法作为功率谱的估计不满足一致估计的条件,必须进行改进,改进的措施主要是将周期图进行平滑(平均是一种主要的平滑方法),使估计方差减小,从而得到一致谱估计。平滑的方法主要有两种:一种是 FFT 出现之前常用的窗函数法,即选择适当的窗口函数作为加权函数进行加权平均;另一种是平均周期图方法,即先将数据分段,对各段数据分别求其周期图,再将各段周期图进行平均作为功率谱的估计。后一种方法又称为 Bartlett 方法,由于其采用 FFT 运算可提高运算速度,是当前用得最多的一种平滑方法。Welch 又对 Bartlett 方法进行了改进。下面我们依次讨论这些方法。

2.3.1 窗函数法

从前面的讨论我们知道,周期图法从原理上讲,它也是基于对相关函数值取傅里叶变换的一种方法。在由式(1-72)作相关函数估计时,滞后量 m 增加,参与求和的项就会减少,因而平均效果减弱。当 $m=N-1$ 时,求和项只有一项,也就是说,m 较大时的那些相关估值 $\hat{r}_{xx}(m)$ 不太可靠,估计方差将会增大。周期图法用了 $m=0\sim N-1$ 的全部相关函数估计值,正是由于方差大的相关函数估计值造成了谱估计有较大的方差。如果对自相关函数估计值进行加窗,使方差大的自相关函数值加权小,以减小其对谱估计的影响,就有可能提高谱估计的性能。窗函数法正是基于这样的机理进行的。

设 $w(m)$ 是长度为 $2M-1$ 的窗函数,窗函数法谱估计为

$$\hat{P}_{xx}(\mathrm{e}^{\mathrm{j}\omega}) = \sum_{m=-(M-1)}^{M-1} \hat{r}_{xx}(m)w(m)\mathrm{e}^{-\mathrm{j}\omega m} \tag{2-10}$$

$\hat{r}_{xx}(m)$ 是有偏自相关函数估计值,$w(m)$ 的傅里叶变换为 $W(\mathrm{e}^{\mathrm{j}\omega})$。

$$w(n) = \frac{1}{2\pi}\int_{-\pi}^{\pi} W(\mathrm{e}^{\mathrm{j}\omega})\mathrm{e}^{\mathrm{j}\omega n}\,\mathrm{d}\omega$$

由于 $\hat{P}_{xx}(\mathrm{e}^{\mathrm{j}\omega})$ 为两个序列相乘的傅里叶变换,可表示为其各自傅里叶变换的卷积,即

$$\hat{P}_{xx}(\mathrm{e}^{\mathrm{j}\omega}) = \frac{1}{2\pi}\int_{-\pi}^{\pi} I_N(\theta)W(\mathrm{e}^{\mathrm{j}(\omega-\theta)})\,\mathrm{d}\theta \tag{2-11}$$

式中,

$$I_N(\omega) = \sum_{m=-(N-1)}^{N-1} \hat{r}_{xx}(m)\mathrm{e}^{-\mathrm{j}\omega m}$$

这种方法是用一适当的功率谱窗函数 $W(\mathrm{e}^{\mathrm{j}\omega})$ 与周期图进行卷积,来达到使周期图平滑的目的。周期图和谱窗函数卷积得到功率谱,等效于在频域对周期图进行修正,使周期图通过一个线性非频变系统,滤除掉周期图中的快变成分,谱窗函数需具有低通特性。

在第 1 章我们已知道 $\hat{P}_{xx}(\mathrm{e}^{\mathrm{j}\omega})$ 应是 ω 的实、偶、非负函数,因此 $w(m)$ 应是一个偶序列,并且满足条件:

$$W(\mathrm{e}^{\mathrm{j}(\omega-\theta)}) > 0, \quad -\pi < \omega < \pi$$

显然三角窗是满足此条件的,而海宁(Hanning)与汉明(Hamming)窗函数就不满足上式所列条件。下面举几个谱窗例子:

1. 矩形滞后窗

$$w(m) = \begin{cases} 1, & |m| \leqslant M, M < N-1 \\ 0, & \text{其他} \end{cases}$$

2. 巴特利特窗(Bartlett)

$$w(m) = \begin{cases} 1 - \dfrac{|m|}{M}, & |m| \leqslant M, M < N-1 \\ 0, & \text{其他} \end{cases}$$

3. 布莱克曼-图基窗(Blackman-Tukey)

$$w(m) = \begin{cases} \dfrac{1}{2}\left(1 - \cos\dfrac{\pi m}{M}\right), & |m| \leqslant M, M < N-1 \\ 0, & \text{其他} \end{cases}$$

4. 帕曾窗(Parzen)

$$w(m) = \begin{cases} 1 - 6\left(\dfrac{m}{M}\right)^2 + 6\left(\dfrac{m}{M}\right)^3, & |m| \leqslant \dfrac{M}{2} \\ 2\left(1 - \dfrac{|m|}{M}\right), & \dfrac{M}{2} \leqslant |m| \leqslant M \\ 0, & \text{其他} \end{cases}$$

2.3.2 平均周期图法

平均周期图法是基于这样的思想:对一个随机变量进行观测,得到 L 组独立记录数据,用每一组数据分别求其周期图,再将各段周期图进行平均作为功率谱的估计。这样得到的均值,其方差将是用一组数据得到的均值的方差的 $1/L$。周期图经过平滑(或平均)后会使它的方差减小,达到一致估计的目的,依据为如下定理:

【**定理**】 如果 $x_1, x_2, \cdots, x_L$ 是不相关的随机变量,且每一个有均值 μ 及方差 σ^2,则它们的数学平均 $\bar{x} \stackrel{\Delta}{=} (x_1, x_2, \cdots, x_L)/L$ 的均值等于 μ,方差为 σ^2/L。

假设随机信号 $x(n)$ 的观测数据区间为 $0 \leqslant n \leqslant M-1$,共进行了 L 次独立观测,得到 L 组记录数据,每一组记录数据用 $x_i(n), i=1,2,3,\cdots,L$ 表示,第 i 组的周期图为

$$I_i(\omega) = \frac{1}{M}\left| \sum_{n=0}^{M-1} x_i(n) e^{-j\omega n} \right|^2 \tag{2-12}$$

将得到的 L 个周期图进行平均,作为信号 $x(n)$ 的功率谱估计,公式如下

$$\hat{P}_{xx}(e^{j\omega}) = \frac{1}{L}\sum_{i=1}^{L} I_i(\omega) \tag{2-13}$$

按照式(2-13)求方差,由于是 L 次独立观测,L 个周期图相互独立,因此平均周期图的方差为

$$\text{var}[\hat{P}_{xx}(e^{j\omega})] = \frac{1}{L}\text{var}[I_i(\omega)] \tag{2-14}$$

即平均周期图的估计方差是周期图的方差的 $1/L$。分的段数 L 越多,方差越小,即功率谱越平滑,如果 $L \to \infty$,则 $\text{var}[\hat{P}_{xx}(e^{j\omega})] \to 0$。但如果数据量 N 一定,L 加大,每一段的数据量 M 必须减少,因此估计量方差减少了,使偏移加大,分辨率降低。估计量的方差和分辨率

是一对矛盾,它们的效果可以互换。

在图 2-5 中,信号仍然是均值为 0、方差为 1 的白噪声,观察数据长度 $N=256$,利用平均周期图方法估计功率谱,将它分成 $L=2,4,8$ 段,得到功率谱曲线。随着分段数的增加,功率谱估计值在 1 的附近摆动的幅度越来越小,显示出分段平均对周期图方差减少有明显效果。

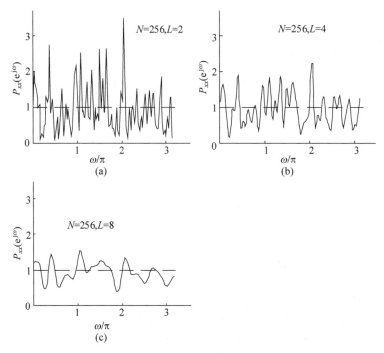

图 2-5 平均周期图法

2.3.3 Welch 法

目前在工程实践中,经典谱估计获得更多有效应用的是 1967 年由 Welch 提出的修正周期图法,他将前两种方法结合起来使用,其步骤如下:

(1) 先将 N 个数据分成 L 段,每段 M 个数据,$N=ML$;

(2) 选择适当的窗函数 $w(m)$,并用该 $w(m)$ 依次对每段数据作相应的加权,然后确定每一段的周期图。

$$I_M^i(\omega) = \frac{1}{MU} \Big| \sum_{n=0}^{M-1} x^i(n)w(n)\mathrm{e}^{-\mathrm{j}\omega n} \Big|^2, \quad 1 \leqslant i \leqslant L \qquad (2-15)$$

式中,$U = \dfrac{1}{M} \sum\limits_{n=0}^{M-1} w^2(n)$ 为归一化因子;

(3) 对分段周期图进行平均得到功率谱估计

$$\hat{P}_{xx}(\mathrm{e}^{\mathrm{j}\omega}) = \frac{1}{L} \sum_{i=1}^{L} I_M^i(\omega) \qquad (2-16)$$

Welch 法的优点有两个:一是对窗函数没有什么特殊要求,因为无论哪种窗函数均可使谱估计非负;二是分段时为了减少因分段数增加给分辨率带来的影响,可使各段之间有重叠,例如重叠 50％,如图 2-6 所示。

图 2-6 重叠平均周期图法(Welch 法)

对于由白噪声和正弦信号或者窄带信号组成的信号,在计算周期图之前,给数据加窗是有利的,如果不加数据窗,相近的低电平信号可能被高电平信号的旁瓣淹没掉。在图 2-7中,$\omega/\pi＝0.12$ 处的正弦信号的旁瓣几乎掩盖了在 $\omega/\pi＝0$ 的信号,经过给数据加汉明窗处理后,由于加了汉明窗,大大压低了旁瓣,使低电平信号清晰可见,但由于主瓣加宽,功率谱波峰变宽了,却降低了信号的分辨率。一般来说,两个等幅的正弦信号的频率相隔很近,可以不加数据窗,频率间隔应该大于 $2\pi/N$ 才能分辨。

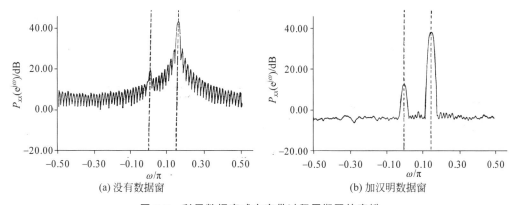

(a) 没有数据窗 (b) 加汉明数据窗

图 2-7 利用数据窗减少窄带过程周期图的旁瓣

2.4 现代谱估计

为克服经典谱估计缺点,人们曾做过长期努力,提出平均、加窗平滑等办法,在一定程度上改善了经典谱估计的性能。实践证明,对于长数据记录来说,以傅里叶变换为基础的经典谱估计方法,的确是比较实用的。但是,经典方法始终无法根本解决频率分辨率和谱估计稳定性之间的矛盾,特别是在数据记录很短的情况下,这一矛盾尤为突出,这就促进了谱估计的现代方法的研究的开展。

在第 1 章的论述中我们已经知道,任何具有有理功率谱密度的随机信号都可以看成由一白噪声 $w(n)$ 激励一物理网络所形成。如果我们能根据已观察到的数据估计出这一物理网络的模型参数,就不必认为 N 个以外的数据全为 0,这就有可能克服经典谱估计的缺点,如由这个模型来求功率谱估计,可望得到比较好的结果。实际应用中所遇到的随机过程常常可以看成由白噪声 $w(n)$ 经一线性系统形成的,如图 2-8 所示。

图 2-8 随机信号表示为白噪声通过线性系统的输出

其传递函数为

$$H(z) = \frac{B(z)}{A(z)} = \frac{\sum\limits_{k=0}^{q} b_k z^{-k}}{1 + \sum\limits_{k=0}^{p} a_k z^{-k}} \tag{2-17}$$

当输入白噪声的功率谱密度为 σ_w^2 时,输出的功率谱密度为

$$P_{xx}(\mathrm{e}^{\mathrm{j}\omega}) = \sigma_w^2 \mid H(\mathrm{e}^{\mathrm{j}\omega}) \mid^2 = \sigma_w^2 \left| \frac{B(\mathrm{e}^{\mathrm{j}\omega})}{A(\mathrm{e}^{\mathrm{j}\omega})} \right|^2 \tag{2-18}$$

如果能确定 σ_w^2 与 a_k、b_k 的值,通过上式就可得到所需信号的功率谱密度。

根据第 1 章知识,我们知道参数模型可分为三类。

1. 自回归(AR)模型

AR 模型的系统函数为

$$H(z) = \frac{1}{A(z)} = \frac{1}{1 + \sum\limits_{i=1}^{p} a_i z^{-i}}$$

AR 模型的功率谱为

$$P_{xx}(\omega) = \sigma_w^2 \left| \frac{1}{A(\mathrm{e}^{\mathrm{j}\omega})} \right|^2 = \frac{\sigma_w^2}{\left| 1 + \sum\limits_{k=1}^{p} a_k \mathrm{e}^{-\mathrm{j}\omega k} \right|^2}$$

2. 滑动平均(MA)模型

MA 模型的系统函数为

$$H(z) = B(z) = \sum\limits_{k=0}^{q} b_k z^{-k}$$

MA 模型的功率谱为

$$P_{xx}(\omega) = \sigma_w^2 \left| B(\mathrm{e}^{\mathrm{j}\omega}) \right|^2$$

3. 自回归-滑动平均(ARMA)模型

ARMA 模型的系统函数为

$$H(z) = \frac{B(z)}{A(z)} = \frac{\sum\limits_{k=0}^{q} b_k z^{-k}}{1 + \sum\limits_{k=0}^{p} a_k z^{-k}}$$

ARMA 模型的功率谱为

$$P_{xx}(\omega) = \sigma_w^2 \left| \frac{B(\mathrm{e}^{\mathrm{j}\omega})}{A(\mathrm{e}^{\mathrm{j}\omega})} \right|^2$$

因而基于模型的功率谱估计方法大体上可按下列几个步骤进行:

(1) 选择一个合适模型;

(2) 用已观测到的数据估计模型参数;

(3) 将模型参数代入功率谱的计算公式就可得到功率谱估值。

由以上讨论可知,用模型法作功率谱估计,实际上要解决的是模型的参数估计问题,所

以这类谱估计方法又统称为参数化方法。

基于模型的功率谱估计方法首先要选择一个模型,但在一般情况下我们没有随机信号模型的先验知识,若模型选择不当可能会对谱估计性能产生较大影响,Wold 分解定理告诉我们,如果功率谱是连续的,则任何 ARMA 过程或 AR 过程也可以用一个无限阶的 MA 过程表示。Kolmogorov 也提出,任何 ARMA 或 MA 过程也可以用一个无限阶的 AR 过程表示,所以如果选择了一个不合适的模型,但只要模型的阶数足够高,它仍然能够比较好地逼近被建模的随机过程。在这三种参数模型中,AR 模型得到了普遍应用,其原因是 AR 模型的参数计算是线性方程,比较简便,同时很适合表示很窄的频谱,在进行谱估计时,由于具有递推特性,所以所需的数据较短;而 MA 模型表示窄谱时一般需要数量很多的参数,ARMA 模型虽然所需的参数数量最少,但参数估计的算法是非线性方程组,其运算远比 AR 模型复杂。再考虑任意 ARMA 或 MA 信号模型可以用无限阶或阶数足够大的 AR 模型来表示,因此本书主要介绍利用 AR 模型进行功率谱估计的基本原理和算法。

2.4.1 AR 模型的尤尔-沃克方法

由前面讨论可知,p 阶 AR 模型的差分方程为

$$x(n) = -\sum_{k=1}^{p} a_k x(n-k) + w(n) \tag{2-19}$$

模型输出的功率谱为

$$P_{xx}(\omega) = \frac{\sigma_w^2}{\left| 1 + \sum_{k=1}^{p} a_k e^{-j\omega k} \right|^2} \tag{2-20}$$

若已知参数 $a_1, a_2, \cdots, a_p$ 及 σ_w^2,就可以得到信号的功率谱估计。现在我们研究这些参数与自相关函数的关系。将 AR 模型的差分方程代入 $x(n)$ 的自相关函数表达式,得

$$r_{xx}(m) = E[x(n)x(n+m)]$$

$$= E\left\{ x(n) \left[-\sum_{k=1}^{p} a_k x(n-k+m) + w(n+m) \right] \right\}$$

$$= -\sum_{k=1}^{p} a_k r_{xx}(m-k) + E[x(n)w(n+m)] \tag{2-21}$$

根据式(2-19),$x(n)$ 只与 $w(n)$ 相关而与 $w(n+m)(m \geq 1)$ 无关,式(2-21)中的第 2 项

$$E[x(n)w(n+m)] = \begin{cases} 0, & m > 0 \\ \sigma_w^2, & m = 0 \end{cases} \tag{2-22}$$

将式(2-22)代入式(2-21),则

$$r_{xx}(m) = \begin{cases} -\sum_{k=1}^{p} a_k r_{xx}(m-k), & m > 0 \\ -\sum_{k=1}^{p} a_k r_{xx}(m-k) + \sigma_w^2, & m = 0 \end{cases} \tag{2-23}$$

将 $m = 1, 2, \cdots, p$ 代入式(2-23),并将两式合并后写成矩阵形式,得

$$\begin{bmatrix} r_{xx}(0) & r_{xx}(-1) & r_{xx}(-2) & \cdots & r_{xx}(-p) \\ r_{xx}(1) & r_{xx}(0) & r_{xx}(-1) & \cdots & r_{xx}(-(p-1)) \\ \vdots & \vdots & \vdots & \ddots & \vdots \\ r_{xx}(p) & r_{xx}(p-1) & r_{xx}(p-2) & \cdots & r_{xx}(0) \end{bmatrix} \begin{bmatrix} 1 \\ a_1 \\ \vdots \\ a_p \end{bmatrix} = \begin{bmatrix} \sigma_w^2 \\ 0 \\ \vdots \\ 0 \end{bmatrix} \quad (2\text{-}24)$$

令

$$\boldsymbol{R}_{xx} = \begin{bmatrix} r_{xx}(0) & r_{xx}(-1) & r_{xx}(-2) & \cdots & r_{xx}(-p) \\ r_{xx}(1) & r_{xx}(0) & r_{xx}(-1) & \cdots & r_{xx}(-(p-1)) \\ \vdots & \vdots & \vdots & \ddots & \vdots \\ r_{xx}(p) & r_{xx}(p-1) & r_{xx}(p-2) & \cdots & r_{xx}(0) \end{bmatrix} \quad (2\text{-}25)$$

式(2-24)就是尤尔-沃克(Yule-Walker，Y-W)方程。对于实序列，由于 $r_{xx}(-m)=r_{xx}(m)$，因此只要已知或估计出 $p+1$ 自相关函数值，可由该方程解出 $p+1$ 个模型参数 $\{a_1,a_2,\cdots,a_p,\sigma_w^2\}$，根据这些参数即可得到随机信号的功率谱估计。

2.4.2 莱文森-德宾算法

从以上讨论可知，AR 模型法可归结为利用 Yule-Walker 方程求解 AR 模型的系数 $\{a_1,a_2,\cdots,a_p\}$ 和 σ_w^2。但直接以 Yule-Walker 方程求解这些参数还较麻烦，因为需作 p 阶矩阵求逆运算，当 p 较大时，运算量很大。而且当模型阶数增加一阶、矩阵增大一维时，还得全部重新计算，因此有必要寻找更简便的计算方法。

莱文森-德宾(Levinson-Durbin，L-D)对 Yule-Walker 方程提出了高效的递推算法，它利用自相关矩阵的对称性和 Toeplitz 性质。该算法运算量的数量级为 p^2，它首先以 AR(0) 和 AR(1) 模型参数作为初始条件，计算 AR(2) 模型参数，然后根据这些参数计算 AR(3) 模型参数，一直到计算出 AR(p) 模型参数为止。L-D 算法的关键是要推导出由 AR(k) 模型的参数计算 AR($k+1$) 模型的参数的递推计算公式。下面我们根据 AB(1)、AR(2)、AR(3) 各阶模型的 Yule-Walker 方程的求解结果归纳出一般的迭代计算公式：

一阶 AR 模型的 Yule-Walker 矩阵方程为

$$\begin{bmatrix} r_{xx}(0) & r_{xx}(1) \\ r_{xx}(1) & r_{xx}(0) \end{bmatrix} \begin{bmatrix} 1 \\ a_{11} \end{bmatrix} = \begin{bmatrix} \sigma_1^2 \\ 0 \end{bmatrix} \quad (2\text{-}26)$$

解方程中的未知参数 a_{11} 和 σ_1^2 为

$$a_{11} = -\frac{r_{xx}(1)}{r_{xx}(0)}$$

$$\sigma_1^2 = r_{xx}(0) + r_{xx}(1)a_{11} = r_{xx}(0)(1-|a_{11}|^2)$$

二阶 AR 模型的矩阵方程为

$$\begin{bmatrix} r_{xx}(0) & r_{xx}(1) & r_{xx}(2) \\ r_{xx}(1) & r_{xx}(0) & r_{xx}(1) \\ r_{xx}(2) & r_{xx}(1) & r_{xx}(0) \end{bmatrix} \begin{bmatrix} 1 \\ a_{21} \\ a_{22} \end{bmatrix} = \begin{bmatrix} \sigma_2^2 \\ 0 \\ 0 \end{bmatrix}$$

得到 AR(2) 参数为

$$a_{22} = -\frac{r_{xx}(0)r_{xx}(2)-r_{xx}^2(1)}{r_{xx}^2(0)-r_{xx}^2(1)} = -\frac{r_{xx}(2)+a_{11}r_{xx}(1)}{\sigma_1^2}$$

$$a_{21} = -\frac{r_{xx}(0)r_{xx}(1) - r_{xx}(1)r_{xx}(2)}{r_{xx}^2(0) - r_{xx}^2(1)} = a_{11} + a_{22}a_{11}$$

$$\sigma_2^2 = (1 - |a_{22}|^2)\sigma_1^2$$

以此类推,得递推公式

$$a_{kk} = -\frac{r_{xx}(k) + \sum_{l=1}^{k-1} a_{k-1,l}r_{xx}(k-l)}{\sigma_{k-1}^2} \tag{2-27}$$

$$a_{ki} = a_{k-1,i} + a_{kk}a_{k-1,k-i}, \quad i = 1, 2, \cdots, k-1 \tag{2-28}$$

$$\sigma_k^2 = (1 - |a_{kk}|^2)\sigma_{k-1}^2, \quad \sigma_0^2 = r_{xx}(0) \tag{2-29}$$

总结一下 L-D 算法估计功率谱的步骤如下:

(1) 计算自相关函数的估计值;

(2) 求解一阶模型参数自相关函数的估计值;

(3) 由递推算法求解 p 阶模型参数;

(4) 由下面公式求出功率谱估计。

$$P_{xx}(\omega) = \sigma_w^2 |H(e^{j\omega})|^2 = \frac{\sigma_w^2}{\left|1 + \sum_{k=1}^{p} a_k e^{-j\omega k}\right|^2}$$

2.5 应用实例

【例 2-4】 采用自相关函数估计法,求带有白噪声干扰的频率为 $f = 10\text{Hz}$ 的正弦信号的功率谱。信号可以表示为

$$x = \sin(2*pi*f*t) + 0.6*randn(1, length(t))$$

原始信号、信号的自相关函数和信号的功率谱如图 2-9 所示。

从图 2-9 可以看出,原始信号中包含了正弦信号,所以图 2-9(b)中自相关函数也是正弦函数,原始信号中有白噪声,所以自相关函数中 0 点位置有脉冲。图 2-9(c)中,正弦信号的谱在低频附近(10Hz)有脉冲,而噪声平均分布在其他位置。

MATLAB 程序完整代码:

```
clear;clc;clf; f = 10;
N = 1000; Fs = 500;                        % 数据长度和采样频率
n = [0: N-1]; t = n/Fs;                    % 时间序列
Lag = 100;                                 % 延迟样本点数
randn('state',0);                          % 设置产生随机数的初始状态
x = sin(2 * pi * f * t) + 0.6 * randn(1, length(t));   % 原始信号
[c, lags] = xcorr(x, Lag, 'unbiased');     % 对原始信号进行无偏自相关估计
subplot(311), plot(t, x);                  % 绘原始信号 x
xlabel('t/s'); ylabel('x(t)'); grid;
legend('含噪声的信号 x(t)');
subplot(312); plot(lags/Fs, c);            % 绘 x 信号自相关, lags/Fs 为时间序列
xlabel('t/s'); ylabel('Rxx(t)');
legend('信号的自相关 Rxx'); grid;
Pxx = fft(c, length(lags));                % 利用 FFT 变换计算信号的功率谱
```

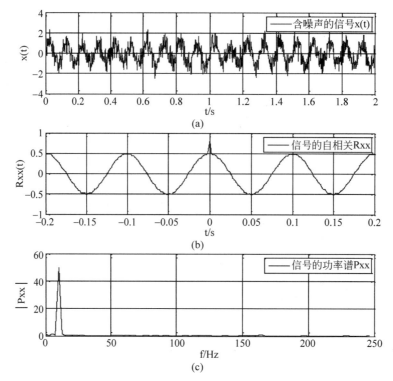

图 2-9 自相关函数估计间接法求功率谱密度

```
fp = (0: length(Pxx) − 1)' * Fs/length(Pxx);        % 求功率谱的横坐标 f
Pxmag = abs(Pxx);                                    % 求幅值
subplot(313);
plot(fp(1: length(Pxx)/2), Pxmag(1: length(Pxx)/2)); % 绘制功率谱曲线
xlabel('f/Hz'); ylabel('|Pxx|'); grid;
legend('信号的功率谱 Pxx');
```

【例 2-5】 一序列含有白噪声和两个频率间隔很近的余弦信号，设

$$x[k] = \cos(0.3\pi k) + \cos(0.32\pi k) + w[k]$$

分别采用周期图法和 Welch 法估计该序列的功率谱。

分析：

(1) 对于周期图法。

■ 对 $x[k]$ 的 512 个观测数据进行 DFT，得到 $X_N[m]$；

■ 求得 $x[k]$ 的功率谱估计

$$I_N[m] = \hat{P}_x[m] = \frac{1}{N} \mid X_N[m] \mid^2$$

利用 MATLAB 编程实现上述计算或直接采用 periodogram 函数。

(2) 对于 Welch 法。

■ 将 $x[k]$ 的 512 个观测数据按各段数据重叠 50% 分为长 M 的 A 段；

■ 求出每段数据的周期图

$$I_M^i[m] = \frac{1}{M} \mid X_M^i[m] \mid^2$$

■ 求得 $x[k]$ 的功率谱估计

$$P_M^A(\Omega) = \frac{1}{A}\sum_{i=0}^{A-1} I_M^i(\Omega)$$

采用矩形窗实现数据的分段,分别取 $A=15,M=64$ 和 $A=7,M=128$。利用 MATLAB 中的 psd 函数或 pwelch 函数计算。

(3) PERIODOGRAM 函数的用法。

`[Pxx,F] = PERIODOGRAM(X,WINDOW,NFFT,Fs)`

X:进行功率谱估计的输入有限长序列;

WINDOW:指定窗函数,默认值为矩形窗(boxcar);

NFFT:DFT 的点数,NFFT>X,默认值为 256;

Fs:绘制功率谱曲线的抽样频率,默认值为 1;

Pxx:功率谱估计值;

F:Pxx 值所对应的频率点。

(4) PSD 函数的用法。

`[Pxx,F] = PSD(X,NFFT,Fs,WINDOW,NOVERLAP)`

X,NFFT,Fs 用法同 periodogram 函数;

WINDOW:指定窗函数,默认值为汉明窗;

NOVERLAP:指定分段重叠的样本数。

如果使用 boxcar 窗,且 NOVERLAP=0,则可得到 Bartlett 法的平均周期图。

如果 NOVERLAP=L/2,则可得到重叠 50% 的 Welch 法平均周期图。

采用周期图法和 Welch 法估计功率谱如图 2-10 所示。

结论:

(1)周期图法谱估计曲线的波动很大,即估计的方差较大。

(2)Welch 法谱估计曲线较为平滑,方差减小,但分辨率降低。

(3)对 Welch 法,当数据分段数增加,各段数据长度较短时,谱的分辨率明显下降,而谱估计曲线较为平滑,方差较小;反之,当数据分段数减小,各段数据长度较长时,谱的分辨率明显提高,而谱估计曲线波动较大,方差较大。

MATLAB 程序完整代码:

```
% Power Spectral Estimation : Periodogram
N = 512;Nfft = 1024;Fs = 2 * pi;
n = 0:N - 1;
xn = cos(0.3 * pi * n) + cos(0.32 * pi * n) + randn(size(n));
XF = fft(xn,Nfft);
Pxx = abs(XF).^2/length(n);
index = 0:round(Nfft/2 - 1);
f = index * Fs/Nfft;
plot(f,10 * log(Pxx(index + 1))),grid

xlabel('频率(Hz)');
ylabel('功率谱/dB');
title('功率谱估计');
```

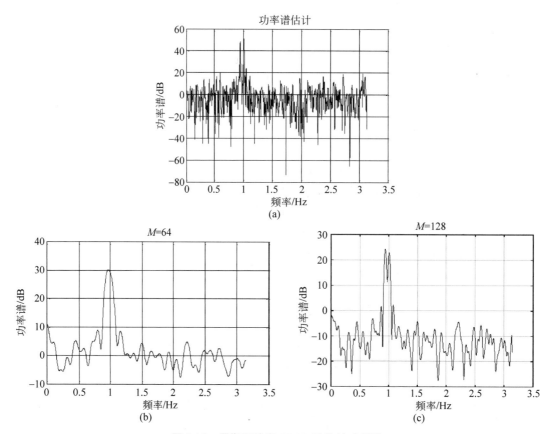

图 2-10 周期图法和 Welch 法估计功率谱

```
% Power Spectral Density Using Welch Algorithm
N = 512;Nfft = 1024;Fs = 2 * pi;
n = 0:N − 1;
xn = cos(0.3 * pi * n) + cos(0.32 * pi * n) + randn(size(n));
L = input('L = ')
window = boxcar(L);
noverlap = L/2;
[Pxx2 f] = pwelch(xn,window,noverlap,Nfft,Fs,'onesided');
plot(f,10 * log(Pxx2)),grid
xlabel('频率/Hz');
ylabel('功率谱/dB');
title('M = 64');
```

【例 2-6】 已知随机序列表示为

$$x(t) = 3\sin(2\pi f_1 t) + 2\sin(2\pi f_2 t) + n(t)$$

式中，$f_1 = 20\,\text{Hz}$，$f_2 = 100\,\text{Hz}$，$n(t)$ 为白噪声，采样间隔为 0.002s，长度为 $N = 2048$。当 AR 模型的阶次分别为 6 和 16 时，用自相关法求解 AR 模型的系数 a 以及功率谱估计。

原始信号、信号的功率谱如图 2-11 所示。

由图 2-11 可知，AR 模型法的功率谱估计很好，曲线更平滑。当 AR 模型的阶数取值更大时，效果更佳。

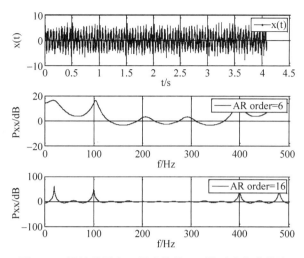

图 2-11　原始信号和不同阶数的 AR 模型功率谱估计

MATLAB 程序完整代码：

```
clear;clc;
dalt = 0.002;Fs = 1/dalt;                           %采样频率
N = 2048;t = [0:dalt:dalt * (N - 1)];
f1 = 20; f2 = 100;
x = 3 * sin(2 * pi * f1 * t) + 2 * sin(2 * pi * f2 * t) + randn(1,N);        %生成输入信号
subplot(311); plot(t,x,'k'); xlabel('t/s'); ylabel('x(t)'); legend('x(t)'); grid;
%用自相关法求 AR 模型的系数 a 和输入白噪声的功率谱 E
[a,E] = aryule(x,6);                                 %AR 模型的阶次为 6
% 根据定义计算信号的功率谱密度
fpx = abs(fft(a, N)).^2; Pxx = E./fpx;
f = (0:length(Pxx) - 1) * Fs/length(Pxx);           %计算各点对应的频率值
subplot(312); plot(f,10 * log10(Pxx));xlabel('f/Hz'); ylabel('Pxx/dB');legend('AR order = 6');
grid;
[a,E] = aryule(x,16);                                % AR 模型的阶次为 16
fpx = abs(fft(a,N)).^4; Pxx = E./fpx;
f = (0:length(Pxx) - 1) * Fs/length(Pxx);
subplot(313); plot(f,10 * log10(Pxx));xlabel('f/Hz'); ylabel('Pxx/dB');legend('AR order = 16');
grid;
```

【例 2-7】　利用 L-D 算法进行谱估计。

一序列 $x[k]$ 含有白噪声和两个频率间隔很近的余弦信号，即

$$x[k] = 2\cos(0.3\pi k) + 2\cos(0.32\pi k) + w[k]$$

利用 L-D 算法估计该序列的功率谱。设 $x[k]$ 的观测数据分别为 $N=128$ 和 $N=512$。

分析：

（1）将 N 个观测数据以外的数据视为零，计算其自相关函数估计。

（2）根据 L-D 算法的递推步骤计算谱估计。由于均方预测误差随着阶次的增加而减小，故取 $p=80$。

这里，直接利用 MATLAB 中的 pyulear 函数计算功率谱。

结论：观测数据 N 越短，谱估计误差越大，谱估计的分辨率越低，如图 2-12 所示。

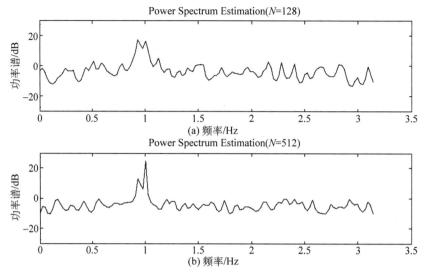

图 2-12 采用 pyulear 函数的功率谱估计

原因：

（1）在计算相关函数估计时，对 N 个观测数据以外的数据作 0 的假设，观测数据越短，自相关函数估计误差越大，因此功率谱估计误差就越大。

（2）用有限个观测数据进行功率谱估计，相当于对信号加窗，由于窗函数的长度和频率分辨率成正比，因此观测数据越短，谱估计的分辨率就越低。

MATLAB 程序完整代码：

```
N1 = 128;                    % 第一种情况下的信号长度
N2 = 512;                    % 第二种情况下的信号长度
k = 0:N1-1;
x1 = randn(size(k)) + 2 * cos(0.3 * pi * k) + 2 * cos(0.32 * pi * k);

k = 0:N2-1;
x2 = randn(size(k)) + 2 * cos(0.3 * pi * k) + 2 * cos(0.32 * pi * k);

% 计算信号的功率谱
[Pxx1, f1] = pyulear(x1,80);
[Pxx2, f2] = pyulear(x2,80);

% 显示功率谱
subplot(2, 1, 1);
plot(f1, 10 * log10(Pxx1));
xlabel('频率/Hz');
ylabel('功率谱/dB');
title('Power Spectrum Estimation (N = 128)');
ylim([-30, 30]);             % 设置纵坐标范围
subplot(2, 1, 2);
plot(f2, 10 * log10(Pxx2));
xlabel('频率(Hz)');
ylabel('功率谱/dB');
title('Power Spectrum Estimation (N = 512)');
ylim([-30, 30]);             % 设置纵坐标范围
```

习题

2-1 功率谱如何定义？谱估计的任务是什么？经典谱估计和现代谱估计的主要区别有哪些？经典谱估计方法有哪些优缺点？

2-2 修正周期图法与普通周期图法的主要区别是什么？

2-3 已知接收信号 $x(t)$ 为

$$x(t) = \sum_{k=1}^{M} a_k \cos(\omega_k t + \varphi_k) + v(t)$$

式中，$v(t)$ 为零均值、方差为 1 的白噪声，求 $x(t)$ 的周期图。

2-4 说明随机信号的频率特性用功率谱描述而不用傅里叶变换的原因。用周期图作谱估计时，则

$$\hat{P}_{xx}(\mathrm{e}^{\mathrm{j}\omega}) = \frac{1}{N} \left| \sum_{n=0}^{N-1} x(n) \mathrm{e}^{-\mathrm{j}\omega n} \right|^2$$

说明为什么可用 FFT 进行计算？周期图法的谱分辨率较低，且估计的方差也较大，说明造成这两种缺点的原因，并说明无论选取什么样的窗函数，都难以从根本上解决问题的原因。

2-5 设自相关函数 $r_{xx}(k) = \rho^k$，$k = 0, 1, 2, 3$，试分别用 Yule-Walker 方程直接求解及用 Levinson 递推法求解 AR(3) 模型参量。

第 3 章

CHAPTER 3

最优滤波和自适应滤波器设计

信号在采集和传输过程中往往会掺杂着噪声和干扰。信号处理的主要任务之一就是从信号中滤除噪声和干扰,从而提取有用信息。这一处理过程称为滤波。完成滤波功能的系统称为滤波器。人们对滤波器的研究就是在某种最优准则下如何设计最优滤波器的问题。设计最优滤波器时,需要对信号和噪声的统计特性有一定了解,否则就无法从观测数据对有用信号进行最佳估计。所谓"最优"是以一定标准或准则来衡量的。常用的最优准则有:最大后验准则、最大似然准则、最小均方误差准则等。维纳滤波器和卡尔曼滤波器,是最佳滤波理论中的特殊分支,按照线性均方准则来衡量是最优的,这类滤波被称为线性最小均方误差滤波(Linear Minimum Mean-Square Error Filtering)更为贴切,就是名字有些长。自适应滤波是研究一类结构和参数可以改变或调整的系统。这种系统能够通过与外界环境的接触来改善自身的信号处理性能,称为自适应系统。这类系统可以自动适应信号传送变化的环境和要求,无须知道信号的结构和先验知识,亦无须精确设计信号处理系统的结构和参数。本章主要研究最优滤波理论的维纳和卡尔曼滤波器以及应用广泛的自适应滤波器的设计问题。

3.1 维纳滤波器

3.1.1 维纳滤波器概述

维纳发表的《控制论》和《平稳时间序列的外推、内插和平滑问题》,建立了维纳滤波理论。维纳滤波器的求解,要求知道随机信号的统计分布规律(自相关函数或功率谱密度),得到的结果是封闭公式。采用谱分解的方法求解,简单易行,具有一定的工程实用价值,并且物理概念清楚,但不能实时处理,维纳滤波的最大缺点是仅适用于一维平稳随机信号。

对于一个线性系统来说,如图 3-1 所示,如果其冲激响应为 $h(n)$,则当输入某一随机信号 $x(n)$ 时,它的输出可表示为

$$y(n) = \sum_m h(m)x(n-m) \tag{3-1}$$

这里的输入为

$$x(n) = s(n) + w(n) \tag{3-2}$$

式中,$s(n)$ 为信号,$w(n)$ 为噪声。

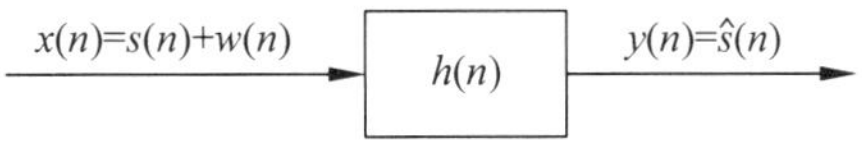

$$x(n)=s(n)+w(n) \quad \boxed{h(n)} \quad y(n)=\hat{s}(n)$$

图 3-1　维纳滤波器的输入-输出表示

我们希望这种线性系统的输出尽可能地逼近 $s(n)$ 的某种估计,用 $\hat{s}(n)$ 表示。因而该线性系统实际上也就是对于 $s(n)$ 的一种估计器,这种估计器的主要功能是利用当前的观测值 $x(n)$ 以及一系列过去的观测值 $x(n-1),x(n-2),\cdots$ 来完成对当前信号的某种估计。我们知道,这里的信号和噪声都是随机的,所以此类过滤或估计总是一种统计估计。我们大体上可将其分成三种形式:

(1) 预测问题:已知 $x(n-1),x(n-2),\cdots,x(n-m)$,估计 $s(n+N),N \geqslant 0$;

(2) 过滤或滤波:已知 $x(n-1),x(n-2),\cdots,x(n-m)$,估计 $s(n)$;

(3) 平滑或内插:已知 $x(n-1),x(n-2),\cdots,x(n-m)$,估计 $s(n-N),N \geqslant 1$。

维纳滤波及将要讨论的卡尔曼滤波均属一种最佳线性滤波或线性最优估计,它们是以最小均方误差准则(Minimum Mean Square Error,MMSE)为最佳准则的一种滤波或估计。两种滤波器的特点如表 3-1 所示。

表 3-1　维纳滤波器和卡尔曼滤波器的特点

名　称	已 知 数 据	需 要 计 算	计 算 结 果	适 用 条 件	求 解 方 法
维纳滤波器	$x(n-1),x(n-2)$,$\cdots$	相关函数	$H(z)$ 或 $h(n)$	平稳	解析形式
卡尔曼滤波器	前一个估计值和最近的观察	状态方程量测方程	状态变量估计值	平稳或非平稳	递推算法

设信号的真值与其估计值分别为 $s(n)$ 与 $\hat{s}(n)$,它们之间的差 $e(n)=s(n)-\hat{s}(n)$ 称为估计误差。估计误差 $e(n)$ 为可正可负的随机变量,用它的均方值描述误差大小显然更为合理。而均方误差最小,也就是式(3-3)的值

$$E[e^2(n)] = E[(s-\hat{s})^2] \tag{3-3}$$

最小。利用最小均方误差作为最佳滤波准则比较方便,它不涉及概率的描述,而且以它导出的最佳线性系统也属最佳。

3.1.2　维纳滤波器的时域解

1. 时域求解方法

维纳滤波器的设计,实际上就是在最小均方误差条件下,确定滤波器的脉冲响应 $h(n)$ 或系统函数 $H(z)$,也就是求解维纳-霍夫(Wiener-Hopf)方程的问题。但令人遗憾的是,当需要满足因果性(物理可实现性)约束时,求解维纳-霍夫方程相当困难,从图 3-1 我们可得

$$y(n) = \hat{s}(n) = x(n) * h(n) = \sum_k h(k)x(n-k)$$

如果系统是物理可实现的,即

$$h(n) = 0, \quad n < 0$$

则

$$y(n) = \hat{s}(n) = \sum_{k=0}^{\infty} h(k)x(n-k) \tag{3-4}$$

式中，

$$h(k) = a_k + jb_k, \quad k = 0,1,2,\cdots$$

维纳滤波的设计则是要确定均方误差

$$E[|e(n)|^2] = E\left\{\left|s(n) - \sum_{k=0}^{\infty} h(k)x(n-k)\right|^2\right\} \tag{3-5}$$

最小意义下的脉冲响应 $h_{\mathrm{opt}}(n)$。

令 $J(n)$ 为代价函数

$$J(n) = E[|e(n)|^2] = E[e(n)e^*(n)] \tag{3-6}$$

要使均方误差最小，须满足

$$\nabla J(n) = \frac{\partial J(n)}{\partial h_k} = 0 \tag{3-7}$$

即

$$\frac{\partial E[|e(n)|^2]}{\partial a_k} + j\frac{\partial E[|e(n)|^2]}{\partial b_k} = 0, \quad k = 0,1,2,\cdots \tag{3-8}$$

记梯度算子为

$$\nabla_k = \frac{\partial}{\partial a_k} + j\frac{\partial}{\partial b_k}, \quad k = 0,1,2,\cdots \tag{3-9}$$

$$\nabla_k J(n) = \frac{\partial\{e(n)e^*(n)\}}{\partial a_k} + j\frac{\partial\{e(n)e^*(n)\}}{\partial b_k}, \quad k = 0,1,2,\cdots \tag{3-10}$$

上式展开为

$$\nabla_k E[|e(n)|^2] = E\left[\frac{\partial e(n)}{\partial a_k}e^*(n) + \frac{\partial e^*(n)}{\partial a_k}e(n) + j\frac{\partial e(n)}{\partial b_k}e^*(n) + j\frac{\partial e^*(n)}{\partial b_k}e(n)\right] \tag{3-11}$$

因为

$$e(n) = s(n) - \sum_{k=0}^{\infty} h(k)x(n-k) = s(n) - \sum_{k=0}^{\infty}[a(k) + jb(k)]x(n-k)$$

所以能够推导出如下四式：

$$\begin{cases} \dfrac{\partial e(n)}{\partial a_k} = -x(n-k) \\[2mm] \dfrac{\partial e(n)}{\partial b_k} = -jx(n-k) \\[2mm] \dfrac{\partial e^*(n)}{\partial a_k} = -x^*(n-k) \\[2mm] \dfrac{\partial e^*(n)}{\partial b_k} = jx^*(n-k) \end{cases} \tag{3-12}$$

将式(3-12)代入式(3-11)，可以得到

$$\nabla_k J(n) = \nabla_k E[|e(n)|^2] = -2E[x^*(n-k)e(n)] \tag{3-13}$$

上面提到，要使均方误差最小，须满足 $\nabla J(n) = \dfrac{\partial J(n)}{\partial h_k} = 0$，即

$$E[x^*(n-k)e_{\mathrm{opt}}(n)] = 0, \quad k = 0,1,2,\cdots \tag{3-14}$$

式(3-14)符合正交性原理,即满足两个矢量正交时它们的点乘等于0的关系。它说明任何时刻的估计误差与用于估计的所有观测值正交,正交性原理可以比较方便地用图 3-2 说明。

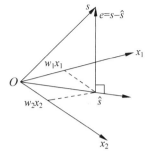

"正交性"是从几何中借来的术语,如果两条直线相交成直角,它们就是正交的。图中 $\hat{s}$ 处于由 x_1 与 x_2 决定的平面内,所以 e 垂直于该平面。正因为如此,这时的 e 既垂直于 x_1 又垂直于 x_2,而且它的长度最短,说明满足正交性原理与满足均方误差最小的条件是一致的,或者说若使均

图 3-2 正交性原理的几何表示

方误差最小,则误差信号与输入信号正交,它提供了一个数学方法,用以判断线性滤波系统是否工作于最佳状态。

2. 维纳-霍夫方程

正交式(3-14)可以写成

$$E\left[x(n-k)\left(s(n)-\sum_{i=0}^{\infty}h_{\mathrm{opt}}(i)x(n-i)\right)^{*}\right]=0 \tag{3-15}$$

可推导出

$$E\left[x(n-k)s^{*}(n)\right]=E\left[x(n-k)\left(\sum_{i=0}^{\infty}h_{\mathrm{opt}}^{*}(i)x^{*}(n-i)\right)\right]$$

将输入信号分配进去,并且

$$\begin{cases}\left[x(n-i)\right]^{*}=x(i-n)\\r_{sx}(-k)=E\left[x(n-k)s(n)\right]\end{cases}$$

可以得到

$$r_{sx}(-k)=\sum_{i=0}^{\infty}h_{\mathrm{opt}}^{*}(i)r_{xx}(i-k),\quad k=0,1,2,\cdots$$

利用相关函数的性质 $r_{yx}(-k)=r_{xy}^{*}(k)$,得

$$r_{xs}(k)=\sum_{i=0}^{\infty}h_{\mathrm{opt}}(i)r_{xx}(k-i),\quad k=0,1,2,\cdots \tag{3-16}$$

式(3-16)称为**维纳-霍夫方程**。根据以时间域表示的维纳-霍夫方程,即可解得均方误差最小意义下的最优脉冲响应 $h_{\mathrm{opt}}(n)$。

3. FIR 维纳滤波器的时域解

我们知道,对于一般的卷积表示式,可以在时间域求解,也可以将其变换到 z 域后再按相应的函数关系求解。但是在维纳-霍夫方程中,它多了一个 $k\geqslant0$ 的约束,这时虽然仍呈现 $h(k)$ 与 $r_{xx}(k)$ 的卷积形式,但却不能简单地按卷积定理变换到 z 域确定 $H_{\mathrm{opt}}(z)$ 后再求 $h_{\mathrm{opt}}(k)$。有了 $k\geqslant0$ 这样的约束,求解最优 $h_{\mathrm{opt}}(k)$ 这样的问题,就变得比较麻烦。

如果没有 $k\geqslant0$ 的约束,即无上述物理可实现条件限制,那么非因果的维纳-霍夫方程为

$$r_{xs}(k)=\sum_{i=-\infty}^{\infty}h_{\mathrm{opt}}(i)r_{xx}(k-i) \tag{3-17}$$

因无前述约束,可以将它变换至 z 域,得到

$$H_{\mathrm{opt}}(z) = \frac{S_{xs}(z)}{S_{xx}(z)} \tag{3-18}$$

其中，$S_{xs}(z)$ 和 $S_{xx}(z)$ 分别为互相关函数和自相关函数的功率谱密度。从而可以较为方便地获得

$$h_{\mathrm{opt}}(n) = z^{-1} \left[\frac{S_{xs}(z)}{S_{xx}(z)} \right] \tag{3-19}$$

在要求严格实时处理的场合，不允许有过多的等待和延迟，则必须考虑因果性限制，在工程实际中常在时域用逼近的方法解方程。这时如果具有因果性约束的 $h(n)$ 可用长度为 M 的有限长序列来逼近。

当 $h(n)$ 是一个长度为 M 的因果序列时，FIR 维纳滤波器的维纳-霍夫方程表述为

$$r_{xs}(k) = \sum_{i=0}^{M-1} h(i) r_{xx}(k-i), \quad k = 0,1,2,\cdots,M-1 \tag{3-20}$$

把 k 的取值代入式(3-20)中，并考虑自相关为偶函数，得到

$$\begin{cases} 当\,k=0\,时，h_0 r_{xx}(0) + h_1 r_{xx}(1) + \cdots + h_{M-1} r_{xx}(M-1) = r_{xs}(0) \\ 当\,k=1\,时，h_0 r_{xx}(1) + h_1 r_{xx}(0) + \cdots + h_{M-1} r_{xx}(M-2) = r_{xs}(1) \\ \vdots \\ 当\,k=M-1\,时，h_0 r_{xx}(M-1) + h_1 r_{xx}(M-2) + \cdots + h_{M-1} r_{xx}(0) = r_{xs}(M-1) \end{cases} \tag{3-21}$$

为了表述方便，我们又常将式(3-21)表达的维纳-霍夫方程写成矩阵形式，即

$$\boldsymbol{R}_{xd} = \boldsymbol{R}_{xx} \boldsymbol{h} \tag{3-22}$$

其中，

$$\boldsymbol{h} = \begin{bmatrix} h_0 \\ h_1 \\ \vdots \\ h_{M-1} \end{bmatrix} \quad \boldsymbol{R}_{xs} = \begin{bmatrix} r_{xs}(0) \\ r_{xs}(1) \\ \vdots \\ r_{xs}(M-1) \end{bmatrix} \quad \boldsymbol{R}_{xx} = \begin{bmatrix} r_{xx}(0) & r_{xx}(1) & \cdots & r_{xx}(M-1) \\ r_{xx}(1) & r_{xx}(0) & \cdots & r_{xx}(M-2) \\ \vdots & \vdots & & \vdots \\ r_{xx}(M-1) & r_{xx}(M-2) & & r_{xx}(0) \end{bmatrix}$$

对式(3-22)求逆，得到

$$\boldsymbol{h} = \boldsymbol{h}_{\mathrm{opt}} = \boldsymbol{R}_{xx}^{-1} \boldsymbol{R}_{xs} \tag{3-23}$$

上式表明已知期望信号与观测数据的互相关函数及观测数据的自相关函数时，可以通过矩阵求逆运算，得到维纳滤波器的最佳解。当选择的滤波器的长度 M 较大时，计算工作量很大，并且需要计算 $\boldsymbol{R}_{xx}$ 的逆矩阵，从而要求的存储量也很大。此外，在具体实现时，滤波器的长度是由实验来确定的，如果想通过增加长度提高逼近的精度，就需要在新 M 基础上重新进行计算。因此，从时域求解维纳滤波器，并不是一个有效的方法。

4. FIR 维纳滤波器的估计误差的均方值

求得 $h_{\mathrm{opt}}(n)$ 后，这时的均方误差为最小，根据式(3-5)，得

$$E[e^2(n)] = E\left\{ \left[s(n) - \sum_{k=0}^{N-1} h_{\mathrm{opt}}(k) x(n-k) \right]^2 \right\}$$

$$= E\left[s^2(n) - 2s(n) \sum_{k=0}^{N-1} h_{\mathrm{opt}}(k) x(n-k) + \sum_{k=0}^{N-1} \sum_{i=0}^{N-1} h_{\mathrm{opt}}(k) x(n-k) h_{\mathrm{opt}}(i) x(n-i) \right]$$

$$= r_{ss}(0) - 2\sum_{k=0}^{N-1} h_{opt}(k) r_{xs}(k) + \sum_{k=0}^{N-1} h_{opt}(k) \left[\sum_{i=0}^{N-1} h_{opt}(i) r_{xx}(k-i) \right]$$

因为

$$r_{xs}(k) = \sum_{i=0}^{M-1} h_{opt}(i) r_{xx}(k-i), \quad k=0,1,2,\cdots,M-1$$

所以

$$E[e^2(n)]_{min} = r_{ss}(0) - \sum_{k=0}^{N-1} h_{opt}(k) r_{xs}(k) \tag{3-24}$$

若信号 $s(n)$ 与噪声 $w(n)$ 互不相关,即

$$r_{sw}(k) = r_{ws}(k) = 0$$

则有

$$r_{xs}(k) = E[x(n)s(n+k)] = E[s(n)s(n+k) + w(n)s(n+k)] = r_{ss}(k)$$

$$r_{xx}(k) = E[(s(n)+w(n))(s(n+m)+w(n+m))] = r_{ss}(k) + r_{ww}(k)$$

则式(3-20)和式(3-24)可以转化为

$$r_{xs}(k) = \sum_{i=0}^{M-1} h_{opt}(i) [r_{ss}(k-i) + r_{ww}(k-i)], \quad k=0,1,2,\cdots,M-1 \tag{3-25}$$

$$E[e^2(n)]_{min} = r_{ss}(0) - \sum_{k=0}^{N-1} h_{opt}(k) r_{ss}(k) \tag{3-26}$$

【例 3-1】 已知图 3-1 中 $x(n) = s(n) + w(n)$,且 $s(n)$ 和 $w(n)$ 统计独立,其中 $s(n)$ 的自相关序列为 $r_{ss}(m) = 0.6^{|m|}$,$w(n)$ 是均值为 0、方差为 1 的白噪声,试设计一个 $N=2$ 的维纳滤波器来估计 $s(n)$,并求最小均方误差。

【解】 依题意,因为 $s(n)$ 和 $w(n)$ 统计独立,所以 $r_{xs}(k) = r_{ss}(k)$。而已知信号和噪声的自相关为 $r_{ss}(m) = 0.6^{|m|}$,$r_{ww}(m) = \delta(m)$ 代入式(3-25)得

$$\begin{cases} k=0 & 1 = 2h(0) + 0.6h(1) \\ k=1 & 0.6 = 0.6h(0) + 2h(1) \end{cases}$$

解得

$$h(0) = 0.451, \quad h(1) = 0.165$$

将上述结果代入式(3-26),求得最小均方误差

$$E[e^2(n)]_{min} = r_{ss}(0) - \sum_{k=0}^{1} h_{opt}(k) r_{ss}(k) = 1 - h(0) - 0.6h(1) = 0.45$$

而此滤波器以前的均方误差为

$$E[e^2(n)] = E\{[x(n) - s(n)]^2\} = E[w^2(n)] = r_{ww}(0) = 1$$

若要进一步减小误差,可以适当增加维纳滤波的阶数,但相应的计算量也会增加。

3.1.3 维纳滤波器的 z 域解

在前面我们已经看到,当要求维纳滤波器满足物理可实现条件,即其冲激响应为因果序列时,所得的维纳-霍夫方程式(3-16)将附有 $k \geqslant 0$ 的约束。因而不能直接将其转入 z 域,并进而求得 $h_{opt}(n)$。而且有物理可实现约束时,维纳-霍夫方程在时域求解又很困难,为此,

这里我们专门介绍由伯德(Bode)和香农(Shannon)相继提出的将 $x(n)$ 加以白化的方法来确定维纳-霍夫方程的 z 域解。作为准备,这里先引入信号模型的概念。

1. 白化方法确定 z 域解

我们知道,任何一个具有有理功率谱密度的随机信号均可以看作由一个白噪声 $w(n)$ 激励某个物理网络所得,而一般工程中的信号 $s(n)$ 的功率谱密度通常均可表示为 z 的有理式,因而可用图 3-3 所示的信号模型来描述。图 3-3 中的 $A(z)$ 就是形成信号 $s(n)$ 的模型的传递函数。

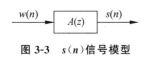

图 3-3 $s(n)$ 信号模型

白噪声的自相关函数及功率谱密度分别为 $r_{ww}(k)=\sigma_w^2\delta(k)$,$P_{ww}(z)=\sigma_w^2$。根据第 1 章知识及谱分解定理不难得到 $s(n)$ 的功率谱密度

$$P_{ss}(z)=\sigma_w^2 A(z)A(z^{-1}) \tag{3-27}$$

又因为 $x(n)=s(n)+v(n)$,所以 $x(n)$ 也可以用图 3-4(a)的信号模型来表示。

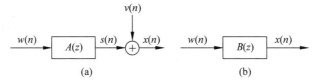

图 3-4 维纳滤波器输入-输出关系

当 $x(n)$ 的功率谱密度也是 z 的有理式时,显然可以将 $x(n)$ 表示成图 3-4(b)所示的模型形式,且当所列模型的脉冲响应为实序列时将有关系式

$$P_{xx}(z)=\sigma_w^2 B(z)B(z^{-1}) \tag{3-28}$$

反过来,利用图 3-4(b)的信号模型,也可以实现 $x(n)$ 的白化目的。

在第 1 章的讨论中,我们已经说过,无限能量信号的傅里叶变换或 z 变换并不收敛,但是在工程上,有时常近似地用足够多的样本替代某个随机过程。这样,对于图 3-4(b)所示的情况,我们仍可将其输入输出关系近似地表示成

$$W(z)=\frac{X(z)}{B(z)} \tag{3-29}$$

式中,$B(z)$ 为因果的最小相位系统,$\dfrac{1}{B(z)}$ 显然也是一个物理可实现的最小相位系统。于是,与以白噪声获得 $x(n)$ 的过程相反,我们也可以利用式(3-29)这样的关系式实现白化 $x(n)$ 的目的。

如前所述,设计维纳滤波器实际上就是求解 $E[(s-\hat{s})^2]$ 最小时的最佳 $H(z)$ 问题。为了便于获得这时的 $H_{\text{opt}}(z)$,我们先将图 3-1 重画成图 3-5(a),并将此滤波器分解成图 3-5(b)的形式。

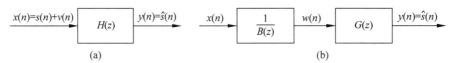

图 3-5 利用白化 $x(n)$ 的方法求解维纳-霍夫方程

显然，这里的

$$H(z) = \frac{G(z)}{B(z)} \tag{3-30}$$

已知信号的 $P_{xx}(z)$ 后，即可从式(3-28)解得 $B(z)$，并且 $B(z)$ 和 $\frac{1}{B(z)}$ 所代表的都是物理可实现的因果系统。于是在这里，最小均方误差意义下的 $H_{\mathrm{opt}}(z)$ 的确定，也就变成了求解最佳 $G(z)$ 的问题。$G(z)$ 当然也需分成因果性与非因果性的情况加以讨论。但是此时 $G(z)$ 的激励信号已不再是 $x(n)$，而是将其白化之后所得的白噪声，从而使求解这种情况下的 $G(z)$ 远比直接以图 3-5(a)解 $H_{\mathrm{opt}}(z)$ 要方便许多。下面我们仍按有或无物理可实现约束这两种情况予以讨论。

2. 非因果维纳滤波器

根据前面对图 3-5(b)的讨论，可得

$$y(n) = \hat{s}(n) = w(n) * g(n) = \sum_{k=-\infty}^{\infty} g(k)w(n-k) \tag{3-31}$$

式中 $g(k)$ 为 $G(z)$ 的逆 z 变换。而 $\hat{s}(n)$ 的均方误差

$$E[e^2(n)] = E\left\{ \left[s(n) - \sum_{k=-\infty}^{\infty} g(k)w(n-k) \right]^2 \right\}$$
$$= r_{ss}(0) + \sum_{k=-\infty}^{\infty} \left[\sigma_w g(k) - \frac{r_{ws}(k)}{\sigma_w} \right]^2 - \sum_{k=-\infty}^{\infty} \frac{r_{ws}^2(k)}{\sigma_\omega^2} \tag{3-32}$$

式(3-32)推导过程较为烦琐，我们这里就省略了。为了求得相对于 $g(k)$ 的最小均方误差值，我们令

$$\frac{\partial E[e^2(n)]}{\partial g(k)} = 0$$

同时，考虑式(3-32)中的 $r_{ss}(0)$，$\sum_{k=-\infty}^{\infty} \frac{r_{ws}^2(k)}{\sigma_w^2}$ 项均与 $g(k)$ 无关，因而可以得到均方误差最小时的

$$g_{\mathrm{opt}}(k) = \frac{r_{ws}(k)}{\sigma_w^2}, \quad -\infty < k < \infty \tag{3-33}$$

及

$$G_{\mathrm{opt}}(z) = \frac{S_{ws}(z)}{\sigma_w^2} \tag{3-34}$$

这样，根据式(3-30)，非因果维纳滤波器的最佳解为

$$H_{\mathrm{opt}}(z) = \frac{G_{\mathrm{opt}}(z)}{B(z)} = \frac{1}{\sigma_w^2} \frac{S_{ws}(z)}{B(z)} \tag{3-35}$$

因为 $s(n) = s(n) * \delta(n)$，且 $x(n) = w(n) * b(n)$，根据相关卷积定理，得到

$$r_{xs}(m) = r_{ws}(m) * b(-m) \tag{3-36}$$

对上式两边做 z 变换，得到

$$S_{xs}(z) = S_{ws}(z)B(z^{-1}) \tag{3-37}$$

所以

$$S_{ws}(z) = \frac{S_{xs}(z)}{B(z^{-1})} \tag{3-38}$$

将式(3-38)代入式(3-35),并根据 $x(n)$ 的信号模型,得到非因果的维纳滤波器的复频域最佳解的一般表达式

$$H_{\text{opt}}(z) = \frac{1}{\sigma_w^2} \frac{1}{B(z)} \frac{S_{xs}(z)}{B(z^{-1})} = \frac{S_{xs}(z)}{S_{xx}(z)} \tag{3-39}$$

因为 $x(n)=s(n)+v(n)$,而且 $s(n)$ 与 $v(n)$ 又不相关,即对于任何 m 的 $E[s(n)v(n+m)]=0$,因而有

$$\begin{aligned} r_{xs}(m) &= E[x(n)s(n+m)] = E\{[s(n)+v(n)]s(n+m)\} \\ &= E[s(n)s(n+m)] = r_{ss}(m) \end{aligned} \tag{3-40}$$

以及

$$S_{xx}(z) = S_{ss}(z) + S_{vv}(z) \tag{3-41}$$

将它代入式(3-39),则可以得到

$$H_{\text{opt}}(z) = \frac{S_{xs}(z)}{S_{xx}(z)} = \frac{S_{ss}(z)}{S_{ss}(z) + S_{vv}(z)} \tag{3-42}$$

所以非因果的维纳滤波器的频率响应可以表示为

$$H_{\text{opt}}(e^{j\omega}) = \frac{P_{ss}(e^{j\omega})}{P_{ss}(e^{j\omega}) + P_{vv}(e^{j\omega})} \tag{3-43}$$

信号的频谱用 $P_{ss}(e^{j\omega})$ 表示,噪声的频谱用 $P_{vv}(e^{j\omega})$ 表示,由上式可知

(1) 当噪声为 0 时,$H_{\text{opt}}=1$;

(2) 当信号为 0 时,$H_{\text{opt}}=0$;

(3) 当既有信号又有噪声时,$H_{\text{opt}}<1$,大小随 P_{vv} 的增加而减小,从而达到降低噪声影响的目的。

$$H_{\text{opt}}(e^{j\omega}) = \begin{cases} 1 & P_{ss}(e^{j\omega}) \neq 0, P_{vv}(e^{j\omega}) = 0 \\ <1 & P_{ss}(e^{j\omega}) \neq 0, P_{vv}(e^{j\omega}) \neq 0 \\ 0 & P_{ss}(e^{j\omega}) = 0, P_{vv}(e^{j\omega}) \neq 0 \end{cases} \tag{3-44}$$

非因果的维纳滤波器的传输函数 $H_{\text{opt}}(e^{j\omega})$ 的幅频特性如图 3-6 所示。

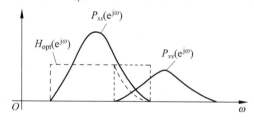

图 3-6 非因果维纳滤波器的传输函数的幅频特性

下面我们计算滤波器的最小均方误差 $E[e^2(n)]_{\min}$,重新写出式(3-32)为

$$E[e^2(n)] = r_{ss}(0) + \sum_{k=-\infty}^{\infty}\left[\sigma_w g(k) - \frac{r_{ws}(k)}{\sigma_w}\right]^2 - \sum_{k=-\infty}^{\infty}\frac{r_{ws}^2(k)}{\sigma_\omega^2}$$

均方误差最小时，$g_{\text{opt}}(k) = \dfrac{r_{ws}(k)}{\sigma_w^2}$，所以第二项为 0，这样最小均方误差 $E[e^2(n)]_{\min}$ 表示为

$$E[e^2(n)] = r_{ss}(0) - \sum_{k=-\infty}^{\infty} \frac{r_{ws}^2(k)}{\sigma_\omega^2} \tag{3-45}$$

根据 $r_{ss}(m), r_{ws}(k)$ 可以得出 $S_{ss}(z), S_{ws}(z)$，再根据围线积分法求逆 z 变换的公式，过程省略，这里仅给出结果

$$E[e^2(n)]_{\min} = \frac{1}{2\pi\mathrm{j}} \oint_C [S_{ss}(z) - H_{\text{opt}}(z)S_{xs}(z^{-1})] z^{-1}\mathrm{d}z$$

$$= \frac{1}{2\pi\mathrm{j}} \oint_C \frac{S_{ss}(z)S_{vv}(z)}{S_{xx}(z)} z^{-1}\mathrm{d}z \tag{3-46}$$

若将积分围线取成单位圆，即以 $z = \mathrm{e}^{\mathrm{j}\omega}$ 代入式(3-46)，可得

$$E[e^2(n)]_{\min} = \frac{1}{2\pi} \int_{-\pi}^{\pi} \frac{P_{ss}(\mathrm{e}^{\mathrm{j}\omega})P_{vv}(\mathrm{e}^{\mathrm{j}\omega})}{P_{ss}(\mathrm{e}^{\mathrm{j}\omega}) + P_{vv}(\mathrm{e}^{\mathrm{j}\omega})}\mathrm{d}\omega \tag{3-47}$$

从式(3-47)可以看到，只有当信号功率谱与噪声功率谱不重叠时，其 $E[e^2(n)]_{\min}$ 才为 0。

3. 因果维纳滤波器

若维纳滤波器是一个因果滤波器，要求 $g(n) = 0, n < 0$，则根据图 3-5(b)滤波器的输出信号为

$$y(n) = \hat{s}(n) = w(n) * g(n) = \sum_{k=0}^{\infty} g(k)w(n-k) \tag{3-48}$$

根据式(3-32)，最小均方误差为

$$E[e^2(n)]_{\min} = r_{ss}(0) + \sum_{k=0}^{\infty} \left[\sigma_w g(k) - \frac{r_{ws}(k)}{\sigma_w}\right]^2 - \sum_{k=0}^{\infty} \frac{r_{ws}^2(k)}{\sigma_\omega^2} \tag{3-49}$$

而且有

$$g_{\text{opt}}(n) = \begin{cases} \dfrac{r_{ws}(n)}{\sigma_\omega^2}, & n \geqslant 0 \\ 0, & n < 0 \end{cases} = \frac{r_{ws}(n)}{\sigma_\omega^2}u(n) \tag{3-50}$$

如果有一个函数 $f(n)$ 的 z 变换为 $F(z)$，将 $f(n)u(n)$ 的 z 变换以 $[F(z)]_+$ 表示，即

$$f(n)u(n) \rightarrow [F(z)]_+$$

这里的 $f(n)u(n)$ 显然是一个因果序列，它只在 $n \geqslant 0$ 时有值。如果它代表的系统又是个稳定系统，那么其系统函数 $[F(z)]_+$ 的所有极点均在单位圆内。这时式(3-50)的 z 域表示式可写成

$$G_{\text{opt}}(z) = \frac{1}{\sigma_w^2}[S_{ws}(z)]_+ \tag{3-51}$$

根据式(3-38)有

$$H_{\text{opt}}(z) = \frac{G_{\text{opt}}(z)}{B(z)} = \frac{1}{\sigma_w^2} \frac{1}{B(z)} \left[\frac{S_{xs}(z)}{B(z^{-1})}\right]_+ \tag{3-52}$$

这就是要求的物理可实现的(因果的)维纳滤波器的系统函数表示式，与式(3-39)相比，除了

加有 $[\ ]_+$ 这一标志之外,别无其他差别。同样,因果的维纳滤波器的最小均方误差。

$$E[e^2(n)]_{\min} = r_{ss}(0) - \sum_{k=0}^{\infty} \frac{r_{ws}^2(k)}{\sigma_\omega^2}$$

$$= r_{ss}(0) - \frac{1}{\sigma_\omega^2} \sum_{k=-\infty}^{\infty} [r_{ws}(k)u(k)]r_{ws}(k) \tag{3-53}$$

于是,按帕塞伐尔公式和式(3-52),这时的最小均方误差的 z 域表示式可以表示成

$$E[e^2(n)]_{\min} = \frac{1}{2\pi j} \oint_C \left\{ S_{ss}(z) - \frac{1}{\sigma_\omega^2} [S_{ws}(z)]_+ S_{ws}(z^{-1}) \right\} z^{-1} dz$$

$$= \frac{1}{2\pi j} \oint_C \left\{ S_{ss}(z) - \frac{1}{\sigma_\omega^2} \left[\frac{S_{xs}(z)}{B(z^{-1})}\right]_+ \left[\frac{S_{xs}(z^{-1})}{B(z)}\right] \right\} z^{-1} dz$$

$$= \frac{1}{2\pi j} \oint_C [S_{ss}(z) - H_{\text{opt}}(z)S_{xs}(z^{-1})] z^{-1} dz \tag{3-54}$$

比较因果维纳滤波器的 $E[e^2(n)]_{\min}$ 表达式(3-54)与非因果维纳滤波器的 $E[e^2(n)]_{\min}$ 表示式(3-46),不难看到它们的形式完全一样,只是 $H_{\text{opt}}(z)$ 不尽相同而已。

现在给出因果维纳滤波器设计的一般方法:

(1) 根据观测信号 $x(n)$ 的功率谱求出它所对应信号模型的传输函数,即采用谱分解的方法得到 $B(z)$,谱分解公式为 $S_{xx}(z) = \sigma_w^2 B(z)B(z^{-1})$。

(2) 求 $\left[\dfrac{S_{xs}(z)}{B(z^{-1})}\right]$ 的 z 反变换,取其因果部分再做 z 变换,即舍掉单位圆外的极点,得 $\left[\dfrac{S_{xs}(z)}{B(z^{-1})}\right]_+$。

(3) 积分曲线取单位圆,计算 $H_{\text{opt}}(z)$,$E[e^2(n)]_{\min}$。

【例 3-2】 已知 $S_{ss}(z) = \dfrac{0.36}{(1-0.8z^{-1})(1-0.8z)}$ 信号和噪声不相关,即 $r_{sv}(m)=0$,噪声 $v(n)$ 是零均值、单位功率的白噪声($\sigma_v^2=1,m_v=0$),求 $H_{\text{opt}}(z)$ 和 $E[e^2(n)]_{\min}$。

【解】 根据白噪声的特点得出 $S_{vv}(z)=1$,由噪声和信号不相关,得到 $r_{xx}(m)=r_{ss}(m)+r_{vv}(m)$。

$$S_{xx}(z) = S_{ss}(z) + S_{vv}(z)$$

$$= \frac{0.36}{(1-0.8z^{-1})(1-0.8z)} + 1$$

$$= \frac{1.6 \times (1-0.5z^{-1})(1-0.5z)}{(1-0.8z^{-1})(1-0.8z)} = \sigma_w^2 B(z)B(z^{-1})$$

考虑到 $B(z)$ 必须是因果稳定的系统,得到

$$B(z) = \frac{1-0.5z^{-1}}{1-0.8z^{-1}}, \quad B(z^{-1}) = \frac{1-0.5z}{1-0.8z}, \quad \sigma_w^2 = 1.6$$

(1) 首先分析物理可实现情况:

$$H_{\text{opt}}(z) = \frac{1}{\sigma_w^2} \frac{1}{B(z)} \left[\frac{S_{xs}(z)}{B(z^{-1})}\right]_+ = \frac{1-0.8z^{-1}}{1.6 \times (1-0.5z^{-1})} \times \left[\frac{0.36}{(1-0.8z^{-1})(1-0.5z)}\right]_+$$

注意此题中 $r_{xs}(m) = r_{ss}(m)$，$S_{xs}(z) = S_{ss}(z)$。

因为

$$Z^{-1}\left[\frac{0.36}{(1-0.8z^{-1})(1-0.5z)}\right]_+ = \text{Res}\left[\frac{0.36}{(1-0.8z^{-1})(1-0.5z)} \times z^{n-1}, 0.8\right]$$

$$= \frac{0.36}{(1-0.8z^{-1})(1-0.5z)} \times z^{n-1} \times (z-0.8)\Big|_{z=0.8}$$

$$= \frac{3}{5}(0.8)^n$$

其中，$1-0.5z$ 这个极点舍掉，取其因果部分

$$Z^{-1}\left[\frac{0.36}{(1-0.8z^{-1})(1-0.5z)}\right]_+ = \frac{3}{5}(0.8)^n u(n)$$

所以

$$\left[\frac{0.36}{(1-0.8z^{-1})(1-0.5z)}\right]_+ = \text{ZT}\left[\frac{3}{5}(0.8)^n u(n)\right] = \frac{0.6}{1-0.8z^{-1}}$$

$$H_{\text{opt}}(z) = \frac{1-0.8z^{-1}}{1.6 \times (1-0.5z^{-1})} \times \frac{0.6}{1-0.8z^{-1}} = \frac{3}{8} \times \frac{1}{1-0.5z^{-1}}$$

最小均方误差为

$$E\left[|e(n)|^2\right]_{\min}$$

$$= \frac{1}{2\pi j} \oint_C \left[S_{ss}(z) - H_{\text{opt}}(z)S_{xs}(z^{-1})\right]\frac{\text{d}z}{z}$$

$$= \frac{1}{2\pi j} \oint_C \left[\frac{0.36}{(1-0.8z^{-1})(1-0.8z)} - \frac{\frac{3}{8}}{1-0.5z^{-1}} \times \frac{0.36}{(1-0.8z^{-1})(1-0.8z)}\right]\frac{\text{d}z}{z}$$

$$= \frac{1}{2\pi j} \oint_C \frac{-0.45\left(\frac{5}{8}z - 0.5\right)}{(z-0.8)(z-1/0.8)(z-0.5)}\text{d}z$$

取单位圆为积分围线，上式等于单位圆内的极点（$z=0.8$ 及 $z=0.5$）的留数之和，即

$$E[e^2(n)]_{\min} = \frac{-0.45\left(\frac{5}{8} \times z - 0.5\right)}{(z-1/0.8)(z-0.5)}\Bigg|_{z=0.8} + \frac{-0.45\left(\frac{5}{8} \times z - 0.5\right)}{(z-0.8)(z-1/0.8)}\Bigg|_{z=0.5} = 3/8$$

未经滤波器的均方误差

$$E\left[|e(n)|^2\right] = E\left[|x(n)-s(n)|^2\right] = E\left[|v(n)|^2\right] = \sigma_v^2 = 1$$

所以通过因果维纳滤波器后均方误差下降 $8/3(\approx 2.7)$ 倍。

（2）对于非物理可实现情况有

$$H_{\text{opt}}(z) = \frac{S_{xs}(z)}{S_{xx}(z)} = \frac{S_{ss}(z)}{S_{ss}(z) + S_{vv}(z)}$$

$$= \frac{\dfrac{0.36}{(1-0.8z^{-1})(1-0.8z)}}{\dfrac{0.36}{(1-0.8z^{-1})(1-0.8z)} + 1}$$

$$= \frac{0.225}{(1-0.5z^{-1})(1-0.5z)}$$

$$E[|e(n)|^2]_{\min} = \frac{1}{2\pi j} \oint_C [S_{ss}(z) - H_{opt}(z) S_{xs}(z^{-1})] \frac{dz}{z}$$

$$= \frac{1}{2\pi j} \left[\frac{0.36}{(1-0.8z^{-1})(1-0.8z)} - \frac{0.225}{(1-0.5z^{-1})(1-0.5z)} \times \right.$$

$$\left. \frac{0.36}{(1-0.8z^{-1})(1-0.8z)} \right] \frac{dz}{z}$$

$$= \frac{1}{2\pi j} \oint_C \left[\frac{0.36}{(1-0.8z^{-1})(1-0.8z)} \cdot \left(1 - \frac{0.225}{(1-0.5z^{-1})(1-0.5z)}\right) \right] \frac{dz}{z}$$

$$= \frac{1}{2\pi j} \oint_C \frac{0.36 \times (1.025 - 0.5z^{-1} - 0.5z)}{(1-0.8z^{-1})(1-0.8z)(1-0.5z^{-1})(1-0.5z)} \frac{dz}{z}$$

令

$$F(z) = \frac{0.36 \times (1.025 - 0.5z^{-1} - 0.5z)}{(1-0.8z^{-1})(1-0.8z)(1-0.5z^{-1})(1-0.5z)z}$$

单位圆内有两个极点 0.8 和 0.5,应用留数定理,有

$$E[e^2(n)]_{\min} = \text{Res}[F(z), 0.8] + \text{Res}[F(z), 0.5] = \frac{3}{10}$$

结论:比较两种情况下的最小均方误差,可以看出非物理可实现情况的最小均方误差小于物理可实现情况的均方误差。

3.2　卡尔曼(Kalman)滤波器

卡尔曼(Kalman)滤波和维纳(Wiener)滤波都是以最小均方误差为准则的最佳滤波。但是维纳滤波只适用于平稳随机过程(信号),而卡尔曼滤波则没有这个限制,这是它们的最大区别。另外在处理方法上,它们也有很大不同。维纳滤波是根据全部过去的和当前的观测数据 $x(n), x(n-1)\cdots$ 来估计信号的当前值,它的解是以均方误差最小条件下所得到的系统函数 $H(z)$ 或脉冲响应 $h(n)$ 的形式给出的;而卡尔曼滤波则不需要全部过去的观测数据,它只是根据前一个估计值 $\hat{x}_{k-1}$ 和最近一个观测数据 y_k 来估计信号的当前值。它是用状态方程和递推方法进行估计的,而且所得的解是以估计值的形式给出的。

研究维纳滤波时,我们建立的信号模型是从信号和噪声的相关函数得到的,而且也曾提出过以白噪声通过线性网络等形成方法。而这一章我们研究卡尔曼滤波时则要从状态方程和量测方程着手建立其信号模型。

3.2.1　卡尔曼滤波器信号模型

如图 3-7 所示是维纳滤波的模型,信号 $s(n)$ 可以认为是由白噪声 $w_1(n)$ 激励一个线性系统 $A(z)$ 的响应,假设响应和激励的时域关系可以用下式表示

$$s(n) = as(n-1) + w_1(n-1) \tag{3-55}$$

式(3-55)也就是一阶 AR 模型。

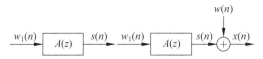

图 3-7　维纳滤波的信号模型和观测信号模型

在卡尔曼滤波中,信号 $s(n)$ 被称为是状态变量,在 k 时刻用矢量的形式 $\boldsymbol{S}(k)$ 表示,在 $k-1$ 时刻的状态用 $\boldsymbol{S}(k-1)$ 表示。激励信号 $w_1(n)$ 也用矢量表示为 $\boldsymbol{w}_1(k)$,激励和响应之间的关系用传递矩阵 $\boldsymbol{A}(k)$ 来表示,它是由系统的结构确定的。有了这些假设后我们给出状态方程:

$$\boldsymbol{S}(k) = \boldsymbol{A}(k)\boldsymbol{S}(k-1) + \boldsymbol{w}_1(k-1) \tag{3-56}$$

式(3-56)表示 k 时刻的状态 $\boldsymbol{S}(k)$ 可以由它的前一个时刻的状态 $\boldsymbol{S}(k-1)$ 来求得,即认为 $k-1$ 时刻以前的各状态都已记忆在状态 $\boldsymbol{S}(k-1)$ 中。

卡尔曼滤波是根据系统的量测数据(即观测数据)对系统的运动进行估计的,所以除了状态方程之外,还需要量测方程。还是从维纳滤波的观测信号模型入手,根据图 3-7 的右图,观测数据和信号的关系为 $x(n) = s(n) + w(n)$,$w(n)$ 一般是均值为零的高斯白噪声。在卡尔曼滤波中,用 $\boldsymbol{X}(k)$ 表示量测到的信号矢量序列,$\boldsymbol{w}(k)$ 表示量测时引入的误差矢量,则量测矢量 $\boldsymbol{X}(k)$ 与状态矢量 $\boldsymbol{S}(k)$ 之间的关系可以写成

$$\boldsymbol{X}(k) = \boldsymbol{S}(k) + \boldsymbol{w}(k) \tag{3-57}$$

式(3-57)和维纳滤波的 $x(n) = s(n) + w(n)$ 在概念上是一致的,也就是说,卡尔曼滤波的一维信号模型和维纳滤波的信号模型是一致的。

把式(3-57)推广就得到更普遍的多维量测方程式为

$$\boldsymbol{X}(k) = \boldsymbol{C}(k)\boldsymbol{S}(k) + \boldsymbol{w}(k) \tag{3-58}$$

式(3-58)中的 $\boldsymbol{C}(k)$ 称为量测矩阵,它的引入原因是:量测矢量 $\boldsymbol{X}(k)$ 的维数不一定与状态矢量 $\boldsymbol{S}(k)$ 的维数相同,因为我们不一定能观测到所有需要的状态参数。假如 $\boldsymbol{X}(k)$ 是 $m \times 1$ 的矢量,$\boldsymbol{S}(k)$ 是 $n \times 1$ 的矢量,$\boldsymbol{C}(k)$ 就是 $m \times n$ 的矩阵,$\boldsymbol{w}(k)$ 是 $m \times 1$ 的矢量。

将状态方程中时间变量 k 用 $k+1$ 代替,得到的状态方程为

$$\boldsymbol{S}(k+1) = \boldsymbol{A}(k+1)\boldsymbol{S}(k) + \boldsymbol{w}_1(k) \tag{3-59}$$

有了状态方程式(3-59)和量测方程式(3-58)后,给出卡尔曼滤波的信号模型如图 3-8 所示。

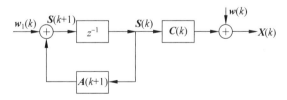

图 3-8　卡尔曼滤波的信号模型

3.2.2　卡尔曼滤波的递推算法

卡尔曼滤波是采用递推的算法实现的,其基本思想是先不考虑激励信号 $\boldsymbol{w}_1(k)$ 和观测噪声 $\boldsymbol{w}(k)$ 的影响,得到状态变量和输出信号(即观测数据)的估计值,再用输出信号的估计

误差加权后校正状态变量 $S(k)$ 的估计值 $\hat{S}(k)$，使状态变量估计误差的均方值最小。因此，卡尔曼滤波的关键是计算出加权矩阵的最佳值。重新给出**状态方程和量测方程**式为

$$\begin{cases} S(k) = A(k)S(k-1) + w_1(k-1) \\ X(k) = C(k)S(k) + w(k) \end{cases} \tag{3-60}$$

式(3-60)中 $A(k)$ 和 $C(k)$ 是已知的，$X(k)$ 是观测到的数据，也是已知的，假设信号的上个估计值 $\hat{S}(k-1)$ 已知，现在的问题就是如何来求当前时刻的估计值 $\hat{S}(k)$。

当不考虑激励信号 $w_1(k)$ 和观测噪声 $w(k)$ 时，可以立即求得 $S(k)$，估计问题的出现就是因为信号与噪声的叠加。此时状态方程和量测方程式为

$$\begin{cases} \hat{S}'(k) = A(k)\hat{S}(k-1) \\ \hat{X}'(k) = C(k)\hat{S}'(k) = C(k)A(k)\hat{S}(k-1) \end{cases} \tag{3-61}$$

必然，观测值 $X(k)$ 和估计值 $\hat{X}'(k)$ 之间有误差，它们之间的差 $\widetilde{X}(k)$ 称为**新息**（Innovation）：

$$\widetilde{X}(k) = X(k) - \hat{X}'(k) \tag{3-62}$$

显然，新息的产生是由于我们前面忽略了 $w_1(k)$ 和 $w(k)$ 所引起的，也就是说，新息里面包含了 $w_1(k)$ 和 $w(k)$ 的信息成分。因而我们用新息 $\widetilde{X}(k)$ 乘以一个修正矩阵 $H(k)$，用它来代替式(3-60)中的 $w_1(k)$ 来对 $S(k)$ 进行估计：

$$\begin{aligned} \hat{S}(k) &= A(k)\hat{S}(k-1) + H(k)\widetilde{X}(k) \\ &= A(k)\hat{S}(k-1) + H(k)[X(k) - C(k)A(k)\hat{S}(k-1)] \end{aligned} \tag{3-63}$$

从式(3-63)容易看出，要估计出 $\hat{S}(k)$ 就必须先找到最小均方误差下的修正矩阵 $H(k)$，此过程较烦琐，这里省略过程，仅给出最小均方误差下的修正矩阵 $H(k)$ 为

$$H(k) = \varepsilon'(k)C(k)^{\mathrm{H}}[C(k)\varepsilon'(k)C(k)^{\mathrm{H}} + R(k)]^{-1} \tag{3-64}$$

式中，$\varepsilon'(k)$ 为均方误差矩阵；H 表示对向量取共轭转置。

对于两个噪声：

（1）均值向量

$$E[w_1(k)] = \mathbf{0}, \quad E[w(k)] = \mathbf{0}$$

（2）自协方差矩阵和互协方差矩阵

$$Q(k) = E[w_1(k)w_1(k)^{\mathrm{H}}], \quad R(k) = E[w(k)w(k)^{\mathrm{H}}]$$

$$E[w_1(k)w_1(j)^{\mathrm{H}}] = Q(k)\delta(k-j), \quad E[w(k)w(j)^{\mathrm{H}}] = R(k)\delta(k-j)$$

把式(3-64)代入式(3-63)即可得均方误差最小条件下的 $\hat{S}(k)$ 递推公式。相应的最小均方误差为

$$\varepsilon(k) = \varepsilon'(k) - U(SS^{\mathrm{H}})^{-1}U^{\mathrm{H}} = [I - H(k)C(k)]\varepsilon'(k) \tag{3-65}$$

式中，$U = \varepsilon'(k)C(k)^{\mathrm{H}}$，$I$ 为单位矩阵。

综上所述，得到卡尔曼滤波的**递推公式**：

$$\varepsilon'(k) = A(k)\varepsilon(k-1)A(k)^{\mathrm{H}} + Q(k-1) \tag{3-66}$$

$$H(k) = \varepsilon'(k)C(k)^{\mathrm{H}}[C(k)\varepsilon'(k)C(k)^{\mathrm{H}} + R(k)]^{-1} \tag{3-67}$$

$$\varepsilon(k) = [I - H(k)C(k)]\varepsilon'(k) \tag{3-68}$$

$$\hat{S}(k) = A(k)\hat{S}(k-1) + H(k)[X(k) - C(k)A(k)\hat{S}(k-1)] \tag{3-69}$$

有了上面 4 个递推公式后,我们就可以得到状态变量估计值 $\hat{S}(k)$ 和最小均方误差 $\varepsilon(k)$。如果初始状态 $S(0)$ 的统计特性已知,并且令

$$\hat{S}(0) = E[S(0)]$$

$$\varepsilon(0) = E[(S(0) - \hat{S}(0))(-\hat{S}(0))^{H}] = \text{var}[S(0)]$$

且矩阵 $Q(k)$、$R(k)$、$A(k)$ 和 $C(k)$ 都是已知的,以及观测量 $X(k)$ 也是已知的,就能用递推计算法得到所有的 $\hat{S}(k)$ 和 $\varepsilon(k)$;将初始条件 $\varepsilon(0)$ 代入式(3-66)求得 $\varepsilon'(1)$;将 $\varepsilon'(1)$ 代入式(3-67)求得 $H(1)$;将 $H(1)$ 和 $\varepsilon'(1)$ 代入式(3-68)求得 $\varepsilon(1)$;将初始条件 $\hat{S}(0) = E[S(0)]$ 和 $H(1)$ 代入式(3-69)求得 $\hat{S}(1)$,以此类推。这样递推用计算机实现非常方便,卡尔曼滤波递推流程如图 3-9 所示。

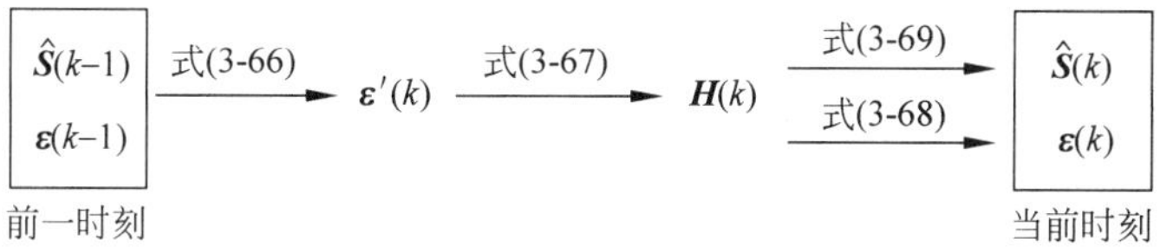

图 3-9 卡尔曼滤波递推流程

【例 3-3】 设卡尔曼滤波中量测方程为 $X(k) = S(k) + w(k)$,已知信号的自相关函数的 Z 变换为

$$P_{ss}(z) = \frac{0.36}{(1-0.8z^{-1})(1-0.8z)}$$

噪声的自相关函数为 $r_{ww}(m) = \delta(m)$,信号和噪声统计独立。求:(1)卡尔曼滤波信号模型中的 $A(k)$ 和 $C(k)$。(2)已知 $\hat{S}(-1) = 0$,$\varepsilon(0) = 1$,在 $k=0$ 时刻开始观测信号。试用卡尔曼滤波的公式求 $\hat{S}(k)$ 和 $\varepsilon(k)$,$k=0,1,2,3,4,5,6,7$,以及稳态时的 $\hat{S}(k)$ 和 $\varepsilon(k)$。

【解】

(1)根据图 3-7 卡尔曼滤波的信号模型和谱分解定理

$$P_{ss}(z) = \sigma_{w_1}^2 A(z)A(z^{-1}) = \frac{0.36}{(1-0.8z^{-1})(1-0.8z)}$$

所以 $\sigma_{w_1}^2 = 0.36$,则

$$A(z) = \frac{z^{-1}}{1-0.8z^{-1}} = \frac{S(z)}{W_1(z)}, \quad A(z^{-1}) = \frac{z}{1-0.8z}$$

这样分解是为了考虑符合状态方程和量测方程形式,即

$$\begin{cases} S(k) = A(k)S(k-1) + w_1(k-1) \\ X(k) = C(k)S(k) + w(k) \end{cases}$$

$A(z)$ 变换到时域得

$$s(n) - 0.8s(n-1) = w_1(n)$$

因此 $A(k) = 0.8$。又因为 $X(k) = S(k) + w(k)$,所以 $C(k) = 1$。

(2)因为 $A(k) = 0.8$,$C(k) = 1$,$Q(k) = \sigma_{w_1}^2 = 0.36$,$R(k) = \text{var}[w(k)] = 1$,把它们代入卡尔曼递推公式(3-66)~式(3-69)得

$$\begin{cases} \pmb{\varepsilon}'(k) = 0.64\,\pmb{\varepsilon}(k-1) + 0.36 & \text{(a)} \\ \pmb{H}(k) = \pmb{\varepsilon}'(k)\left[\pmb{\varepsilon}'(k)+1\right]^{-1} & \text{(b)} \\ \pmb{\varepsilon}(k) = \left[\pmb{I} - \pmb{H}(k)\right]\pmb{\varepsilon}'(k) & \text{(c)} \\ \hat{\pmb{S}}(k) = 0.8\hat{\pmb{S}}(k-1) + \pmb{H}(k)\left[\pmb{X}(k) - 0.8\hat{\pmb{S}}(k-1)\right] & \text{(d)} \end{cases}$$

把式(a)代入式(b)、式(c),消去 $\varepsilon'(k)$,再把式(b)和式(c)联立,得到

$$\varepsilon(k) = \frac{0.64\varepsilon(k-1) + 0.36}{0.64\varepsilon(k-1) + 1.36} = H(k) \qquad \text{(e)}$$

初始条件为 $\hat{S}(-1) = 0$,$\pmb{\varepsilon}(0) = 1$,在 $k=0$ 时开始观测,利用等式(d)、式(e)进行递推得

$$k=0, \quad \varepsilon(0) = 1.0000, \quad \pmb{H}(0) = 1.0000, \quad \hat{\pmb{S}}(0) = \pmb{X}(0)$$

$$k=1, \quad \varepsilon(1) = 0.5000, \quad \pmb{H}(1) = 0.5000, \quad \hat{\pmb{S}}(1) = 0.4\hat{\pmb{S}}(0) + 0.5\pmb{X}(1)$$

$$k=2, \quad \varepsilon(2) = 0.4048, \quad \pmb{H}(2) = 0.4048, \quad \hat{\pmb{S}}(2) = 0.4762\hat{\pmb{S}}(1) + 0.4048\pmb{X}(2)$$

$$k=3, \quad \varepsilon(3) = 0.3824, \quad \pmb{H}(3) = 0.3824, \quad \hat{\pmb{S}}(3) = 0.4941\hat{\pmb{S}}(2) + 0.3824\pmb{X}(3)$$

$$k=4, \quad \varepsilon(4) = 0.3768, \quad \pmb{H}(4) = 0.3768, \quad \hat{\pmb{S}}(4) = 0.4985\hat{\pmb{S}}(3) + 0.3768\pmb{X}(4)$$

$$k=5, \quad \varepsilon(5) = 0.3755, \quad \pmb{H}(5) = 0.3755, \quad \hat{\pmb{S}}(5) = 0.4996\hat{\pmb{S}}(4) + 0.3755\pmb{X}(5)$$

$$k=6, \quad \varepsilon(6) = 0.3751, \quad \pmb{H}(6) = 0.3751, \quad \hat{\pmb{S}}(6) = 0.4999\hat{\pmb{S}}(5) + 0.3751\pmb{X}(6)$$

$$k=7, \quad \varepsilon(7) = 0.3750, \quad \pmb{H}(7) = 0.3750, \quad \hat{\pmb{S}}(7) = 0.5000\hat{\pmb{S}}(6) + 0.3750\pmb{X}(7)$$

如果给定每个时刻的观察值,那么就可以得到每一时刻的信号估计值,上面是递推过程,还没有达到稳态的情况。

假设到了某一 $k-1$ 时刻,前后时刻的均方误差相等,也就是说,误差不再随着递推增加而下降,达到了最小的均方误差,即稳态情况,将 $\varepsilon(k) = \varepsilon(k-1)$ 代入式(e)可以计算出稳态时的均方误差为 $\varepsilon(k) = \varepsilon(k-1) = 0.375$,即稳态时的修正矩阵 $\pmb{H}(k) = 0.375$,代入式(d)得稳态时的信号估计:

$$\hat{\pmb{S}}(k) = 0.5\hat{\pmb{S}}(k-1) + 0.375\pmb{X}(k)$$

变换到 Z 域有

$$H(z) = \frac{0.375}{1 - 0.5z^{-1}}$$

即达到稳态时,上式就是卡尔曼滤波器系统函数。

3.3　自适应滤波器

我们知道,适用于平稳随机信号的维纳滤波器是一种具有最佳过滤特性的滤波器。当然,要获得这种最佳滤波,必须知道信号与噪声的有关统计特性。但在实际应用中,不易得到这种统计特性的先验知识,特别是实际信号的统计特性有时会随时间发生某种变化,这时用维纳滤波实际上难以实现最佳滤波,而用自适应滤波则有可能实现很好的滤波性能。

自适应滤波器与维纳滤波器一样都是以最小均方误差为准则的最佳过滤器。自适应滤波器实际上是一种能自动调节本身的脉冲响应 $h(n)$ 以达到最优化的维纳滤波器。设计自适应滤波器时,事先未必一定要知道信号与噪声的自相关特性,而且对自适应滤波器而言,

信号与噪声的自相关函数即使随时间发生某些变化,它也能自动调节到满足最佳过滤的要求。自适应滤波器的这些突出优点,使它在信号处理中得到了相当广泛的应用。

最小均方误差(LMS)自适应滤波器与递推最小二乘(RLS)自适应滤波器是两种最常用的自适应滤波器,由于它们采用的最佳准则不一样,因此这两种自适应滤波器在原理、算法、性能等方面均有许多差别。

从滤波器的结构形式来考虑,自适应滤波器有有限脉冲响应(FIR)和无限脉冲响应(IIR)之分,但IIR自适应滤波器存在稳定性问题,且其自适应算法较复杂。另外,FIR滤波器一般可采用横向滤波器的形式,但对于某些应用来说(如线性预测、系统辨识),也可采用格型(Lattice)滤波器的形式。

3.3.1 基本原理

自适应滤波器由参数可调的数字滤波器(或称为自适应处理器)和自适应算法两部分组成,如图3-10所示。参数可调的数字滤波器可以是FIR、IIR和格型数字滤波器,根据自适应算法是否与滤波器输出有关,自适应滤波器可分为开环系统和闭环系统。开环自适应滤波器的控制信号仅取决于系统输入,而与输出无关;闭环自适应滤波器的控制信号则由系统输入、输出共同决定。在闭环自适应滤波器中,输入信号 $x(n)$ 通过参数可调数字滤波器后产生输出 $y(n)$,与参考信号 $d(n)$ 进行比较,形成误差信号 $e(n)$。$e(n)$[有时需利用 $x(n)$]通过某种自适应算法对滤波器参数进行调整,最终使 $e(n)$ 的均方值最小。因此,实际上自适应滤波器是一种能够自动调整本身参数的特殊维纳滤波器,在设计时不需要事先知道关于输入信号和噪声统计特性的知识,它能够在自己的工作过程中逐渐"了解"或估计出所需的统计特性,并以此为依据自动调整自己的参数,以达到最佳滤波效果。一旦输入信号的统计特性发生变化,它又能够跟踪这种变化,自动调整参数,使滤波器性能重新达到最佳。所以,自适应滤波器是在输入过程的统计特性未知时,或是输入过程的统计特性变化时,能够调整自己的参数,以满足某种最佳准则的要求。当输入过程的统计特性未知时,自适应滤波器调整自己参数的过程称为"学习"过程;当输入过程的统计特性变化时,自适应滤波器调整自己参数的过程称为"跟踪"过程。

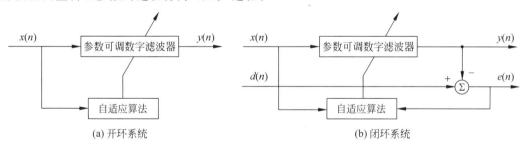

(a) 开环系统   (b) 闭环系统

图 3-10 自适应滤波器原理图

图3-10(b)所示的自适应滤波器有两个输入 $x(n)$ 和 $d(n)$,两个输出 $y(n)$ 和 $e(n)$,均为时间序列。其中 $x(n)$ 可以是单输入信号,也可以是多输入信号。在不同的应用背景下这些信号代表不同内容。本节主要讨论如图3-11所示的LMS自适应横向滤波器,它实际上是一种单输入自适应线性组合器。该滤波器由两个基本部分组成:①具有可调整权值的横向滤波器,这一组权值用 $w_1(n),w_2(n),\cdots,w_M(n)$ 表示;②采用LMS自适应算法的权值

调整机构。LMS 自适应横向滤波器是一个闭环系统,其权矢量与输入数据和输出信号均有关。

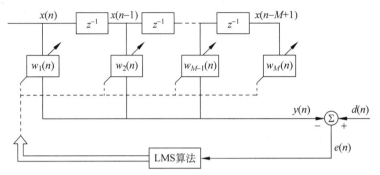

图 3-11　LMS 自适应横向滤波器原理图

3.3.2　LMS 自适应滤波器

LMS 自适应滤波器和维纳滤波器一样,也是以均方误差最小作为其最佳滤波准则的。下面我们推导最小均方误差与自适应滤波的权系数 W 之间的关系。具体设计自适应滤波器时,人们常以横向滤波器构成这种自适应滤波系统,如果此时的 $h(n)$ 就是 $w(n)$,其长度为 N,则从图 3-11 可得

$$y(n) = \sum_{m=0}^{N-1} w(m)x(n-m) = w(n) * x(n) \tag{3-70}$$

将 j 时刻滤波器的输出写成滤波器单位脉冲响应的若干取值与输入信号进行若干次移位后的值的乘积的和,就可以将式(3-70)改写成

$$y_j = \sum_{i=1}^{N} w_i x_{ij} \tag{3-71}$$

再将其表示成矩阵形式

$$y_j = \boldsymbol{X}_j^{\mathrm{T}} \boldsymbol{W} = \boldsymbol{W}^{\mathrm{T}} \boldsymbol{X}_j \tag{3-72}$$

其中,

$$\boldsymbol{W} = \begin{bmatrix} w_1 \\ w_2 \\ \vdots \\ w_N \end{bmatrix} \quad \boldsymbol{X}_j = \begin{bmatrix} x_{1j} \\ x_{2j} \\ \vdots \\ x_{Nj} \end{bmatrix}$$

则误差信号就可以表示为

$$e_j = d_j - y_j = d_j - \boldsymbol{W}^{\mathrm{T}} \boldsymbol{X}_j \tag{3-73}$$

得到误差信号的表达式之后,就可以知道均方误差的表达式为

$$E\left[e_j^2\right] = E\left[(d_j - y_j)^2\right] \tag{3-74}$$

将上式展开得

$$\begin{aligned} E\left[e_j^2\right] &= E\left[d_j^2\right] - 2E\left[d_j \boldsymbol{X}_j^{\mathrm{T}}\right]\boldsymbol{W} + \boldsymbol{W}^{\mathrm{T}} E\left[\boldsymbol{X}_j \boldsymbol{X}_j^{\mathrm{T}}\right]\boldsymbol{W} \\ &= E\left[d_j^2\right] - 2\boldsymbol{R}_{dx}^{\mathrm{T}} \boldsymbol{W} + \boldsymbol{W}^{\mathrm{T}} \boldsymbol{R}_{xx} \boldsymbol{W} \end{aligned} \tag{3-75}$$

其中,$\boldsymbol{R}_{dx} = E[d_j \boldsymbol{X}_j]$,$\boldsymbol{R}_{xx} = E[\boldsymbol{X}_j \boldsymbol{X}_j^{\mathrm{T}}]$,并且 $\boldsymbol{R}_{xx}$ 是对称矩阵 $\boldsymbol{R}_{xx}^{\mathrm{T}} = \boldsymbol{R}_{xx}$。

从式(3-75)中得到一个信息,因为输入信号 x 和期望信号 d 已知,系统权系数 W 是未知量,则可以将均方误差 $E[e_j^2]$ 看作是以系统权系数 W 为自变量的二次函数,又由于 $\boldsymbol{R}_{xx}$ 为 x 的自相关矩阵,至少为半正定矩阵,所以 $\boldsymbol{R}_{xx} \geqslant 0$,则均方误差 $E[e_j^2]$ 一定有最小值。

当输入信号和期望信号均为平稳随机信号时,均方误差 $E[e_j^2]$ 可以看作系统权系数的一元二次函数,在几何上是一个中间下凹的超抛物型曲面,具有唯一的最低点,沿着曲面下降到最低点,均方误差也取到最小值,此时对应的权系数 W^* 为滤波性能最好的最佳权系数。在数学上,可用梯度沿着该曲面调节权矢量的各个元素来得到均方误差 $E[e_j^2]$ 的最小值。当梯度为 0 时,达到超抛物曲面的最低点,也就得到了最佳权系数。

令梯度为 0,即

$$\nabla_j = \left[\frac{\partial E[e_j^2]}{\partial w_1} \quad \frac{\partial E[e_j^2]}{\partial w_2} \quad \cdots \quad \frac{\partial E[e_j^2]}{\partial w_N}\right]^{\mathrm{T}} = 0 \tag{3-76}$$

由于

$$\frac{\partial E[e_j^2]}{\partial w} = 2E[e_j]\frac{\partial E[e_j]}{\partial w} \tag{3-77}$$

因为 $e_j = d_j - \boldsymbol{W}^{\mathrm{T}}\boldsymbol{X}_j$,所以有

$$\nabla_j = 2E\left[e_j\left[\frac{\partial e_j}{\partial w_1} \quad \frac{\partial e_j}{\partial w_2} \quad \cdots \quad \frac{\partial e_j}{\partial w_N}\right]^{\mathrm{T}}\right] = -2E[e_j X_j] = 0 \tag{3-78}$$

由式(3-78)得出,当滤波器的单位脉冲响应取最佳值时,其误差信号和输入信号是正交的。还可以用式(3-75)对 W 求导得到

$$\nabla = 2\boldsymbol{R}_{xx}\boldsymbol{W} - 2\boldsymbol{R}_{dx} = \boldsymbol{0} \tag{3-79}$$

注意:$\boldsymbol{W}^{\mathrm{T}}\boldsymbol{W} = \boldsymbol{W}^2$,另外 $\boldsymbol{W}$ 与 $\boldsymbol{W}^{\mathrm{T}}$ 也没有本质区别,一个横向一个纵向表示,可以看到

$$\boldsymbol{R}_{xx}\boldsymbol{W} = \boldsymbol{R}_{dx} \tag{3-80}$$

由此可得最佳权矢量为

$$\begin{cases} \boldsymbol{W}^* = \boldsymbol{R}_{xx}^{-1}\boldsymbol{R}_{dx} \\ [\boldsymbol{W}^*]^{\mathrm{T}} = \boldsymbol{R}_{dx}^{\mathrm{T}}[\boldsymbol{R}_{xx}^{-1}]^{\mathrm{T}} = \boldsymbol{R}_{dx}^{\mathrm{T}}\boldsymbol{R}_{xx}^{-1} \end{cases} \tag{3-81}$$

当权矢量取最佳值时,均方误差将取到最小值

$$E[e_j^2]_{\min} = E[d_j^2] - 2\boldsymbol{R}_{dx}^{\mathrm{T}}\boldsymbol{W}^* + [\boldsymbol{W}^*]^{\mathrm{T}}\boldsymbol{R}_{xx}\boldsymbol{W}^* = E[d_j^2] - \boldsymbol{R}_{dx}^{\mathrm{T}}\boldsymbol{W}^* \tag{3-82}$$

或者将上式取转置,用下式表示:

$$E[e_j^2]_{\min} = E[d_j^2] - \boldsymbol{W}^{*\mathrm{T}}\boldsymbol{R}_{dx} \tag{3-83}$$

从几何角度观察,此函数表示 $\{E[e_j^2]_{\min}, w_1, w_2, \cdots, w_p\}$ 空间中的一个超抛物面。我们称为均方误差面,并以符号 ξ 表示。图 3-12 示出了权向量为二维时的情况,它有点像只碗的形状,而"碗底"则相当于均方误差最小的地方。

自适应滤波器与维纳滤波器相比,差别在于它加了一个识别控制环节,将输出的 y_j 与所希望的值 d_j 比较,看是否一样,如果有误差,则用 e_j 去控制 W,使 W 逐步逼近 $E[e_j^2] = \boldsymbol{W}_{\min}^*$,因此关键在于怎样简便地寻找 $\boldsymbol{W}^*$。虽然维纳解的表达式我们知道了,但仍然有几个问题:

(1)需要知道 $\boldsymbol{R}_{xx}$ 和 $\boldsymbol{R}_{dx}$,而这两个都是我们事先不知道的;

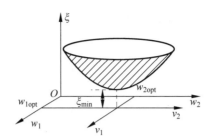

图 3-12   均方误差面和均方误差最小位置的示意图

（2）矩阵的逆需要的计算量太大；

（3）如果信号是非平稳的，$\boldsymbol{R}_{xx}$ 和 $\boldsymbol{R}_{dx}$ 每次都不一样，需要重复计算。

3.3.3   最陡下降法

不难看出，最佳权矢量解的形式和维纳解极为相似，解的过程也需要求相关矩阵的逆运算，计算量非常大。因此就需要寻找更加优化的算法，不需要求矩阵的逆，便可以找到最佳权矢量，因此便有了最陡下降法。最陡下降法（Steepest Descent Method）是一种常用的数值优化算法，用于求解无约束优化问题。它是一种基于梯度的迭代算法，可以在目标函数的梯度方向上进行搜索，以找到目标函数的最小值点。

最陡下降法是 Widrow 和 Hoff 两人在 20 世纪 50 年代提出的求最佳权矢量的简单而有效的一种递推方法。最陡下降法的基本思想是，从任意起点开始，沿着目标函数的梯度方向进行迭代搜索，每一步的迭代方向是目标函数在当前点处的最陡下降方向。最陡下降方向是目标函数在当前点处的负梯度方向，即梯度向量的反方向，如图 3-13 所示。最陡下降法的迭代公式可以表示为

$$W_{j+1} = W_j + \mu(-\nabla_j) = W_j - \mu \nabla_j \tag{3-84}$$

其中，μ 为迭代步长，是一个正的常数，是一个控制稳定性和收敛速度的参量，也称为收敛因子，$-\nabla_j$ 是性能函数下降最快的方向。均方误差 $E\left[e_j^2\right]$ 与权矢量 W 的关系在数学几何上是一个中间下凹的超抛物型曲面，搜索方向为曲面梯度的负方向。

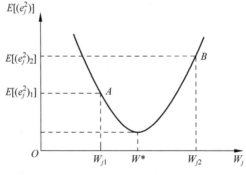

图 3-13   最陡下降法曲线图

一般是采用梯度下降的方法来进行迭代搜索出最小值，梯度下降又分为梯度下降、随机梯度下降和批量梯度下降。使用迭代搜索的方式一般都只能逼近维纳解，并不等同于维纳解。算法有两个关键：梯度 ∇_j 的计算以及收敛因子 μ 的选择。

1. $\hat{\nabla}_j$ 的近似计算

想要得到最佳权系数，就需要滤波器输出的均方误差最小，均方误差代表着需要很多个误差，然后对误差的平方求平均值，这样在信号处理上就带来了问题，因为最佳权系数的求解是通过最陡梯度算法，也就是均方误差对权系数求偏导数得来的，但均方误差需要多个误差，是确定不了的，不知道滤波器权系数就无法确定均方误差，而不知道均方误差就无法确定滤波器权系数，这是互相矛盾的，两个条件必须先满足一个。从滤波器的结构和滤波器权系数的推导公式可以看出，均方误差和滤波器权系数是一个相互制约的关系，虽然通过最陡下降法得到了滤波器权系数的递推公式，但因为滤波器的结构，仍然无法确定滤波器权系数。为了解决这个问题，在实际工程上，只能用近似的方式，因此，由 Widrow 等提出采用梯度的估计值代替梯度的精确值，用单一时刻的误差平方代替均方误差计算来估计梯度，这样的算法也被称为**维德罗-霍夫最小均方（Widrow-Hoff LMS）算法**。一种粗略但是却十分有效地计算$\hat{\nabla}_j$的近似方法是：直接取 e_j^2 作为均方误差的估计值，即

$$\hat{\nabla}_j = \nabla [e_j^2] = 2e_j \nabla [e_j] \tag{3-85}$$

式中，$\nabla [e_j]$ 为

$$\nabla [e_j] = \nabla [d_j - \boldsymbol{W}^{\mathrm{T}} \boldsymbol{X}_j] = -\boldsymbol{X}_j \tag{3-86}$$

将式(3-86)代入式(3-85)中，得到梯度的估计值

$$\hat{\nabla}_j = -2e_j \boldsymbol{X}_j \tag{3-87}$$

将式(3-87)代入式(3-84)，于是最陡下降法的递推公式为

$$\boldsymbol{W}_{j+1} = \boldsymbol{W}_j + 2\mu e_j \boldsymbol{X}_j \tag{3-88}$$

2. μ 的选择

对权系数向量更新式(3-88)两边取数学期望，得

$$\begin{aligned}
E [\boldsymbol{W}_{j+1}] &= E [\boldsymbol{W}_j] + 2\mu E [e_j \boldsymbol{X}_j] \\
&= E [\boldsymbol{W}_j] + 2\mu E \{\boldsymbol{X}_j [d_j - X^{\mathrm{T}} \boldsymbol{W}_j]\} \\
&= (I - 2\mu \boldsymbol{R}_{xx}) E [\boldsymbol{W}_j] + 2\mu \boldsymbol{R}_{xd}
\end{aligned} \tag{3-89}$$

式中，$\boldsymbol{I}$ 为单位矩阵，且

$$\boldsymbol{R}_{dx} = E [d_j \boldsymbol{X}_j], \quad \boldsymbol{R}_{xx} = E [\boldsymbol{X}_j \boldsymbol{X}_j^{\mathrm{T}}]$$

当 $j = 0$ 时，有

$$E [\boldsymbol{W}_1] = (\boldsymbol{I} - 2\mu \boldsymbol{R}_{xx}) E [\boldsymbol{W}_0] + 2\mu \boldsymbol{R}_{xd}$$

当 $j = 1$ 时，有

$$\begin{aligned}
E [\boldsymbol{W}_2] &= [I - 2\mu \boldsymbol{R}_{xx}] E [\boldsymbol{W}_1] + 2\mu \boldsymbol{R}_{xd} \\
&= [I - 2\mu \boldsymbol{R}_{xx}]^2 E[\boldsymbol{W}_0] + 2\mu [I - 2\mu \boldsymbol{R}_{xx}] \boldsymbol{R}_{xd} + 2\mu \boldsymbol{R}_{xd} \\
&\vdots
\end{aligned}$$

重复以上迭代至 $j+1$，则有

$$E [\boldsymbol{W}_{j+1}] = [I - 2\mu \boldsymbol{R}_{xx}]^{j+1} E [\boldsymbol{W}_0] + 2\mu \sum_{i=0}^{j} [I - 2\mu \boldsymbol{R}_{xx}]^i \boldsymbol{R}_{xd} \tag{3-90}$$

由于 $\boldsymbol{R}_{xx}$ 是实值的对称阵，我们可以写出其特征值分解式为

$$\boldsymbol{R}_{xx} = \boldsymbol{Q} \boldsymbol{\Sigma} \boldsymbol{Q}^{\mathrm{T}} = \boldsymbol{Q} \boldsymbol{\Sigma} \boldsymbol{Q}^{-1} \tag{3-91}$$

Q 称为正交矩阵或特征矩阵,利用正定阵 Q 的性质 $Q^TQ=I$,$Q^T=Q^{-1}$,且 $\Sigma=\mathrm{diag}(\lambda_1,$ $\lambda_2,\cdots,\lambda_M)$ 是对角阵,其对角元素 λ_1 是 R_{xx} 的特征值。将式(3-91)代入式(3-90)后得

$$E[W_{j+1}]=[I-2\mu Q\Sigma Q^{-1}]^{j+1}E[W_0]+2\mu\sum_{i=0}^{j}[I-2\mu Q\Sigma Q^{-1}]^iR_{xd} \quad (3\text{-}92)$$

能够推导出(过程省略)

$$E[W_{j+1}]=Q\Sigma^{-1}Q^{-1}R_{xd}=R_{xx}^{-1}R_{xd}=W_{\mathrm{opt}} \quad (3\text{-}93)$$

其中,$R_{xx}^{-1}=Q\Sigma^{-1}Q^{-1}$。

由此可见,当迭代次数无限增加时,权系数向量的数学期望值可收敛至 Wiener 解,其条件是对角阵($I-2\mu\Sigma$)的所有对角元素均小于 1,即

$$|1-2\mu\lambda_{\max}|<1$$

或

$$0<\mu<\frac{1}{\lambda_{\max}} \quad (3\text{-}94)$$

式中,$\lambda_{\max}$ 是 R_{xx} 的最大特征值。μ 称为收敛因子,它决定达到式(3-93)的速率。事实上,W_{j+1} 收敛于 W_{opt} 是由比值 $d=\lambda_{\max}/\lambda_{\min}$ 决定,该比值叫作谱动态范围。大的 d 值预示要花费很长的时间才会收敛到最佳权值。克服这一困难的方法是产生正交数据。

3.3.4 LMS 算法流程

LMS 算法实际上是一种梯度最陡下降算法,具有简单、计算量小、易于实现等特点。这种算法不需要计算相关矩阵,也不需要进行矩阵运算,只要自适应线性组合器在每次迭代运算时都已知输入信号和参考响应即可。LMS 算法进行梯度估计的方法是以误差信号每一次迭代的瞬时平方值替代其均方值。梯度可近似为

$$\hat{\nabla}_j=-2e_j X_j$$

用梯度估计值 $\hat{\nabla}_j$ 替代最陡下降法中的梯度真值 ∇_j,得 LMS 算法滤波器权矢量迭代公式

$$W_{j+1}=W_j+2\mu e_j X_j$$

由此可知,自适应迭代下一时刻的权系数矢量可以由当前时刻的权系数矢量加上以误差函数为比例因子的输入矢量得到。因此,LMS 算法也称随机梯度法。

基本 LMS 自适应算法步骤如下:

(1)设定滤波器 $W(n)$ 的初始值 $W(1)=0$,$0<\mu<\dfrac{1}{\lambda_{\max}}$,$\lambda_{\max}$ 为输入向量自相关矩阵 R 的最大特征值。

(2)计算滤波器实际输出估计值

$$\hat{d}(n)=W^T(n)X(n)$$

(3)计算估计误差

$$e(n)=d(n)-\hat{d}(n)$$

(4)计算($n+1$)时刻的滤波器系数

$$W(n+1)=W(n)+2\mu e(n)X(n)$$

(5)将 n 增加至 $n+1$,重复步骤(2)~步骤(4)。

3.4 应用实例

【例 3-4】 维纳滤波预测运动轨迹

假设一个点目标在 x,y 平面上绕单位圆做圆周运动,由于外界干扰,其运动轨迹发生了偏移。其中,x 方向的干扰为均值为 0,方差为 0.05 的高斯噪声;y 方向干扰为均值为 0,方差为 0.06 的高斯噪声。

要求:

(1) 产生满足要求的 x 方向和 y 方向随机噪声 500 个样本;

(2) 明确期望信号和观测信号;

(3) 设计 FIR 维纳滤波器,确定最佳传递函数,并用该滤波器处理观测信号,得到其最佳估计。(注:自行设定误差判定阈值,根据阈值确定滤波器的阶数或传递函数的长度)

问题分析与思路: 物体的运动轨迹分解为 x 方向和 y 方向,并假设两个方向上运动相互独立。分别将运动轨迹离散为一系列点,作为滤波器的输入,分别在两个方向上进行滤波,最终再合成运动轨迹。

程序设计思路: 生成期望信号-添加噪声-计算相关矩阵-求解最佳滤波器系数-滤波运算-输出信号-合成轨迹。

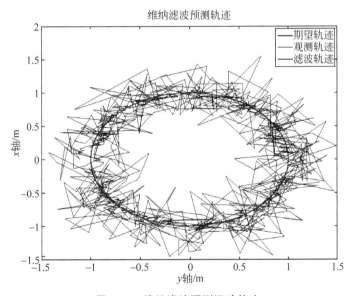

图 3-14 维纳滤波预测运动轨迹

MATLAB 程序完整代码:

```
% 该程序使用 Wiener 滤波方法对圆周运动轨迹进行控制
% 信号模型:d = s + no 观测信号 = 期望信号 + 噪声信号
% 进行一次 Wiener 滤波,得到最佳滤波器系数
clear
close all
N = 500;
theta = linspace(0,2 * pi,N);          % 极坐标参数
s_x = cos(theta);                       % x,y 方向上的期望信号
```

```
s_y = sin(theta);
no_x = normrnd(0, sqrt(0.05), 1, N);              % 高斯白噪声
no_y = normrnd(0, sqrt(0.06), 1, N);
d_x = s_x + no_x;                                  % 观测信号
d_y = s_y + no_y;
M = 500; % M 为滤波器的阶数
% % 对 x 方向上数据进行滤波
rxx = xcorr(d_x);
Rxx = zeros(N);
% temp = toeplitz(rxx);
for i = 1:N                                        % 观测信号的相关矩阵
    for j = 1:N
        Rxx(i, j) = rxx(N + i - j);
    end
end
rxd = xcorr(s_x, d_x);                             % 观测信号与期望信号的相关矩阵
Rxd = rxd(N:N + M - 1);                            % 向量而非矩阵
hopt_x = Rxx\Rxd';
% de_x = conv(hopt_x, d_x);
de_x = zeros(1, N);
for n = 1:N
    for i = 1:n - 1
        de_x(n) = de_x(n) + hopt_x(i) * d_x(n - i);
    end
end
de_x(1:2) = d_x(1:2);
ems_x = sum(d_x.^2) - Rxd * hopt_x;
e_x = de_x - s_x;
% de_x(N - 1:N) = d_x(N - 1:N);
% % 对 y 方向上数据进行滤波 处理思路同 x 方向
ryy = xcorr(d_y); Ryy = zeros(N);
for i = 1:N
    for j = 1:N
        Ryy(i, j) = ryy(N + i - j);
    end
end
% temp = toeplitz(ryy); % Ryy = temp(1:M, N:N + M - 1);
ryd = xcorr(s_y, d_y);
% temp = toeplitz(ryd);
% Ryd = temp(1:N, N:length(temp));
Ryd = ryd(N:N + M - 1); hopt_y = Ryy\Ryd';
% de_y = conv(hopt_y, d_y);
de_y = zeros(1, N);
for n = 1:N
    for i = 1:n - 1
        de_y(n) = de_y(n) + hopt_y(i) * d_y(n - i);
    end
end
de_y(1:2) = d_y(1:2); ems_y = sum(d_y.^2) - Ryd * hopt_y; e_y = de_y - s_y;
% de_y(N - 1:N) = d_y(N - 1:N);
% % plot
figure
plot(s_x, s_y, 'r', 'linewidth', 2)
hold on
```

```
plot(d_x,d_y,'b')
hold on
plot(de_x,de_y,'k-')
title('维纳滤波预测轨迹')
legend('期望轨迹','观测轨迹','滤波轨迹')
ylabel('x轴/m');
xlabel('y轴/m');
```

【例 3-5】 Kalman 滤波在温度测量中的应用

假设我们要研究的对象是一个房间的温度。根据经验判断,这个房间的温度大概在 25℃,可能受空气流通、阳光等因素影响,房间内温度会小幅度地波动。我们以分钟为单位,定时测量房间温度,这里的 1 分钟,可以理解为采样时间。假设测量温度时,外界的天气是多云,阳光照射时有时无,同时房间不是 100% 密封的,可能有微小的与外界空气的交换,即引入过程噪声 w_k,其方差为 Q_k,大小假定为 $Q_k = 0.01$(假如不考虑过程噪声的影响,即真实温度是恒定的,那么这时候 $Q_k = 0$)。对照式(3-59),相应地,$A(k) = 1$,$Q_k = 0.01$,状态 x 是在第 k 分钟时的房间温度,是一维的。那么该系统的状态方程可以写为

$$x(k) = x(k-1) + w(k)$$

现在用温度计开始测量房间的温度,假设温度计的测量误差为 ±0.5℃,从出厂说明书上我们得知该温度计的方差为 0.25。也就是说,温度计第 k 次测量的数据不是 100% 准确的,它是有测量噪声 v_k,并且其方差 $R_k = 0.25$,因此容易想到该系统的观测方程为

$$y(k) = C(k)x(k) + v(k)$$

总的来说 $x(k)$ 表示温度,是一维变量,$A(k) = 1$,$C(k) = 1$,w_k、v_k 的方差分别为 Q_k、R_k。

模型建好以后,就可以利用 Kalman 滤波了。假如要估算第 k 时刻的实际温度值,首先要根据第 $k-1$ 时刻的温度值来预测 k 时刻的温度。

(1) 假定第 $k-1$ 时刻的温度值测量值为 24.9℃,房间真实温度为 25℃,该测量值的偏差是 0.1℃,即协方差 $P(k-1) = 0.1^2$。

(2) 在第 k 时刻,房间的真实温度是 25.1℃,温度计在该时刻测量的值为 25.5℃,偏差为 0.4℃。我们用于估算第 k 时刻的温度有两个温度值,分别是 $k-1$ 时刻 24.9℃ 和 k 时刻的 25.5℃,如何融合这两组数据,得到最逼近真实值的估计呢?

首先,利用 $k-1$ 时刻温度值预测第 k 时刻的温度,其预计偏差 $P'_k = P(k-1) + Q_k = 0.02$,计算 Kalman 增益 $H_k = P'_k/(P'_k + R_k) = 0.0741$,那么这时候利用 k 时刻的观测值,得到温度的估计值为

$$\hat{x}(k) = 24.9 + 0.0741 \times (25.1 - 24.9) = 24.915℃$$

可见,与 24.9℃ 和 25.5℃ 相比较,Kalman 估计值 24.915℃ 更接近真实值 25.1℃。此时更新 k 时刻的偏差 $P_k = (1 - H_k C_k)P'_k = 0.0186$。最后由 $\hat{x}(k) = 24.915℃$ 和 $P_k = 0.0186$,可以继续对下一时刻观测数据 y_{k+1} 进行更新和处理。

(3) 这样,Kalman 滤波器就不断地把方差递归,从而估算出最优的温度值。当然,我们需要确定 Kalman 滤波器两个初始值,分别是 x_0 和 P_0。

MATLAB 程序完整代码:

```
% 程序说明:Kalman 滤波用于一维温度测量的实例
function Kalman_main
```

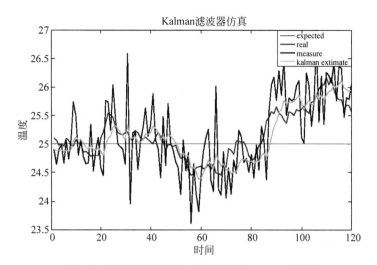

图 3-15   房间温度真实值、测量值和 Kalman 估计值

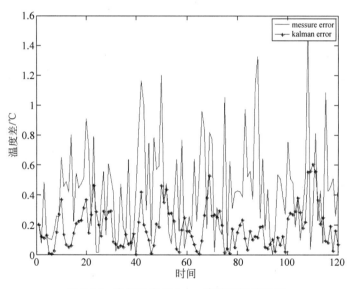

图 3-16   房间温度 Kalman 滤波和测量误差

```
% % % % % % % % % % % % % % % % % % % % % % % % % % % % % % % % % %
N = 120;                         % 采样点个数,时间单位为分钟
CON = 25;                        % 室内温度理论值,房间温度在25℃左右

% 对状态和测量初始化
Xexpect = CON * ones(1,N);       % 期望温度是 25℃,但会受到噪声影响
X = zeros(1,N);                  % 房间各时刻真实温度值
Xkf = zeros(1,N);               % 估计值
Z = zeros(1,N);                  % 温度计测量值
P = zeros(1,N);

% 初始化
X(1) = 25.1;
P(1) = 0.01;                     % 初始化协方差
Z(1) = 24.9;
Xkf(1) = Z(1);                   % 初始化测量值 24.9,可作为滤波器的初始估计状态
```

```
% 噪声
Q = 0.01;                                    % W(k)的方差
R = 0.25;                                    % V(k)的方差
W = sqrt(Q) * randn(1,N);
V = sqrt(R) * randn(1,N);

% 系统矩阵
F = 1;
G = 1;
H = 1;
I = eye(1);
%%%%%%%%%%%%%%%%%%%%%%%%%%%%%%%%%%%%%%%%%%%%%%%%%%%
% 模拟房间温度和测量过程,并滤波
for k = 2:N
    % 第一步:随时间推移,房间真实温度波动变化
    X(k) = F * X(k-1) + G * W(k-1);          % 状态方程
    % 第二步:随时间推移,获取实时数据
    Z(k) = H * X(k) + V(k);                  % 观测方程
    % 第三步:Kalman 滤波
    X_pre = F * Xkf(k-1);                     % 状态估计
    P_pre = F * P(k-1) * F' + Q;             % 协方差预测
    Kg = P_pre * inv(H * P_pre * H' + R);    % kalman 增益
    e = Z(k) - H * X_pre;                     % 新息
    Xkf(k) = X_pre + Kg * e;                 % 状态更新
    P(k) = (I - Kg * H) * P_pre;             % 协方差更新
end
%%%%%%%%%%%%%%%%%%%%%%%%%%%%%%%%%%%%%%%%%%%%%%%%%%%
% 计算误差
Err_Messure = zeros(1,N);                    % 量测值与真实值的误差
Err_Kalman = zeros(1,N);                     % 估计与真实值的偏差
for k = 1:N
    Err_Messure(k) = abs(Z(k) - X(k));
    Err_Kalman(k) = abs(Xkf(k) - X(k));
end
%%%%%%%%%%%%%%%%%%%%%%%%%%%%%%%%%%%%%%%%%%%%%%%%%%%
t = 1:N;
figure('Name','Kalman Filter Simulation','NumberTitle','off');
% 一次画出理论值、真实值、测量值、估计值
plot(t,Xexpect,'-b',t,X,'-r',t,Z,'-k',t,Xkf,'-g');
legend('expected','real','measure','kalman extimate');
xlabel('时间');
ylabel('温度');
title('Kalman 滤波器仿真');
% 误差分析
figure('Name','Error Analysis','NumberTitle','off');
plot(t,Err_Messure,'-b',t,Err_Kalman,'-k');
legend('messure error','kalman error');
xlabel('时间');
ylabel('温度差/℃ ');
%%%%%%%%%%%%%%%%%%%%%%%%%%%%%%%%%%%%%%%%%%%%%%%%%%%
```

【例3-6】 正弦波信号自适应滤波去噪

将有用信号设置成三个不同频率正弦波的叠加,然后再对其添加高斯白噪声,即

$$\text{Noise}x(n) = x(n) + \text{Noise}(n) \tag{3-95}$$

$$x(n) = \sin(40\pi n) + \sin(80\pi n) + \sin(120\pi n) \tag{3-96}$$

式中,Noise$x(n)$是输入信号,$x(n)$是三频率分量合成的谐波信号,Noise(n)是信噪比为 3dB 或者－3dB 的高斯白噪声。实验分别对输入了信噪比为 3dB 或者－3dB 的高斯白噪声的正弦波信号进行滤波处理,将正弦波看作期望信号,步长设置为 0.001,滤波器长度设置为 200。实验结果如图 3-15～图 3-17 所示。

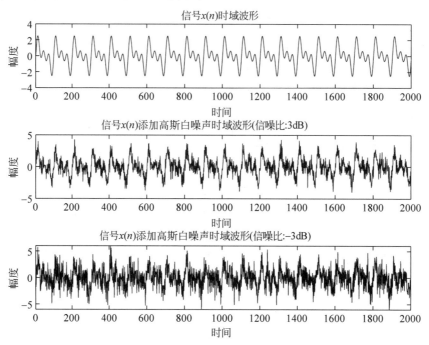

图 3-15　LMS 算法滤波器的输入信号时域波形(正弦波)

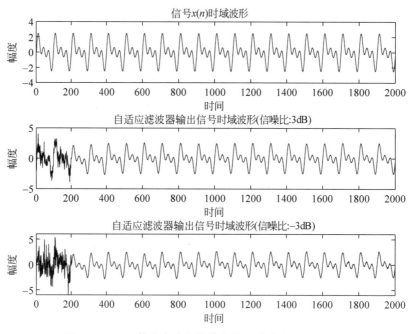

图 3-16　LMS 算法滤波器的输出信号时域波形(正弦波)

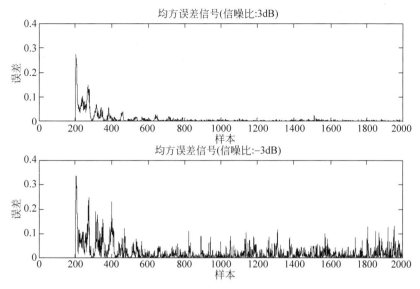

图 3-17　均方误差信号波形（正弦波）

实验结果分析：

通过程序运行的结果图可以看出，基于 LMS 算法设计的滤波器能够很好地完成滤波功能。当输入信号是正弦波时，LMS 滤波器拥有非常好的收敛性能，并且误差信号是逐渐收敛于最佳维纳解的。此外，无论是信噪比为 3dB 的输入信号还是信噪比为 −3dB 的输入信号，都能够较好地完成滤波，通过比较看出，信噪比为 3dB 的输入信号比信噪比为 −3dB 的输入信号滤波效果好，收敛性会更好。

MATLAB 程序完整代码：

```
clc,clear,close all;
% 第一部分(创建信号:正余弦噪声信号)
N = 2000;                      % 采样点数
Fs = 2000;                     % 采样频率
t = 0:1/Fs:1;                  % 时间
x = sin(2 * pi * 20 * t) + sin(2 * pi * 40 * t) + sin(2 * pi * 60 * t);
a = 1;
Noisex_1 = awgn(x,3);          % 添加高斯白噪声,信噪比 3dB
Noisex_2 = awgn(x, - 3);       % 添加高斯白噪声,信噪比 − 3dB

figure(1);
subplot(3,1,1);
plot(x);
axis([0,2000, - 4,4]);
ylabel('幅度');
xlabel('时间');
title('信号 x(n)时域波形');
subplot(3,1,2);
plot(Noisex_1);
axis([0,2000, - 5,5]);
ylabel('幅度');
xlabel('时间');
title('信号 x(n)添加高斯白噪声时域波形(信噪比:3dB)');
```

```
subplot(3,1,3);
plot(Noisex_2);
axis([0,2000, - 6,6]);
ylabel('幅度');
xlabel('时间');
title('信号 x(n)添加高斯白噪声时域波形(信噪比: - 3dB)');

%第二部分(LMS 算法滤波)
k = 200;                          %滤波器长度
u = 0.001;                        %步长
y_1 = zeros(1,N);                 %输出信号定义
y_1(1:k) = Noisex_1(1:k);
w_1 = zeros(1,k);
e_1 = zeros(1,N);
%用 LMS 算法迭代滤波
for i = k + 1:N
    XN_1 = Noisex_1(i - k + 1:i);
    y_1(i) = w_1 * XN_1;
    e_1(i) = x(i) - y_1(i);
    w_1 = w_1 + 2 * u * e_1(i) * XN_1;
    E_1(i) = e_1(i)^2;
end
y_2 = zeros(1,N);
y_2(1:k) = Noisex_2(1:k);
w_2 = zeros(1,k);
e_2 = zeros(1,N);
%用 LMS 算法迭代滤波
for i = k + 1:N
    XN_2 = Noisex_2(i - k + 1:i);
    y_2(i) = w_2 * XN_2;
    e_2(i) = x(i) - y_2(i);
    w_2 = w_2 + 2 * u * e_2(i) * XN_2;
    E_2(i) = e_2(i)^2;
end

figure(2);
subplot(3,1,1);
plot(x);
axis([0,2000, - 4,4]);
ylabel('幅度');
xlabel('时间');
title('信号 x(n)时域波形');
subplot(3,1,2);
plot(y_1);
axis([0,2000, - 5,5]);
ylabel('幅度');
xlabel('时间');
title('自适应滤波器输出信号时域波形(信噪比:3dB)');
subplot(3,1,3);
plot(y_2);
axis([0,2000, - 6,6]);
ylabel('幅度');
xlabel('时间');
title('自适应滤波器输出信号时域波形(信噪比: - 3dB)');
```

```
figure(3);
subplot(2,1,1);
plot(E_1);
title('均方误差信号(信噪比:3dB)');
subplot(2,1,2);
plot(E_2);
title('均方误差信号(信噪比:-3dB)');
```

习题

3-1　比较维纳滤波器和卡尔曼滤波器的主要异同点。

3-2　对于如图习题 3-2 所示的系统模型,假设 $h(n)$ 是因果的,用相关函数法推导出维纳滤波器的维纳-霍夫方程的离散形式,以及从该方程中解出了最佳滤波器 $h_{\mathrm{opt}}(n)$ 后的最小均方误差的最简式。

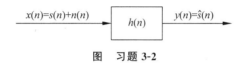

图　习题 3-2

3-3　写出卡尔曼滤波的状态方程与量测方程,并解释。画出卡尔曼滤波的信号模型。

3-4　在测试某正弦信号 $x(n)=\sin\dfrac{\pi}{4}n$ 的过程中叠加有白噪声,即测试结果为

$$y(n)=\sin\frac{\pi}{4}n+v(n)$$

设计一个长为 $N=4$ 的有限冲激响应滤波器,对 $y(n)$ 进行处理后得到 $\hat{x}(n)$,它与 $x(n)$ 的误差的均方值最小。求该滤波器的冲激响应和估计误差的均方值。

3-5　考虑如图习题 3-5 所示的自适应噪声对消系统,(1)写出性能函数的表达式;(2)确定自适应增益的范围;(3)写出这种情况下的 LMS 算法。

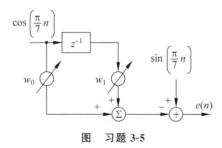

图　习题 3-5

## 第 4 章

时频分析与小波变换

前面分析中,由于时域分析的不足引入频域分析,现在由于频域分析的不足引入时频分析。短时傅里叶变换能够给出某一时刻的频率信息,但频率分辨率取决于窗函数,限制了它的应用范围,在实际应用中,经常希望对信号的低频成分分析时,具有较高的频率分辨率,对信号的高频成分分析时,时间分辨率要高一些。小波变换就是一种时间-尺度变换,能够满足这一要求。本章主要介绍时频分析的基本概念和基本理论,短时傅里叶变换,重点讨论小波变换的理论与技术。

4.1 时频分析的基本概念

傅氏谱、能量谱和功率谱都是信号变换到频域的一种表示方法,对于频谱不随时间变化的确定信号与平稳随机信号,都可以利用它们来进行分析和处理。但在处理频谱随时间变化的信号,如语音信号或非平稳随机信号时,频域表示法存在严重不足,因为它们不能描述某一特定时刻信号频谱的分布情况。针对频谱随时间变化的确定性信号和非平稳信号,近年来发展了信号的时频域表示法,它将一维时域信号或频域信号映射为时间-频域平面上的二维信号,也就是信号的时频表示法。短时傅里叶变换是最常用的一种时频分析方法,是傅里叶变换的自然推广,它通过时间窗内的一段信号来表示某一时刻的信号特性。显然,窗越宽时间分辨率越差;反之会降低频率分辨率,也就是说它不能够同时兼顾时间分辨率和频率分辨率。

1. 频域分析的不足

图 4-1(a)、(c)、(e)为三个信号时域波形图,图 4-1(b)、(d)、(f)分别为它们的频谱图。从时域上看三个信号完全不同,但是从频谱图上可以看出它们所包含的成分基本相同,分别为 10Hz、20Hz、30Hz、40Hz 的频率成分。说明频谱分析具有局限性,频谱中无时间信息。

对于一个能量有限的信号 $x(t)$,其傅里叶变换 $X(j\omega)$ 可定义为

$$X(j\omega) = \int_{-\infty}^{\infty} x(t) e^{-j\omega t} dt \tag{4-1}$$

其反变换式为

$$x(t) = \frac{1}{2\pi} \int_{-\infty}^{\infty} X(j\omega) e^{j\omega t} d\omega \tag{4-2}$$

尽管长期以来,上述变换作为信号表示的一种重要工具,在信号的分析与处理中起了重

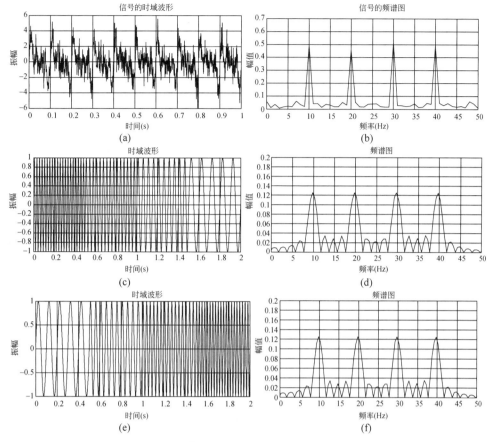

图 4-1　三个不同的信号时域波形图和频谱图

要的作用。但上述两式都是一种全局性的变换式,即每一时刻 t 的信号值 $x(t)$,由式(4-2)知,都是全部频率分量共同贡献的结果;同样由式(4-1)知,每一频率分量的信号 $X(\mathrm{j}\omega)$ 也是全部时间范围内 $x(t)$ 共同贡献的结果。就是说任一频率分量都是对信号 $x(t)$ 在整个定义区间上的积分,其无法有效地反映信号在窄区间上的突变。例如一个设备在工作过程中在 t_i、t_j 两个时刻产生异常,如图 4-2 所示,但异常的频谱相同,不知道具体哪个时刻发生。

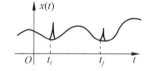

图 4-2　一个设备工作异常
时域波形图

2. 信号分辨率

(1) 时间分辨率。

对于信号 $x(t)$,其信号能量按时间的密度(分布)函数可记为 $|x(t)|^2$,在 Δt 内的部分能量可记为 $|x(t)|^2\Delta t$,而其信号总能量可以表示为

$$E = \int_{-\infty}^{\infty} |x(t)|^2 \mathrm{d}t \tag{4-3}$$

为简单计,以下均将能量归一化,即令 $E=1$。

由上述表述可以看出,由信号的时间函数表示 $x(t)$,可以确切知道每个时间点(如 $t=t_0$ 点)的能量密度,因此可以说信号的时间函数表示具有无限的时间分辨率。而由式(4-1)

得到的信号频谱 $X(j\omega)$，由于仅为频率的函数，从 $X(j\omega)$ 中不能直接得到任何信号能量随时间分布的形状，因此说，信号的频谱函数表示的时间分辨率为 0。

（2）频率分辨率。

对于频谱函数为 $X(j\omega)$ 的信号，其信号能量按频率的密度（分布）函数可记为 $|X(j\omega)|^2$，此即能量谱密度函数。在 $\Delta\omega$ 内的部分能量可记为 $|X(j\omega)|^2\Delta\omega$，而信号总能量可以表示为

$$E = \frac{1}{2\pi}\int_{-\infty}^{\infty} |X(j\omega)|^2 d\omega \tag{4-4}$$

由 $X(j\omega)$ 可以确切知道每个频率点（例如 $\omega=\omega_0$）的能量密度。因此，可以说信号的频谱函数表示具有无限的频率分辨率。显然，与上面分析类似，根据式(4-2)，$x(t)$ 仅为时间的函数，信号的时间函数表示的频率分辨率为 0。

3. 离散随机信号频域表示

离散信号的傅里叶正变换和逆变换分别用下面两式表示

$$X(e^{j\omega}) = \sum_n x(n)e^{-j\omega n} \tag{4-5}$$

$$x(n) = \frac{1}{2\pi}\int_{-\pi}^{\pi} X(e^{j\omega})e^{j\omega n} d\omega \tag{4-6}$$

$X(e^{j\omega})$ 称为信号 $x(n)$ 的频谱，也可以用下面公式表示

$$e(\omega) = |X(e^{j\omega})|^2 \tag{4-7}$$

$e(\omega)$ 称为信号 $x(n)$ 的能量谱，它仅包含信号的幅度信息。但对于能量无限信号，如周期信号、平稳随机信号等，傅里叶变换不存在，可以用功率谱密度（简称功率谱）$P(e^{j\omega})$ 表示

$$P(e^{j\omega}) = \sum_{m=-\infty}^{\infty} r_{xx}(m)e^{-j\omega m} \tag{4-8}$$

式中，$r_{xx}(m)$ 是 $x(n)$ 的自相关函数。频谱、能量谱以及功率谱都是信号变换到频域的一种表示方法，对于频谱不随时间变化的确定性信号以及平稳随机信号都可以用它们进行分析和处理。

4.2 短时傅里叶变换

针对非平稳随机信号，近年来发展了信号的时频分析方法，使用时间频率联合分析方法，形成一个二维域 (n,ω)。一般将时频分析方法分为线性和非线性两种，典型的线性分析方法有：短时傅里叶变换（Short Time Fourier Transform，STFT）、小波变换（Wavelet Transform，WT）和戈勃（Gabor）变换。

4.2.1 短时傅里叶变换的定义及其物理解释

1. 短时傅里叶变换的定义

短时傅里叶变换的定义有两种形式，下面分别叙述。

（1）定义一

$$\text{STFT}_X(n,\omega) = \sum_{m=-\infty}^{\infty} x(m)w(n-m)e^{-j\omega m} \tag{4-9}$$

式中，$w(n)$是一个窗函数，窗函数决定着 STFT 的性能，窗函数一般要选择成比 $x(n)$ 短得多的窗函数，例如在语音信号处理中，对于持续 3 秒的语音信号，如果采样频率为 10kHz，信号 $x(n)$ 是 30000 点的序列，经常利用 256 点的 Hamming 窗。其作用是取出 $x(n)$ 在 n 时刻附近的一小段信号进行傅里叶变换，当 n 变化时，窗函数随 n 移动，从而得到信号频谱随时间 n 变化的规律。此时的傅里叶变换是一个二维域(n,ω)的函数。窗函数沿时间轴移动情况如图 4-3 所示，实质上是分时间段进行傅里叶变换。

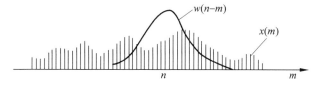

图 4-3　窗函数沿时间轴移动情况

（2）定义二

令 $n'=n-m$，将 n' 代入定义一中，再将 n' 用 m 代替，可得

$$\text{STFT}_X(n,\omega)=\sum_{m=-\infty}^{\infty}w(m)x(n-m)\text{e}^{-\text{j}\omega(n-m)}=\text{e}^{-\text{j}\omega n}\sum_{m=-\infty}^{\infty}w(m)x(n-m)\text{e}^{\text{j}\omega m}$$

(4-10)

为了解短时傅里叶变换与普通傅里叶变换的区别，下面举一个例子说明，并给出仿真图。

【例 4-1】　设信号 $x(n)$由三个不同频率的正弦所组成，即

$$x(n)=\begin{cases}\sin(\omega_1 n), & 0\leqslant n\leqslant N_1-1\\ \sin(\omega_2 n), & N_1\leqslant n\leqslant N_2-1\\ \sin(\omega_3 n), & N_2\leqslant n\leqslant N-1\end{cases}$$

式中，$N>N_2>N_1$，$\omega_3>\omega_2>\omega_1$。$\omega$ 为圆周频率，$\omega=2\pi f/f_s$，f 是信号的实际频率，f_s 为抽样频率，所以 ω 的单位为弧度，Ω 和 ω 的关系为

$$\omega=\Omega T_s=2\pi f/f_s$$

$x(n)$的波形如图 4-4(a)所示，$x(n)$的傅里叶变换的幅频特性$|X(\text{e}^{\text{j}\omega})|$，如图 4-4(b)所示。显然，$|X(\text{e}^{\text{j}\omega})|$只给出了在 ω_1，ω_2 及 ω_3 处有三个频率分量，给出了这三个频率分量的大小，但由此图看不出 $x(n)$ 在何时有频率 ω_1，何时又有 ω_2 及 ω_3，即傅里叶变换无时间定位功能。图 4-4(c)是短时傅里叶变换的联合时-频分布。该图是三维图形的二维投影，在该图中一个轴是时间，一个轴是频率。由该图可清楚地看出 $x(n)$ 的时间-频率关系。

更进一步分析一下扫频信号 $x(t)=100\sin(2\pi\cdot 500t^2)$时域频域图形，该信号又称作线性频率调制信号，其频率与时间序号 t 呈正比，在雷达领域中，该信号又称作 chirp 信号。时域波形如图 4-5(a)所示，功率谱如图 4-5(b)所示。对其用 2kHz 的采样分析频率作短时傅里叶变换。

图 4-5(c)是以瀑布图形表示的短时功率谱，清楚地显示了信号局部频率随时间线性增加的特性。

需要强调的是一般频率随时间变化的信号称为时变信号。又称这一类信号为"非平稳"信号，而把频率不随时间变化的信号称为"平稳"信号。此处的"平稳"和"不平稳"和随机信

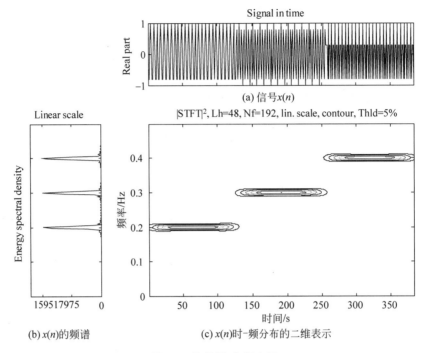

图 4-4　信号的时-频表示

号中的"平稳随机信号"及"非平稳随机信号"的意义不同。平稳随机信号是指该类信号的一阶及二阶统计特征(均值与方差)不随时间变化,其自相关函数和观察的起点无关,而非平稳信号的均值、方差及自相关函数均与时间有关,即时变的。尽管这两类说法的出发点不同,但非平稳信号的频率实质上也是时变的,因此,把频率随时间变化的信号统称为"非平稳信号"并无大碍。但要说一个信号是"平稳信号",则要具体说明所指的是频率不随时间变化的信号还是平稳随机信号。

2. 短时傅里叶变换的物理解释

从傅里叶变换和线性滤波两个角度,可以有两种不同的物理解释。

(1) 由傅里叶变换角度解释。

按照式(4-9),STFT 可以看作 n 是参变量,$x(m)w(n-m)$ 对 m 的傅里叶变换,因此它是 (n,ω) 的函数。因为 STFT 是 $x(m)$ 和 $w(n-m)$ 乘积的傅里叶变换,可以分别用 $x(m)$ 和 $w(n-m)$ 的傅里叶变换的卷积表示。设

$$X(\mathrm{e}^{\mathrm{j}\omega}) = \mathrm{FT}[x(m)], \quad W(\mathrm{e}^{\mathrm{j}\omega}) = \mathrm{FT}[w(m)]$$

所以

$$W(\mathrm{e}^{-\mathrm{j}\omega}) = \mathrm{FT}[w(-m)], \quad \mathrm{e}^{\mathrm{j}\omega n}W(\mathrm{e}^{-\mathrm{j}\omega}) = \mathrm{FT}[w(n-m)]$$

那么

$$\mathrm{STFT}_{xx}(n,\omega) = \frac{1}{2\pi}\int_{-\pi}^{\pi} W(\mathrm{e}^{-\mathrm{j}\theta})\mathrm{e}^{\mathrm{j}\theta n}X(\mathrm{e}^{\mathrm{j}(\omega-\theta)})\mathrm{d}\theta \tag{4-11}$$

如果再将 θ 改换成 $-\theta$,得到

$$\mathrm{STFT}_{xx}(n,\omega) = \frac{1}{2\pi}\int_{-\pi}^{\pi} W(\mathrm{e}^{\mathrm{j}\theta})X(\mathrm{e}^{\mathrm{j}(\omega+\theta)})\mathrm{e}^{-\mathrm{j}\theta n}\mathrm{d}\theta \tag{4-12}$$

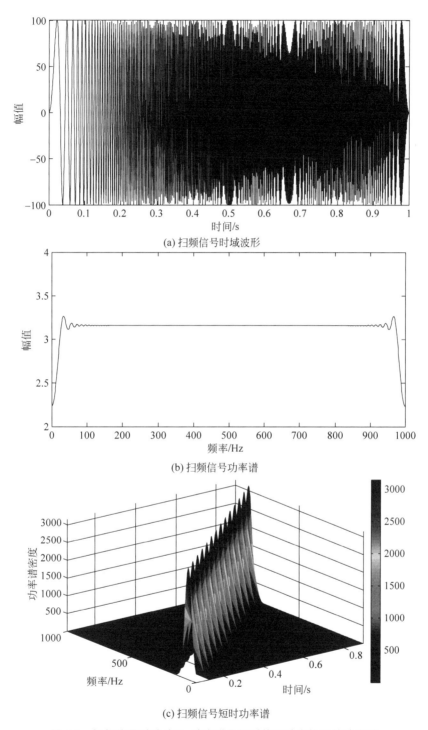

(a) 扫频信号时域波形

(b) 扫频信号功率谱

(c) 扫频信号短时功率谱

图 4-5 扫频信号时域波形、功率谱及短时傅里叶变换后的功率谱

式(4-12)是 STFT 定义的一种频域表示形式。这里如果 $x(n)$ 是时变信号,式中用了它的傅里叶变换,是不合适的,但可以理解为信号在时间窗外变为 0 以后,取信号的傅里叶变换;或者说是时间窗内的信号傅里叶变换的平滑形式。

（2）由线性滤波角度解释。

将定义一重写如下：

$$\mathrm{STFT}_X(n,\omega) = \sum_{m=-\infty}^{\infty} x(m)\mathrm{e}^{-\mathrm{j}\omega m}w(n-m) \tag{4-13}$$

其可看成 $x(n)\mathrm{e}^{-\mathrm{j}\omega n}$ 与 $w(n)$ 的线性卷积，如将 $w(n)$ 看成一个低通滤波器的单位脉冲响应，短时傅里叶变换可用图 4-6 表示。首先将信号 $x(n)$ 调制到 $-\omega$，然后通过低通滤波器 $w(n)$，其输出就是短时傅里叶变换。实质上是将 $x(n)$ 在 ω 附近的频谱搬移到零频处，作为短时傅里叶变换。为使其频率分辨率高，希望 $w(n)$ 是一个低通窄带滤波器，带外衰减越大越好。

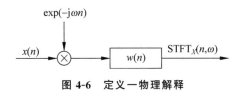

图 4-6　定义一物理解释

从图 4-7 可知，假设信号 $x(n)$ 和分析滤波器 $w(n)$ 的频谱如图 4-7(a)和图 4-7(b)所示，按照定义一物理解释，信号调制后的频谱如图 4-7(c)所示，再经分析滤波器 $w(n)$ 滤波后的频谱如图 4-7(e)的阴影部分所示。

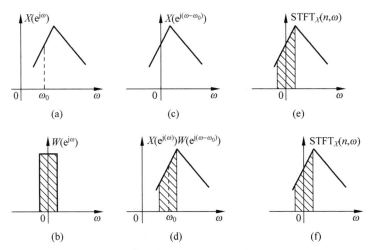

图 4-7　从线性滤波频域角度理解 STFT

定义二重写可以得到线性滤波的另一种物理解释：

$$\mathrm{STFT}_X(n,\omega) = \mathrm{e}^{-\mathrm{j}\omega n}\sum_m w(m)\mathrm{e}^{\mathrm{j}\omega m}x(n-m) \tag{4-14}$$

求和号部分可看成 $w(n)\mathrm{e}^{\mathrm{j}\omega n}$ 与 $x(n)$ 的线性卷积，式中 $w(n)$ 是低通滤波器，$w(n)\mathrm{e}^{\mathrm{j}\omega n}$ 就是以 ω 为中心的带通滤波器。按照式(4-14)，STFT 就是信号首先通过带通滤波器，选出以 ω

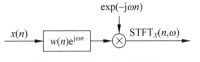

图 4-8　定义二物理解释

为中心的频谱，再乘以 $\exp(-\mathrm{j}\omega n)$，将选出的频谱搬移到零频处。定义二的物理解释，则可用图 4-8 表示。

对某一个固定频率 ω_0，STFT 可以理解为分

析滤波器 $w(n)$ 经 $e^{j\omega_0 n}$ 调制后,对信号 $x(n)$ 进行滤波,滤波输出再经 $e^{-j\omega_0 n}$ 调制后,得到 STFT,$x(n)$ 经 $w(n)e^{j\omega_0 n}$ 滤波后的频谱如图 4-7(d)所示,图 4-7(f)是输出经 $e^{-j\omega_0 n}$ 调制后的频谱,它和图 4-7(e)完全相同。

4.2.2 短时傅里叶变换的性质

短时傅里叶变换是建立在一般傅里叶变换基础上的一种变换,因此它具有许多和傅里叶变换相似的性质。

1. 线性性质

$$STFT_Z(n,\omega) = c \cdot STFT_X(n,\omega) + d \cdot STFT_Y(n,\omega) \tag{4-15}$$

2. 频移性质(调制特性)

设 $x(n) = y(n)e^{j\omega_0 n}$,则

$$STFT_X(n,\omega) = STFT_Y(n,\omega - \omega_0) \tag{4-16}$$

3. 时移特性

设 $x(n) = y(n - n_0)$,则

$$STFT_X(n,\omega) = e^{-j\omega n_0} STFT_Y(n - n_0,\omega) \tag{4-17}$$

4. 共轭对称性

当信号是实信号时,短时傅里叶变换和一般傅里叶变换一样具有共轭对称性,即

$$STFT_X(n,\omega) = STFT_X^*(n,-\omega) \tag{4-18}$$

因此,其实部是偶函数,虚部是奇函数。

5. 由短时傅里叶变换恢复信号

由定义式(4-9)得到短时傅里叶变换的反变换为

$$x(m)w(n-m) = \frac{1}{2\pi}\int_{-\pi}^{\pi} STFT_X(n,\omega)e^{j\omega m} d\omega \tag{4-19}$$

设 $n = m$,则

$$x(n) = \frac{1}{2\pi w(0)}\int_{-\pi}^{\pi} STFT_X(n,\omega)e^{j\omega m} d\omega \tag{4-20}$$

只要 $w(0) \neq 0$,可以由 $STFT_X(n,\omega)$ 准确地恢复信号 $x(n)$。

4.2.3 短时傅里叶变换的时间、频率分辨率

在信号时频分析中,希望能够同时以较高的时间分辨率和频率分辨率分析信号的时频特性。时间分辨率由时窗宽度 T_p 决定:

$$T_p = NT = N/f_{sam} \tag{4-21}$$

T_p 越小,时间分辨率越高。频率分辨率是指 DFT 分析中相邻谱线的间隔,则

$$\Delta f_c = f_{sam}/N = 1/NT = 1/T_p \tag{4-22}$$

Δf_c 越小,频率分辨率越高。STFT 实际分析的是信号的局部谱,局部谱的特性取决于该局部内的信号,也取决于窗函数的形状和长度。为了解窗函数的影响,假设窗函数取两种极端情况。

第一种极端情况是取 $w(n) = 1, -\infty < n < \infty$,此时

$$\text{STFT}_X(n,\omega) = \sum_{m=-\infty}^{\infty} x(m) \mathrm{e}^{-\mathrm{j}\omega m} = \text{FT}[x(n)] \qquad (4\text{-}23)$$

这种情况下,STFT 退化为信号的傅里叶变换,没有任何时间分辨率,却有最好的频域分辨率。

第二种极端情况是取 $w(n) = \delta(n)$,根据公式 $\text{STFT}_X(n,\omega) = \sum\limits_{m=-\infty}^{\infty} x(m) \mathrm{e}^{-\mathrm{j}\omega m} w(n-m)$,此时

$$\text{STFT}_x(n,\omega) = x(n)\mathrm{e}^{-\mathrm{j}\omega n} \qquad (4\text{-}24)$$

STFT 退化为信号,有理想的时间分辨率,但不提供任何频率分辨率。

短时傅里叶变换由于使用了一个可移动的时间窗函数,使其具有一定的时间分辨率。显然,短时傅里叶变换的时间分辨率取决于窗函数 $w(n)$ 的长度。为了提高信号的时间分辨率,希望 $w(n)$ 的长度越短越好。当序列数据量少时,用 FFT 进行谱估计,必然存在频率分辨率低和泄漏等问题。但频域分辨率取决于 $w(n)$ 窗函数的频域函数宽度,也就是低通滤波器 $w(n)$ 的带宽或者说带通滤波器 $w(n)\mathrm{e}^{\mathrm{j}\omega n}$ 的带宽,为了提高频域分辨率,希望尽量加宽 $w(n)$ 窗口宽度,这样必然又会降低时域分辨率。

因此,STFT 的时间分辨率和频率分辨率不能同时任意提高。这种时域分辨率和频域分辨率相互制约的性质,也正反映了已为理论所证明了的"**不确定原理**",不确定原理是信号处理中的一个重要的基本定理,又称**海森堡(Heisenberg)测不准原理**。该定理指出,对给定的信号,其时宽与带宽的乘积为一常数。当信号的时宽减小时,其带宽将相应增大,当时宽减到无穷小时,带宽将变成无穷大,如时域的 δ 函数;反之亦然,如时域的正弦信号。这就是说,信号的时宽与带宽不可能同时趋于无限小,这一基本关系即是我们在前面讨论过的时间分辨率和频率分辨率的制约关系。在这一基本关系的制约下,人们在竭力探索既能得到好的时间分辨率(或窄的时宽)又能得到好的频率分辨率(或窄的带宽)的信号分析方法。**定理内容如下:**

给定信号 $x(t)$,若 $\lim\limits_{t\to\infty}\sqrt{t}\,x(t)=0$,则

$$\Delta t \Delta \Omega \geqslant \frac{1}{2} \qquad (4\text{-}25)$$

或

$$\Delta t \Delta f \geqslant \frac{1}{4\pi} \qquad (4\text{-}26)$$

式中 Δt 表示信号有效持续时间,Δf 表示信号的有效带宽。

公式说明,对于窗函数,它的时间宽度和在频率域的宽度不能同时任意小,也就是说,频域分辨率和时域分辨率不能同时任意小。但可以选择合适的窗函数,使 Δt 和 Δf 都比较小,其乘积接近于 $\frac{1}{4\pi}$。窗函数的形式有很多,可以证明从有效时宽和有效频宽乘积为最小的意义上讲,高斯波形信号是最好的,但是它在时间轴和频率轴上是无限扩张的,因此它并不是一种最好的波形。我们知道,不可能存在既是带限又是时限的信号波形,实际应用根据具体情况选择。

为了缓和这一矛盾,可将现代谱分析方法中的最大熵谱估计算法取代 FFT 进行谱估,

已经证明,最大熵谱与自回归模型 AR 谱是等价的。通过分段时序建模得到短时 AR 谱,其估计精度比傅里叶谱高,并具有谱图光滑、谱峰尖锐等优点,不存在加窗处理等问题,特别适用于短序列分析。目前 AR 模型的参数估计算法已经非常成熟,求得时间 t 处短序列的 AR 模型参数后,可以直接计算整体信号 $x(t)$ 在该处的"局部"AR 谱,从而得到短时 AR 谱估计。

4.2.4　短时傅里叶变换的计算

离散短时傅里叶变换 $\mathrm{STFT}_x(n,\omega)$ 可以在等频率间隔取样点 $\omega_r=2\pi r/N(r=0,1,\cdots,N-1)$ 上用 FFT 算法进行计算。令 $\mathrm{STFT}_x(n,\omega_r)=\mathrm{STFT}_x(n,r)$,则由式(4-9)可得

$$\mathrm{STFT}_x(n,r)=\sum_{m=-\infty}^{\infty}x(m)w(n-m)\mathrm{e}^{-\mathrm{j}\frac{2\pi}{N}rm} \tag{4-27}$$

在式(4-27)中令 $m=l+n,l=k+sN,k=0,1,\cdots,N-1$,则式(4-27)可变为

$$\mathrm{STFT}_x(n,r)=\mathrm{e}^{-\mathrm{j}\frac{2\pi}{N}rn}\sum_{l=-\infty}^{\infty}x(l+n)w(-l)\mathrm{e}^{-\mathrm{j}\frac{2\pi}{N}rl}$$
$$=\mathrm{e}^{-\mathrm{j}\frac{2\pi}{N}rn}\sum_{k=0}^{N-1}x_w(k,n)\mathrm{e}^{-\mathrm{j}\frac{2\pi}{N}rk} \tag{4-28}$$

式中,

$$x_w(k,n)=\sum_{s=-\infty}^{\infty}x(n+k+sN)w(-k-sN),\quad k=0,1,\cdots,N-1 \tag{4-29}$$

由式(4-28)可知,对于每一固定的 n,$\mathrm{STFT}_x(n,r)$ 可以由 $x_w(k,n)$ 的 N 点离散傅里叶变换而求得。而按式(4-29),$x_w(k,n)$ 为 $x(n)$ 在窗内部分的分段叠加结果。用 FFT 计算 STFT 示意图[其中窗函数为 $w(n)$]用图 4-9 表示,FFT 计算图解过程用图 4-10 表示。

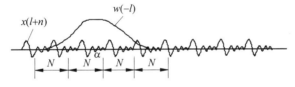

图 4-9　用 FFT 计算 STFT 示意图

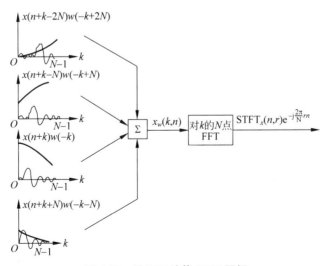

图 4-10　用 FFT 计算 STFT 图解

4.2.5 从傅里叶变换到小波变换过程

对于信号 $x(t)$,如果想要了解该信号的频率成分,则可通过傅里叶变换来实现,傅里叶变换公式已由式(4-1)和式(4-2)给出。如果我们想知道在某一个特定时间,如 t_0 所对应的频率是多少,或对某一个特定的频率,如 Ω_0 所对应的时间是多少,那么傅里叶变化则无能为力。

我们知道"分辨率"包含了信号的时域和频域两方面,它是指对信号所能作出辨别的时域或频域的最小间隔。对在时域具有瞬变的信号,我们希望时域的分辨率要好(即时域的观察间隔尽量短),以保证能观察到该瞬变信号发生的时刻及瞬变的形态。对在频域具有两个(或多个)靠得很近的谱峰的信号,我们希望频域的分辨率要好(即频域的观察间隔尽量短,短到小于两个谱峰的距离),以保证能观察这两个或多个谱峰。式(4-1)的傅里叶变换可以写成如下的内积形式:

$$X(\mathrm{j}\Omega) = \frac{1}{2\pi} <x(t), \mathrm{e}^{\mathrm{j}\Omega t}> \tag{4-30}$$

式中,$<x,y>$ 表示信号 x 和 y 的内积。若 x,y 都是连续的,则

$$<x,y> = \int x(t) y^*(t) \mathrm{d}t \tag{4-31}$$

若 x、y 均是离散的,则

$$<x,y> = \sum_n x(n) y^*(n) \tag{4-32}$$

注意,x、y 都是复信号。式(4-30)说明信号 $x(t)$ 的傅里叶变换等效于 $x(t)$ 和基函数 $\mathrm{e}^{\mathrm{j}\Omega t}$ 作内积,由于 $\mathrm{e}^{\mathrm{j}\Omega t}$ 对不同的 Ω 构成一族正交基,即

$$<\mathrm{e}^{\mathrm{j}\Omega_1 t}, \mathrm{e}^{\mathrm{j}\Omega_2 t}> = \int \mathrm{e}^{\mathrm{j}(\Omega_1-\Omega_2)t} \mathrm{d}t = 2\pi\delta(\Omega_1-\Omega_2) \tag{4-33}$$

$X(\mathrm{j}\Omega)$ 等于 $x(t)$ 在这一族基函数上的正交投影,即精确地反映了在该频率处的成分大小。基函数 $\mathrm{e}^{\mathrm{j}\Omega t}$ 在频域是位于 Ω 处的 δ 函数,因此,当用傅里叶变换来分析信号的频域行为时,它具有最好的频率分辨率。但是 $\mathrm{e}^{\mathrm{j}\Omega t}$ 在时域对应的是正弦函数 $\mathrm{e}^{\mathrm{j}\Omega t} = \cos\Omega t + \mathrm{j}\sin\Omega t$,因此其在时域的持续时间是 $-\infty \sim \infty$,因此,在时域有着最坏的分辨率。

我们知道,一个宽度为无穷的矩形窗(即直流信号)的傅里叶变换为一 δ 函数,反之亦然。当矩形窗为有限宽时,其傅里叶变换为一 sinc 函数,即

$$X(\mathrm{j}\omega) = A\tau \mathrm{Sa}\left(\frac{\omega\tau}{2}\right) \tag{4-34}$$

式中,A 是窗函数的高度,τ 是其宽度。$x(t)$ 和其频谱如图 4-11(a)和(b)所示。

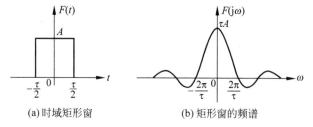

(a)时域矩形窗   (b)矩形窗的频谱

图 4-11　矩形窗及其频谱

　　显然,矩形窗的宽度 τ 和其频谱主瓣的宽度成反比。由于矩形窗在信号处理中起到了对信号截短的作用,因此,若信号在时域截取得越短,即保持在时域有高的分辨率,那么由于 $X(j\Omega)$ 的主瓣变宽,在频域的分辨率必然会下降。所有这些都体现了傅里叶变换中在时域和频域分辨率方面所固有的矛盾。

　　如果我们用基函数

$$g_{t,\Omega}(\tau) = g(t-\tau)e^{j\Omega\tau} \tag{4-35}$$

来代替傅里叶变换中的基函数 $e^{j\Omega t}$,则

$$\begin{aligned} <x(\tau),g_{t,\Omega}(\tau)> &= <x(\tau),g(t-\tau)e^{j\Omega\tau}> \\ &= \int x(\tau)g^*(t-\tau)e^{-j\Omega\tau}d\tau = \text{STFT}_x(t,\Omega) \end{aligned} \tag{4-36}$$

该式就是我们前面讨论的短时傅里叶变换。式中 $g(\tau)$ 是一窗函数。式(4-36)的意义实际上是用 $g(\tau)$ 沿着 t 轴滑动,因此可以不断地截取一段一段的信号,然后对其作傅里叶变换,故得到的是 (t,Ω) 的二维函数。$g(\tau)$ 的作用是保持在时域为有限长,其宽度越小,则时域分辨率越好。在频域,由于 $e^{j\Omega t}$ 为一个 δ 函数,因此仍可保持较好的频域分辨率。比较式(4-36)和式(4-30)可以看出,使用不同的基函数可得到不同的分辨率效果。

　　总之,对给定的信号 $x(t)$,人们希望能找到一个二维函数 $W_x(t,\Omega)$,它应是我们最关心的两个物理量 t 和 Ω 的联合分布函数,它可反映 $x(t)$ 的能量随时间 t 和频率 Ω 变化的形态,同时,又希望 $W_x(t,\Omega)$ 既具有好的时间分辨率,又具有好的频率分辨率。

　　Gabor 在 1946 年提出应用时间和频率这两个坐标同时来表示一个信号,即 Gabor 展开:

$$x(t) = \sum_m \sum_n C_{m,n} g_{m,n}(t) = \sum_{m=-\infty}^{\infty} \sum_{n=-\infty}^{\infty} C_{m,n} g(t-mT)e^{jn\Omega t} \tag{4-37}$$

式中,$g(t)$ 是窗函数,$C_{m,n}$ 是展开系数,m 代表时域序号,n 代表频域序号。早在 1932 年 Wigner 在量子力学的研究中提出了 Wigner 分布的概念,到了 1948 年 Ville 将这一概念引入信号处理领域,于是得到了著名的 Wigner-Ville 时-频分布,即

$$W_x(t,\Omega) = \int x\left(t+\frac{\tau}{2}\right)x^*\left(t-\frac{\tau}{2}\right)e^{-j\Omega\tau}d\tau \tag{4-38}$$

由于在积分中 $x(t)$ 出现了两次,所以又称该式为双线性时-频分布,其结果 $W_x(t,\Omega)$ 是 t,Ω 的二维函数,它有着一系列好的性质,因此是应用比较广泛的一种信号时-频分析方法。

　　在 20 世纪 80 年代后期及 90 年代初期所发展起来的小波变换理论已形成了信号分析和信号处理的又一强大的工具,小波分析可看作信号时-频分析的又一种形式。对给定的信号 $x(t)$,我们希望找到一个基本函数 $\psi(t)$,并定义 $\psi(t)$ 的伸缩与位移

$$\psi_{a,b}(t) = \frac{1}{\sqrt{a}}\psi\left(\frac{t-b}{a}\right) \tag{4-39}$$

为一族函数,$x(t)$ 和这一族函数的内积即定义为 $x(t)$ 的小波变换:

$$\text{WT}_x(a,b) = \int x(t)\psi_{a,b}^*(t)dt = <x(t),\psi_{a,b}(t)> \tag{4-40}$$

式中,a 是尺度定标常数,b 是位移,$\psi(t)$ 又称为基本小波或母小波。

　　由傅里叶变换的性质可知,若 $\psi(t)$ 的傅里叶变换是 $\Psi(j\Omega)$,则 $\psi\left(\dfrac{t}{a}\right)$ 的傅里叶变换是

$a\Psi(ja\Omega)$。若 $a>1$，$\psi\left(\dfrac{t}{a}\right)$ 表示将 $\psi(t)$ 在时间轴上展宽；若 $a<1$，$\psi\left(\dfrac{t}{a}\right)$ 表示将 $\psi(t)$ 在时间轴上压缩。a 对 $\Psi(j\Omega)$ 的改变，即 $\Psi(ja\Omega)$ 与 a 对 $\psi(t)$ 的改变情况正好相反。我们若把 $\psi(t)$ 看成一窗函数，$\psi\left(\dfrac{t}{a}\right)$ 的宽度将随着 a 的不同而不同，这也同时影响到频域，即 $\Psi(a\Omega)$，由此我们可得到不同的时域分辨率和频域分辨率。由后面的讨论可知，a 小，对应分析信号的高频部分；a 大，对应分析信号的低频部分。参数 b 是沿着时间轴的位移，所得结果 $WT_x(a,b)$ 是信号 $x(t)$ 的"尺度-位移"联合分析，它也是时-频分布的一种，小波的理论内容非常丰富，我们稍后详细讨论。

图 4-12 给出了四种表达分析的分辨率特性的图解。图 4-12(a) 为信号时域表达的时频分辨率，它只有时间上的分辨率而没有频率分辨率；图 4-12(b) 为信号频域表达的时频分辨率，它只有频率上的分辨率而没有时间分辨率；图 4-12(c) 为信号 STFT 表达的时频分辨率，时间窗口不变，不同的时刻和不同的频率上都采用相同的分辨率；图 4-12(d) 为信号 DWT 表达的时频分辨率，小波变换是对不同的频率分量采取不同的分析精度，随着频率增加时间窗口变窄，在分析低频成分时采用长的时间窗和短的频率窗，而分析高频成分时则采用短的时间窗和长的频率窗。

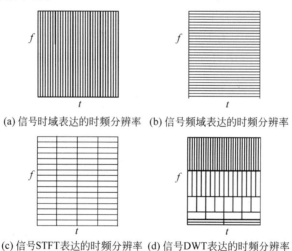

(a) 信号时域表达的时频分辨率　(b) 信号频域表达的时频分辨率

(c) 信号STFT表达的时频分辨率　(d) 信号DWT表达的时频分辨率

图 4-12　四种表达分析的分辨率特性的图解

4.3　连续小波变换

1981 年，法国地质物理学家 Morlet 在分析地质数据时基于群论首先提出了小波分析（Wavelet Analysis）这一概念。小波分析是傅里叶分析的新发展，它既保留了傅里叶变换的优点，又弥补了在信号分析上的一些不足。小波理论发展至今，在理论研究和工程应用上均取得了巨大进展。与傅里叶变换相比，小波变换是时间（空间）频率的局部化分析，它通过伸缩平移运算对信号（函数）逐步进行多尺度细化，不同频率信号的小波分析如图 4-13 所示，最终达到高频处时间细分，低频处频率细分，能自动适应时频信号分析的要求，从而可聚焦到信号的任意细节，解决了傅里叶变换存在的难题，成为继傅里叶变换以来在科学方法上的重大突破。有人把小波变换称为"数学显微镜"。

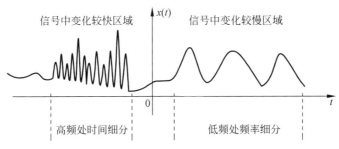

图 4-13 不同频率信号的小波分析

实际中信号的规律是:对信号的低频分量(波形较宽)必须用较长的时间段才能得到完整的信息;而对信号的高频分量(波形较窄)必须用较短的时间段以得到较好的精度。由此分析可知,更合适的做法是"放大镜"的长、宽是可以变化的,它在时域平面的分布应如图 4-13 所示,引进了小波变换的概念后,就可以达到上述目的。

小波可以简单地描述为一种函数,这种函数在有限时间范围内变化,并且平均值为 0。这种定性的描述意味着小波具有两种性质:具有有限的持续时间和突变的频率和振幅;在有限时间范围内平均值为 0。图 4-14 为满足这两种性质的三种典型小波信号。

(a) Harr Wavelet   (b) Mexican Hat Wavelet   (c) Morlet Wavelet

图 4-14 三种典型小波信号

4.3.1 连续小波变换定义

给定一个基本函数 $\psi(t)$,令

$$\psi_{a,b}(t) = \frac{1}{\sqrt{a}}\psi\left(\frac{t-b}{a}\right) \tag{4-41}$$

式中,a、b 均为常数,且 $a>0$。显然,$\psi_{a,b}(t)$ 是基本函数 $\psi(t)$ 先作移位再作伸缩以后得到的。若 a、b 不断地变化,我们可得到一族函数 $\psi_{a,b}(t)$。给定平方可积的信号 $x(t)$,即 $x(t)\in L^2(R)$,表示平方可积实数空间,则 $x(t)$ 的小波变换(Wavelet Transform,WT)定义为

$$\mathrm{WT}_x(a,b) = \langle x(t),\psi_{a,b}(t)\rangle = \int x(t)\psi_{a,b}^*(t)\mathrm{d}t = \frac{1}{\sqrt{a}}\int x(t)\psi^*\left(\frac{t-b}{a}\right)\mathrm{d}t \tag{4-42}$$

式中,a、b 和 t 均是连续变量,因此该式又称为连续小波变换(Continuous Wavelet Transform,CWT)。如无特别说明,式(4-42)及以后各式中的积分都是从 $-\infty$ 到 ∞。信号 $x(t)$ 的小波变换 $\mathrm{WT}_x(a,b)$ 是 a 和 b 的函数,b 是时移,a 是尺度因子。$\psi(t)$ 又称为基本小波,或母小波。$\psi_{a,b}(t)$ 是母小波经移位和伸缩所产生的一族函数,我们称之为小波基函数,或简称小波基。这样,式(4-42)的 WT 又可解释为信号 $x(t)$ 和一族小波基的内积。

母小波可以是实函数,也可以是复函数。若 $x(t)$ 是实信号,$\psi(t)$ 也是实的,则 $\mathrm{WT}_x(a,b)$ 也是实的,反之,$\mathrm{WT}_x(a,b)$ 为复函数。在式(4-42)中,b 的作用是对 $x(t)$ 进行分析的时

间位置,即时间中心。尺度因子 a 的作用是把基本小波 $\psi(t)$ 作伸缩。由 $\psi(t)$ 变成 $\psi\left(\dfrac{t}{a}\right)$,当 $a>1$ 时,a 越大,则 $\psi\left(\dfrac{t}{a}\right)$ 的时域支撑范围(即时域宽度)较之 $\psi(t)$ 变得越大,反之,当 $a<1$ 时,a 越小,则 $\psi\left(\dfrac{t}{a}\right)$ 的宽度越窄。这样,a 和 b 联合起来确定了对 $x(t)$ 分析的中心位置及时间宽度,如图 4-15 所示。

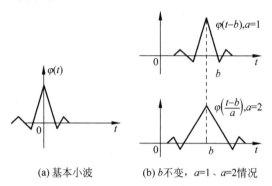

(a) 基本小波　　　　(b) b 不变, $a=1$、$a=2$ 情况

图 4-15　基本小波的伸缩及参数 a 和 b 对分析范围的控制

这样,式(4-42)的 WT 可理解为用一族分析宽度不断变化的基函数对 $x(t)$ 作分析,由后面的讨论可知,这一变化正好适应了我们对信号分析时在不同频率范围所需要不同的分辨率这一基本要求。

式(4-41)中的因子 $\dfrac{1}{\sqrt{a}}$ 是为了保证在不同的尺度 a 时,$\psi_{a,b}(t)$ 始终能和母函数 $\psi(t)$ 有着相同的能量,即

$$\int |\psi_{a,b}(t)|^2 dt = \frac{1}{a}\int \left|\psi\left(\frac{t-b}{a}\right)\right|^2 dt$$

令 $\dfrac{t-b}{a}=t'$,则 $dt=a\,dt'$,再将 t' 换成 t,这样上式的积分等于 $\int |\psi(t)|^2 dt$,证明了式(4-41)的正确性。

令 $x(t)$ 的傅里叶变换为 $X(\Omega)$,$\psi(t)$ 的傅里叶变换为 $\Psi(\Omega)$,由傅里叶变换的性质,$\psi_{a,b}(t)$ 的傅里叶变换为

$$\psi_{a,b}(t)=\frac{1}{\sqrt{a}}\psi\left(\frac{t-b}{a}\right)\quad\Leftrightarrow\quad \Psi_{a,b}(\Omega)=\sqrt{a}\,\Psi(a\Omega)e^{-j\Omega b} \tag{4-43}$$

由 Parseval 定理,式(4-42)可重新表示为

$$\mathrm{WT}_x(a,b)=\frac{1}{2\pi}<X(\Omega),\Psi_{a,b}(\Omega)>=\frac{\sqrt{a}}{2\pi}\int_{-\infty}^{\infty}X(\Omega)\Psi^*(a\Omega)e^{j\Omega b}d\Omega \tag{4-44}$$

此式即为小波变换的频域表达式。

之所以命名为小波变换,主要是基于以下两方面的原因:其一,小波的"小"是指它的基函数的支撑区域是有限的,"波"是指基函数是振荡的;母小波则是指所有在变换中用到的窗函数都是由它推导而来,或者说母小波是其他窗函数的原型。其二,变换的概念与短时傅里叶变换是一样的,但是并不像在 STFT 中得到关于信号的频率参数,而是得到尺度参数,

它被定义为频率的倒数。

4.3.2 连续小波变换性质

连续小波变换除了具有可变的时频窗以外,与傅里叶变换一样,它还具有很多其他的性质。

(1) 线性性质。

令 $x_1(t)$、$x_2(t)$ 的 CWT 分别是 $\mathrm{WT}_{x1}(a,b)$、$\mathrm{WT}_{x2}(a,b)$,如果 $x(t)=k_1 x_1(t)+k_2 x_2(t)$,则

$$\mathrm{WT}_x(a,b)=k_1\mathrm{WT}_{x1}(a,b)+k_2\mathrm{WT}_{x2}(a,b) \tag{4-45}$$

(2) 平移不变性质。

若 $x(t)$ 的 CWT 是 $\mathrm{WT}_x(a,b)$,那么 $x(t-\tau)$ 的 CWT 是 $\mathrm{WT}_x(a,b-\tau)$。记 $y(t)=x(t-\tau)$,则

$$\mathrm{WT}_y(a,b)=\mathrm{WT}_x(a,b-\tau) \tag{4-46}$$

该性质表明,延时后的信号 $x(t-\tau)$ 的小波变换系数可由原信号 $x(t)$ 的小波系数在 b 轴上进行同样的时移得到。

(3) 尺度变换性质。

如果 $x(t)$ 的 CWT 是 $\mathrm{WT}_x(a,b)$,令 $y(t)=x(\lambda t)$,则

$$\mathrm{WT}_y(a,b)=\frac{1}{\sqrt{\lambda}}\mathrm{WT}_x(\lambda a,\lambda b) \tag{4-47}$$

(4) 微分性质。

如果 $x(t)$ 的 CWT 是 $\mathrm{WT}_x(a,b)$,令 $y(t)=\dfrac{\mathrm{d}x(t)}{\mathrm{d}t}=x'(t)$,则

$$\mathrm{WT}_y(a,b)=\frac{\partial}{\partial b}\mathrm{WT}_x(a,b)$$

(5) 两个信号卷积的 CWT。

令 $x(t)$、$h(t)$ 的 CWT 分别是 $\mathrm{WT}_x(a,b)$ 及 $\mathrm{WT}_h(a,b)$,并令 $y(t)=x(t)*h(t)$,则

$$\mathrm{WT}_y(a,b)=x(t)\overset{b}{*}\mathrm{WT}_h(a,b)$$
$$=h(t)\overset{b}{*}\mathrm{WT}_x(a,b)$$

式中,符号 $\overset{b}{*}$ 表示对变量 b 作卷积。

(6) 小波变换的内积定理。

设 $x_1(t)$、$x_2(t)$ 和 $\psi(t)\in L^2(R)$,$x_1(t)$、$x_2(t)$ 的小波变换分别是 $\mathrm{WT}_{x_1}(a,b)$ 和 $\mathrm{WT}_{x_2}(a,b)$,则

$$\int_0^\infty\int_{-\infty}^\infty \mathrm{WT}_{x_1}(a,b)\mathrm{WT}_{x_2}^*(a,b)\frac{\mathrm{d}a}{a^2}\mathrm{d}b=C_\psi\langle x_1(t),x_2(t)\rangle \tag{4-48}$$

式中,

$$C_\psi=\int_0^\infty\frac{|\Psi(\Omega)|^2}{\Omega}\mathrm{d}\Omega \tag{4-49}$$

$\Psi(\Omega)$ 为 $\psi(t)$ 的傅里叶变换。式(4-48)实际上可看作小波变换的 Parseval 定理。式(4-48)又可写成更简单的形式,即

$$\langle \mathrm{WT}_{x_1}(a,b), \mathrm{WT}_{x_2}(a,b) \rangle = c_\psi \langle x_1(t), x_2(t) \rangle \qquad (4\text{-}50)$$

进一步,如果令 $x_1(t) = x_2(t) = x(t)$,由式(4-48),有

$$\int_{-\infty}^{\infty} |x(t)|^2 \mathrm{d}t = \frac{1}{c_\psi} \int_0^{\infty} \int_{-\infty}^{\infty} a^{-2} |\mathrm{WT}_x(a,b)|^2 \mathrm{d}a\,\mathrm{d}b \qquad (4\text{-}51)$$

式(4-51)更清楚地说明,小波变换的幅平方在尺度-位移平面上的加权积分等于信号在时域的总能量,因此,小波变换的幅平方可看作信号能量时-频分布的一种表示形式。

在式(4-48)和式(4-51)中对 a 的积分是从 $0\sim\infty$,这是因为我们假定 a 总为正值。这两个式子中出现的 a^{-2} 是由于定义小波变换时在分母中出现了 $1/\sqrt{a}$,而式中又要对 a 作积分所引入的。读者都熟知傅里叶变换中的 Parseval 定理,即时域中的能量等于频域中的能量。但小波变换的 Parseval 定理稍为复杂,它不但要有常数加权,而且以 c_ψ 的存在为条件。

4.3.3 连续小波反变换及小波容许条件

下述定理给出了连续小波反变换的公式及反变换存在的条件。

设 $x(t), \psi(t) \in L^2(R)$,记 $\Psi(\Omega)$ 为 $\psi(t)$ 的傅里叶变换,若

$$c_\psi \overset{\Delta}{=} \int_0^{\infty} \frac{|\Psi(\Omega)|^2}{\Omega} \mathrm{d}\Omega < \infty \qquad (4\text{-}52)$$

则 $x(t)$ 可由其小波变换 $\mathrm{WT}_x(a,b)$ 来恢复,即

$$x(t) = \frac{1}{c_\psi} \int_0^{\infty} a^{-2} \int_{-\infty}^{\infty} \mathrm{WT}_x(a,b) \psi_{a,b}(t) \mathrm{d}a\,\mathrm{d}b \qquad (4\text{-}53)$$

内积定理和式(4-53),结论的成立都是以 $c_\psi < \infty$ 为前提条件的。式(4-52)又称为容许条件(Admissibility Condition)。该容许条件含有多层的意思:

(1) 并不是时域的任一函数 $\psi(t) \in L^2(R)$ 都可以充当小波,其可以作为小波的必要条件;

(2) 由式(4-52)可知,若 $c_\psi < \infty$,则必有 $\Psi(0) = 0$,否则 c_ψ 必趋于 ∞。这等效地告诉我们,小波函数 $\psi(t)$ 必然是带通函数;

(3) 由于 $\Psi(\Omega)|_{\Omega=0} = 0$,因此必有

$$\int \psi(t)\mathrm{d}t = 0 \qquad (4\text{-}54)$$

这一结论指出,$\psi(t)$ 的取值必然是有正有负,也即它是振荡的。

以上三条给我们勾画出了作为小波的函数所应具有的大致特征,即 $\psi(t)$ 是一个带通函数,它的时域波形应是振荡的。此外,从时-频定位的角度,我们总希望 $\psi(t)$ 是有限支撑的,因此它应是快速衰减的。这样,时域有限长且是振荡的这一类函数即是被称作小波的原因。

4.3.4 典型小波函数

1. Haar 小波

Haar 小波来自数学家 Haar 于 1910 年提出的 Haar 正交函数集,其定义是:

$$\psi(t) = \begin{cases} 1 & 0 \leqslant t < 1/2 \\ -1 & 1/2 \leqslant t < 1 \\ 0 & \text{其他} \end{cases} \qquad (4\text{-}55)$$

其波形如图 4-16(a)所示。$\psi(t)$ 的傅里叶变换为

$$\Psi(\Omega) = j \frac{4}{\Omega} \sin^2\left(\frac{\Omega}{a}\right) e^{-j\Omega/2} \qquad (4\text{-}56)$$

Haar 小波有很多好的优点,如:

(1) Haar 小波在时域是紧支撑的,即其非 0 区间为 $(0,1)$。

(2) 若取 $a = 2^j, j \in \mathbf{Z}^+, b \in \mathbf{Z}$,那么 Haar 小波不但在其整数位移处是正交的,即 $\langle \psi(t), \psi(t-k) \rangle = 0$,而且在 j 取不同值时也是两两正交的,即 $\langle \psi(t), \psi(2^{-j}t) \rangle = 0$,如图 4-16(b)和(c)所示。所以 Haar 小波属正交小波。

(3) Haar 小波是对称的。我们知道,系统的单位抽样响应若具有对称性,则该系统具有线性相位,这对于去除相位失真是非常有利的。Haar 小波是目前唯一一个既具有对称性又是有限支撑的正交小波。

(4) Haar 小波仅取 $+1$ 和 -1,因此计算简单。但 Haar 小波是不连续小波,由于 $\int t\psi(t)\mathrm{d}t \neq 0$,因此 $\Psi(\Omega)$ 在 $\Omega = 0$ 处只有一阶零点,这就使得 Haar 小波在实际的信号分析与处理中受到了限制。但由于 Haar 小波有上述的多个优点,因此在教材与论文中常被用作范例来讨论。

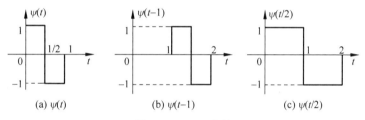

图 4-16　Haar 小波

2. Morlet 小波

Morlet 小波定义为

$$\psi(t) = e^{-t^2/2} e^{j\Omega t} \qquad (4\text{-}57)$$

其傅里叶变换

$$\Psi(\Omega) = \sqrt{2\pi}\, e^{-(\Omega - \Omega_0)^2/2} \qquad (4\text{-}58)$$

它是一个具有高斯包络的单频率复正弦函数。考虑到待分析的信号一般是实信号,所以在 MATLAB 中将式(4-57)改造为

$$\psi(t) = e^{-t^2/2} \cos\Omega_0 t \qquad (4\text{-}59)$$

并取 $\Omega_0 = 5$。该小波不是紧支撑的,理论上讲 t 可取 $-\infty \sim \infty$。但是当 $\Omega_0 = 5$,或再取更大的值时,$\psi(t)$ 和 $\Psi(\Omega)$ 在时域和频域都具有很好的集中,如图 4-17 所示。

Morlet 小波不是正交的,也不是双正交的,可用于连续小波变换。但该小波是对称的,是应用较为广泛的一种小波。

3. Mexican hat 小波

该小波的中文名字为"墨西哥草帽"小波,又称 Marr 小波。它定义为

$$\psi(t) = c(1 - t^2) e^{-t^2/2} \qquad (4\text{-}60)$$

式中,$c = \frac{2}{\sqrt{3}} \pi^{1/4}$,其傅里叶变换为

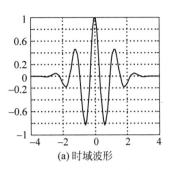 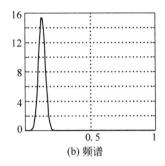

(a) 时域波形　　　　　　(b) 频谱

图 4-17　Morlet 小波

$$\Psi(\Omega) = \sqrt{2\pi}\,c\Omega^2 e^{-\Omega^2/2} \tag{4-61}$$

该小波是由一高斯函数的二阶导数所得到的,它沿着中心轴旋转一周所得到的三维图形犹如一顶草帽,故由此而得名。其波形和其频谱如图 4-18 所示。

该小波不是紧支撑的,不是正交的,也不是双正交的,但它是对称的,可用于连续小波变换。由于该小波在 $\Omega = 0$ 处有二阶零点,因此它满足容许条件,且该小波比较接近人眼视觉的空间响应特征,因此它在 1983 年即被用于计算机视觉中的图像边缘检测。

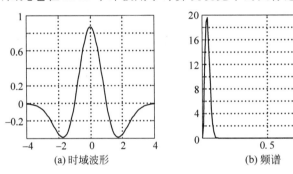

(a) 时域波形　　　　　　(b) 频谱

图 4-18　墨西哥草帽小波

4. Gaussian 小波

高斯小波是由一基本高斯函数分别求导而得到的,定义为

$$\psi(t) = c\,\frac{\mathrm{d}^k}{\mathrm{d}t^k}e^{-t^2/2}, \quad k = 1, 2, \cdots, 8 \tag{4-62}$$

式中,定标常数是保证 $\|\psi(t)\|_2 = 1$。

该小波不是正交的,也不是双正交的,也不是紧支撑的。当 k 取偶数时,$\psi(t)$ 正对称;当 k 取奇数时,$\psi(t)$ 反对称。图 4-19 给出了 $k = 4$ 时的 $\psi(t)$ 的时域波形及对应的频谱。

4.3.5　连续小波变换的计算

在式(4-42)关于小波变换的定义中,变量 t、a 和 b 都是连续的,当我们在计算机上实现一个信号的小波变换时,t、a 和 b 均应离散化。对 a 离散化最常用的方法是取 $a = a_0^j$,$j \in \mathbf{Z}$,并取 $a_0 = 2$,这样 $a = 2^j$。对于 a 按 2 的整次幂取值所得到的小波习惯上称之为"二进(dyadic)"小波。对这一类小波的小波变换,我们可用 4.4 节离散小波变换的方法来实现。然而取 $a = 2^j$,$j \in \mathbf{Z}$,在实际工作中有时显得尺度跳跃太大。当希望 a 任意取值($a > 0$),也即在 $a > 0$ 的范围内任意取值时,这时的小波变换即是连续小波变换。

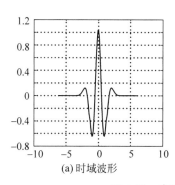 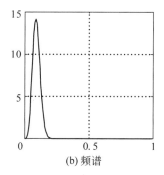

(a) 时域波形　　　　　　(b) 频谱

图 4-19　高斯小波($k=4$)

计算式(4-42)最简单的方法是用数值积分的方法,即,令

$$\mathrm{WT}_x(a,b)=\frac{1}{\sqrt{a}}\int x(t)\psi^*\left(\frac{t-b}{a}\right)\mathrm{d}t=\sum_k\frac{1}{\sqrt{a}}\int_k^{k+1}x(t)\psi^*\left(\frac{t-b}{a}\right)\mathrm{d}t \qquad (4\text{-}63)$$

由于在 $t=k\sim k+1$ 内,$x(t)=x(k)$,所以式(4-63)又可写为

$$\mathrm{WT}_x(a,b)=\frac{1}{\sqrt{a}}\sum_k\int_k^{k+1}x(k)\psi^*\left(\frac{t-b}{a}\right)\mathrm{d}t$$

$$=\frac{1}{\sqrt{a}}\sum_k x(k)\left[\int_{-\infty}^{k+1}\psi^*\left(\frac{t-b}{a}\right)\mathrm{d}t-\int_{-\infty}^{k}\psi^*\left(\frac{t-b}{a}\right)\mathrm{d}t\right] \qquad (4\text{-}64)$$

由式(4-64)可以看出,小波变换 $\mathrm{WT}_x(a,b)$ 可看作 $x(k)$ 和 $\psi^*\left(\frac{t-b}{a}\right)$ 的卷积后的累加所得到的结果,卷积的中间变量是 t,卷积后的变量为 b 及 a。MATLAB 中的 cwt.m 即是按此思路来实现的。具体过程大致如下:

(1) 先由指定的小波名称得到母小波 $\psi(t)$ 及其时间轴上的刻度,假定刻度长为 $0\sim N-1$;

(2) 从时间轴坐标的起点开始求积分 $\int_0^k\psi^*(t)\mathrm{d}t,k=1,\cdots,N-1$;

(3) 由尺度 a 确定对上述积分值选择的步长,a 越大,上述积分值被选中得越多;

(4) 求 $x(k)$ 和所选中的积分值序列的卷积,然后再作差分,即完成式(4-64)。

本方法的不足之处是在 a 变化时,式(4-64)中括号内的积分、差分后的点数不同,也即和 $x(k)$ 卷积后的点数不同。解决的方法是在不同的尺度下对 $\psi(t)$ 作插值,使其在不同的尺度下,在其有效支撑范围内的点数始终相同。

现在举一个具体实例来说明不同尺度下对应的频率,令 $x(t)$ 为一正弦加噪声信号,它取自 MATLAB 中的 noissin.mat。对该信号作 CWT,a 分别等于 2 和 128,当 $a=2$ 时,小波变换的结果对应信号中的高频成分,$a=128$ 时,小波变换对应信号中的低频成分。同时也给出了 $a=16$、$a=64$ 对应频率成分,其原始信号及变换结果如图 4-20 所示。

MATLAB 程序完整代码:

```
clear;
load noissin;
s = noissin;
ls = length(s)
subplot(2,1,1)
plot(s);grid
ylabel('signal + noissin')
```

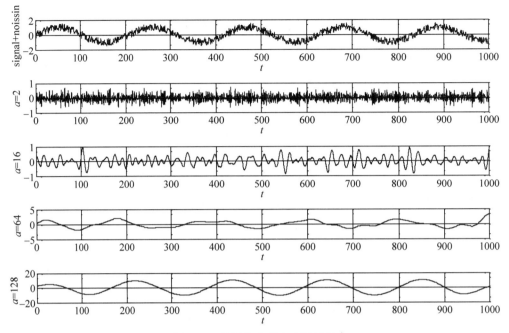

图 4-20   信号的多尺度小波变换

```
xlabel('t')
scales = 2;
c = cwt(s, scales, 'db5');
subplot(2,1,2)
plot(c);grid
ylabel('a = 2')
xlabel('t')
```

4.4   离散小波变换

在前面内容中给出了连续小波变换的定义与性质,时间 t 是连续的,在实际应用中,特别是在计算机上实现小波变换时,信号总要取成离散的,因此,研究 a、b 及 t 都是离散值情况下的小波变换将更有意义。

4.4.1   离散小波变换定义

在信号分析中,为了能够更好地分析与处理信号,将信号分解为另一类信号的线性组合,即

$$x(t) = \sum_n a_n \varphi_n(t) \tag{4-65}$$

式中,$\{a_n, n \in \mathbf{Z}\}$ 为展开系数,$\{\varphi_n(t), n \in \mathbf{Z}\}$ 为展开函数。

若展开式具有唯一性,即不同的信号对应不同的展开系数,则该展开函数称为基(**Basis**)。如果该基是正交归一化(Orthonormal)基,则展开函数 $\varphi_n(t)$ 的内积满足:

$$\langle \varphi_l(t), \varphi_k(t) \rangle = \int \varphi_l(t) \cdot \varphi_k(t) \mathrm{d}t = \delta[k-l] \tag{4-66}$$

展开系数 a_n 的计算可表达为

$$a_n = \langle x(t), \varphi_n(t) \rangle = \int x(t) \cdot \varphi_n(t)\mathrm{d}t \tag{4-67}$$

傅里叶展开的基函数为 $\sin(n\omega_0 t)$，属于正交归一化基。

若基函数为小波信号 $\psi_{j,k}(t)$，则信号的小波展开可表示为

$$x(t) = \sum_k \sum_j d_{j,k}\psi_{j,k}(t) \tag{4-68}$$

$$WT_x(j,k) = d_{j,k} = \int x(t)\psi_{j,k}(t)\mathrm{d}t \tag{4-69}$$

$d_{j,k}(j,k \in \mathbf{Z})$ 为小波展开系数，称为信号 $x(t)$ 的**离散小波变换**（Discrete Wavelet Transform，DWT），而 $x(t)$ 的小波展开式称为**离散小波反变换 IDWT**。k 表示 DWT 的时间或空间（Time or Space），j 表示 DWT 的频率或尺度（Frequency or Scale）。在信号 $x(t)$ 的 DWT 中，可以同时获得信号的时间和频率分量，从而实现信号的时频分析。

小波基函数 $\psi_{j,k}(t)$ 具有非唯一性，即存在许多不同的小波基函数，而许多其他变换（如傅里叶变换等）的基函数都是唯一的。小波基函数的非唯一性为信号小波分析提供了更好的灵活性，这也是信号的小波分析得到广泛应用的重要原因。

4.4.2　离散小波变换的多分辨率分析

多分辨率分析是一种由粗到精对事物的逐级分析方法，其思想可以用照相机焦距与景物的局部与全局的关系来解释，如图 4-21 所示。用镜头观察目标 $x(t)$，小波的基函数 $\psi(t)$ 代表镜头所起的作用。时移因子 b 相当于使镜头相对于目标平行移动，尺度因子 a 的作用相当于镜头向目标推进或远离。为了从数学概念和工程概念上更好地理解小波分析，将通过分辨率的概念来阐述小波理论。

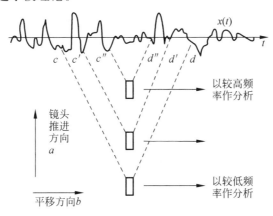

图 4-21　小波变换的粗略解释

当尺度因子 a 较大时，视野宽，主要对低频成分进行分析，可以观察信号的概貌；反之，当尺度 a 较小时，视野窄，主要对高频成分进行分析，可以观察信号的细节。形象地说，多分辨率分析就是要构造一组函数空间，每组空间的构成都有一个统一的形式，而所有空间的闭包则逼近 $L^2(R)$。在每个空间中，所有的函数都构成该空间的标准化正交基，那么，如果对信号在这类空间上进行分解，就可以得到相互正交的时频特性。而且由于空间的数目是

无限可数的,可以很方便地分析我们所关心的信号的某些特性。

1. 尺度函数与尺度空间

由尺度函数 $\varphi(t)$ 经过平移 k 而得到的函数定义为

$$\varphi_k(t) = \varphi(t-k), \quad k \in \mathbf{Z}, \varphi \in L^2 \tag{4-70}$$

定义所有可由信号 $\varphi_k(t)$ 线性表达的信号空间 V_0 为

$$V_0 = \overline{\mathrm{Span}_k\{\varphi_k(t)\}} \tag{4-71}$$

V_0 称为由信号 $\varphi_k(t)$ 张成的闭信号空间,且 $V_0 \subset L^2$,$L^2 = L^2(R)$ 表示平方可积实数空间。若信号 $x(t)$ 可以由信号 $\varphi_k(t)$ 线性表达,则表明存在着

$$x(t) = \sum_k a_k \cdot \varphi_k(t)$$

同时也意味着

$$x(t) \in V_0 = \overline{\mathrm{Span}_k\{\varphi_k(t)\}}$$

若由尺度函数 $\varphi(t)$ 经过展缩和平移而得到的不同尺度 j 下的尺度函数 $\varphi_{j,k}(t)$ 定义为

$$\varphi_{j,k}(t) = 2^{-j/2}\varphi(2^{-j}t - k) \quad j,k \in \mathbf{Z} \tag{4-72}$$

则同理可以得到由信号 $\varphi_{j,k}(t)$ 张成的信号空间 V_j

$$V_j = \overline{\mathrm{Span}_k\{\varphi_{j,k}(t)\}} = \overline{\mathrm{Span}_k\{\varphi_k(2^{-j}t)\}} \quad j,k \in \mathbf{Z} \tag{4-73}$$

由尺度函数展缩可得不同尺度下的尺度信号。

从图 4-22 可以看出,尺度越大,注意这里说的尺度与 j 不同,j 越小,近似的程度越好,对应的信号的时间分辨率越高,当 $j \to -\infty$ 时,$\varphi_{j,k}(t)$ 中的每个函数都变成无穷窄。由于信号 $\varphi_{j,k}(t)$ 比 $\varphi_{j+1,k}(t)$ 在时域上更窄,因此 $\varphi_{j,k}(t)$ 可以表达更多的信号,即信号 $\varphi_{j,k}(t)$ 张成的信号空间 V_j 比信号 $\varphi_{j+1,k}(t)$ 张成的信号空间 V_{j+1} 大。

$$V_{j+1} \subset V_j$$

同理可得

$$V_\infty \subset \cdots \subset V_2 \subset V_1 \subset V_0$$

说明由高分辨率尺度信号张成的信号空间包含由低分辨率尺度信号张成的信号空间,即通过尺度函数 $\varphi(t)$ 的尺度展缩,就可以改变尺度函数的分辨率,从而建立了尺度函数、分辨率及信号空间之间的关系,如图 4-23 所示。若信号 $x(t)$ 可以由尺度函数 $\varphi_{j,k}(t)$ 表达,则信号 $x(2t)$ 可以由尺度函数 $\varphi_{j-1,k}(t)$ 表达,即

$$x(t) \in V_j \Leftrightarrow x(2t) \in V_{j-1}$$

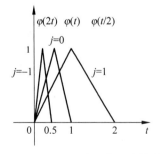

图 4-22 不同尺度下的尺度信号

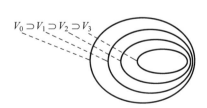

图 4-23 信号空间之间的关系

根据信号空间的包含关系,若存在 $x(t) \in V_j$,则必然存在 $x(t) \in V_{j-1}$,这表明若信号 $x(t)$ 可由尺度函数 $\varphi_{j,k}(t)$ 线性表达,则必然可以由尺度函数 $\varphi_{j-1,k}(t)$ 线性表达。即低分辨率信号可以由高分辨率信号线性表达。下面直接给出**尺度函数 $\varphi(t)$ 的多分辨分析(MRA)方程**:

$$\varphi\left(\frac{t}{2^j}\right) = \sqrt{2} \sum_{k=-\infty}^{\infty} h_0[k] \varphi\left(\frac{t}{2^{j-1}} - k\right) \tag{4-74}$$

当 $j=0$ 时,则

$$\varphi(t) = \sum_k h_0[k] \sqrt{2} \cdot \varphi(2t - k) \tag{4-75}$$

该递归方程是尺度函数理论的基础,$h_0[n]$ 是尺度函数系数(Scaling Function Coefficient),也称为尺度滤波器(Scaling Filter)单位脉冲响应。

【例 4-2】 图 4-24 为 Haar 尺度函数和三角尺度函数,根据尺度函数多分辨分析(MRA)方程,求解尺度函数系数。

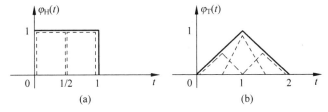

图 4-24 **Haar 尺度函数和三角尺度函数**

对于 Haar 尺度函数

$$\varphi_H(t) = \varphi_H(2t) + \varphi_H(2t - 1)$$

所以

$$h_0[k] = \left\langle \frac{1}{\sqrt{2}}, \frac{1}{\sqrt{2}} \right\rangle$$

对于三角尺度函数

$$\varphi_T(t) = \frac{1}{2}\varphi_T(2t) + \varphi_T(2t - 1) + \frac{1}{2}\varphi_T(2t - 2)$$

所以

$$h_0[k] = \left\langle \frac{1}{2\sqrt{2}}, \frac{1}{\sqrt{2}}, \frac{1}{2\sqrt{2}} \right\rangle$$

由上所述,不同尺度 j 下的尺度函数序列 $\varphi_{j,k}(t)$ 张成了不同的函数空间 V_j,随着 j 的增大及式(4-72),其实际的平移间隔也随之增大,因此 V_j 空间中的线性组合就无法表示小于该尺度的细微变化。这就如人在观察某一目标,尺度 j 相当于人离目标的距离。

2. 小波函数与小波空间

由上面分析我们知道,多分辨率分析的尺度空间是由尺度函数在不同尺度下张成的,一个多分辨率分析对应一个尺度函数,V_j 空间是相互包含关系,它们的基 $\varphi_{j,k}(t) = 2^{-j/2}\varphi(2^{-j}t - k)$ 在不同尺度之间不具有正交性,即 $\varphi_{j,k}(t)$ 不能作为 $L^2(R)$ 空间的正交基。具体从空间上来讲,低分辨率的空间 V_1 应包含在高分辨率的空间 V_0 中,即 $V_0 \supset V_1$。但是,毕竟 V_0 不等于 V_1,二者之间肯定有误差。这一误差是由 $\varphi(t-k)$ 和 $\varphi(2^{-1}t-k)$ 的宽度不同而产生的,因此,这一差别应是一些"细节"信号。可以说 $x(t)$ 在高分辨率基函数所形成的空间中的近似等于它在低分辨率空间中的近似再加上某些细节。对 $x(t)$ 作细节近似的函数 $\psi(t)$ 就是小波函数。为了寻找一组 $L^2(R)$ 空间的正交基,我们定义尺度空间 V_j 的补空间 W_j,**下面是具体过程。**

根据信号空间的概念,由尺度函数 $\varphi(t)$ 同样可以定义小波函数 $\psi(t)$,再由小波函数 $\psi(t)$ 经过尺度展缩与平移得到小波信号 $\psi_{j,k}(t)$。

$$\varphi(t) \Rightarrow \psi(t) \Rightarrow \psi_{j,k}(t)$$

$\psi_{j,k}(t)$ 表达式为

$$\psi_{j,k}(t) = 2^{-j/2} \psi(2^{-j}t - k) \quad j,k \in \mathbf{Z} \tag{4-76}$$

即小波信号 $\psi_{j,k}(t)$ 设计为尺度信号 $\varphi_{j,k}(t)$ 的正交信号,即存在

$$\langle \varphi_{j,k}(t), \psi_{j,l}(t) \rangle = \int \varphi_{j,k}(t) \cdot \psi_{j,l}(t)\mathrm{d}t = 0 \quad j,k,l \in \mathbf{Z} \tag{4-77}$$

V_j、W_j 为 $\varphi_{j,k}(t)$、$\psi_{j,k}(t)$ 所张成的空间,即

$$V_j = \overline{\mathrm{Span}_k \{\phi_{j,k}(t)\}}, \quad W_j = \overline{\mathrm{Span}_k \{\psi_{j,k}(t)\}}$$

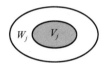

图 4-25 空间 V_j、W_j 之间关系

W_j 是 V_j 在 V_{j+1} 中的正交补空间,尺度函数空间 V_j 与小波函数空间 W_j 之间关系如图 4-25 所示。

用如下表达式表示:

$$W_j \bigcap V_j = \{\mathbf{0}\}, \quad W_j \bigcup V_j = V_{j-1}$$

则

$$V_{j-1} = V_j \oplus W_j \tag{4-78}$$

式中,$\oplus$ 表示直和或者称为正交和。

将信号 $x(t)$ 展开为尺度信号 $\varphi_{j,k}(t)$ 和小波信号 $\psi_{j,k}(t)$,可以更有效地表达信号 $x(t)$ 中的不同分量,有利于信号的分析与处理。其中,

(1) 尺度信号 $\varphi_{j,k}(t)$:表示信号 $x(t)$ 中的粗略信息(Coarse Information);

(2) 小波信号 $\psi_{j,k}(t)$:表示信号 $x(t)$ 中的精细信息(Fine Information)。

反复使用式(4-78),图 4-25 可以扩展为

$$V_{m-1} = V_m \oplus W_m, \quad W_m \perp W_m$$

其中,$V_0 = W_1 \oplus V_1$,$V_{j-1} = W_j \oplus V_j$。当 $j \to -\infty$ 时,$V_j \to L^2(R)$,包含整个平方可积的实变函数空间;当 $j \to \infty$ 时,即空间最终剖分到空集 $V_j = \{0\}$ 为止,如图 4-26 所示。这样

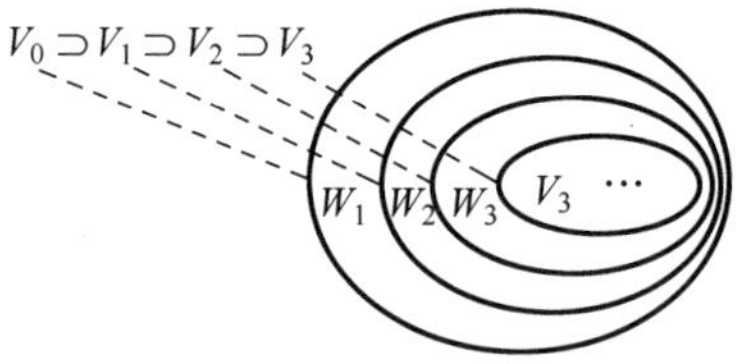

$$\begin{aligned} V_0 &= W_1 \oplus V_1 = W_1 \oplus W_2 \oplus V_2 \\ &= W_1 \oplus \cdots W_{j-1} \oplus W_j \oplus V_j \end{aligned} \tag{4-79}$$

图 4-26 小波空间与尺度空间关系示意图

说明信号 $x(t)$ 可由小波信号和尺度信号共同表达,$x(t)$ 可由式(4-80)表示为

$$x(t) = \sum_k c_{j_0,k} \varphi_{j_0,k}(t) + \sum_{j=j_0}^{\infty} \sum_k d_{j,k} \psi_{j,k}(t) \tag{4-80}$$

对于初始尺度 $j = -\infty$,$L^2 = \cdots \oplus W_{-2} \oplus W_{-1} \oplus W_0 \oplus W_1 \oplus W_2 \oplus \cdots$,则说明信号 $x(t)$ 也可

完全由小波信号表达，即

$$x(t) = \sum_{k} \sum_{j=-\infty}^{\infty} d_{j,k} \psi_{j,k}(t) \tag{4-81}$$

与式(4-74)类似，由于 W_j 也包含在 V_{j-1} 中，因此，W_j 中的 $\psi_{j,0}(t)$ 也可表示为 V_{j-1} 中正交基 $\varphi_{j-1,k}(t)$ 的线性组合，即**小波函数 $\psi(t)$ 的多分辨分析（MRA）方程**：

$$\psi\left(\frac{t}{2^j}\right) = \sqrt{2} \sum_{k=-\infty}^{\infty} h_1(k) \varphi\left(\frac{t}{2^{j-1}} - k\right) \tag{4-82}$$

当 $j=0$ 时

$$\psi(t) = \sum_{k} h_1[k] \sqrt{2} \cdot \varphi(2t - k) \tag{4-83}$$

$h_1[k]$ 称为小波函数系数（Wavelet Function Coefficient）。式(4-74)和式(4-82)被称为"二尺度差分方程"，它们揭示了在多分辨率分析中尺度函数和小波函数的相互关系。

若尺度函数 $\varphi(t)$ 与小波函数 $\psi(t)$ 满足正交性，即

$$\int \varphi(t) \cdot \psi(t-k) \mathrm{d}t = 0 \tag{4-84}$$

则小波函数系数 $h_1[k]$ 与尺度函数系数 $h_0[k]$ 满足

$$h_1[k] = (-1)^k h_0[1-k] \tag{4-85}$$

当 $h_0[k]$ 为有限长序列，且长度 N 为偶数时，则有

$$h_1[k] = (-1)^k h_0[N-1-k] \tag{4-86}$$

举例说明尺度函数 $\varphi(t)$ 与小波函数 $\psi(t)$ 系数的对应关系

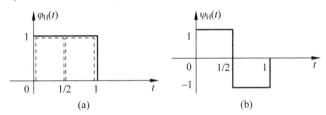

图 4-27 尺度函数 $\boldsymbol{\varphi}(t)$ 与小波函数 $\boldsymbol{\psi}(t)$ 的对应关系

由图 4-27(a)知

$$\varphi_H(t) = \varphi_H(2t) + \varphi_H(2t-1)$$

根据尺度函数 $\varphi(t)$ 的多分辨分析（MRA）式(4-75)

$$h_0[k] = \left\{ \frac{1}{\sqrt{2}}, \frac{1}{\sqrt{2}}; k = 0, 1 \right\}$$

由图 4-27(b)知

$$\psi_H(t) = \varphi_H(2t) - \varphi_H(2t-1)$$

根据小波函数 $\psi(t)$ 的多分辨分析（MRA）式(4-83)，则

$$h_1[k] = \left\{ \frac{1}{\sqrt{2}}, -\frac{1}{\sqrt{2}}; k = 0, 1 \right\}$$

小波函数系数 $h_1[k]$ 与尺度函数系数 $h_0[k]$ 满足 $h_1[k] = (-1)^k h_0[N-1-k]$。

3. 多分辨分析（MRA）

根据上面分析，我们知道

$$L^2 = V_{j_0} \oplus W_{j_0} \oplus W_{j_0+1} \oplus W_{j_0+2} \oplus W_{j_0+3} \oplus \cdots$$

$$x(t) = \sum_k c_{j_0,k} \varphi_{j_0,k}(t) + \sum_{j=j_0}^{\infty} \sum_k d_{j,k} \psi_{j,k}(t)$$

（1）$\sum_k c_{j_0,k} \varphi_{j_0,k}(t)$ 对应信号 $x(t)$ 中粗略（coarse）信息，由低分辨率尺度信号 $\varphi_{j_0,k}(t)$ 表达。

（2）$\sum_{j=j_0}^{\infty} \sum_k d_{j,k} \psi_{j,k}(t)$ 对应信号 $x(t)$ 中精细（fine）信息，由高分辨率小波信号 $\psi_{j,k}(t)(j \geqslant j_0)$ 表达。

展开系数 $c_j[k]$ 反映了信号 $x(t)$ 中的低频分量的分布情况，而一系列展开系数 $d_j[k]$ 反映了信号 $x(t)$ 中的高频分量的分布情况，这些展开系数就是信号的离散小波变换 DWT。

图 4-28 为多普勒信号的小波分解过程，其中图 4-28(a) 为 Doppler 信号，图 4-28(b) 为 Doppler 信号低频分量，代表信号中的粗略部分。图 4-28(c)、(d)、(e)、(f) 为多普勒信号高频分量，代表信号中的精细部分。图(b)~(f) 这些信号加起来就是图(a)原始信号。

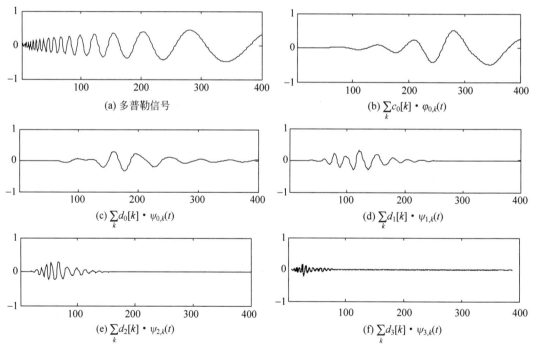

(a) 多普勒信号 (b) $\sum_k c_0[k] \cdot \varphi_{0,k}(t)$

(c) $\sum_k d_0[k] \cdot \psi_{0,k}(t)$ (d) $\sum_k d_1[k] \cdot \psi_{1,k}(t)$

(e) $\sum_k d_2[k] \cdot \psi_{2,k}(t)$ (f) $\sum_k d_3[k] \cdot \psi_{3,k}(t)$

图 4-28　多普勒信号的小波分解过程

4.4.3　小波变换与滤波器组

信号的 DWT 并不是直接由 $\varphi(t)$ 与 $\psi(t)$ 经信号内积来实现，而是利用 $h_0[n]$ 和 $h_1[n]$ 来实现。其将信号的小波展开系数 $c_j[k]$ 和 $d_j[k]$ 看作离散信号，$h_0[n]$ 和 $h_1[n]$ 看作数字滤波器,从而建立小波变换与滤波器组(filter bank)之间的关系,由滤波器组的理论来实现信号小波分析。

1. 滤波器组引入多分辨率分析

当信号的采样率满足 Nyquist 要求时,归一频带必将限制在一$\pi \sim \pi$。此时可分别用理想低通与理想高通滤波器 H 与 G 将它分解成(对正频率部分而言)频带 $0 \sim \dfrac{\pi}{2}$ 的低频部分和频带在 $\dfrac{\pi}{2} \sim \pi$ 的高频部分,分别反映信号的粗略部分和精细部分,如图 4-29 所示。因为频带不交叠,因此处理后两路输出必定正交,而且由于两种输出的带宽均减半,因此采样率可以减半而不致引起信息的丢失。图中符号↓2 表示"二抽取",该环节将输入序列每隔一个输出一次(如只取偶数),组成长度缩短一半的新序列。

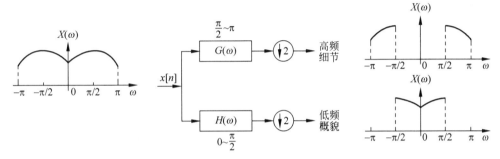

图 4-29 信号的频域分解处理示意图

对每次分解后的低频部分可利用类似的过程不断重复分解下去如图 4-29 所示,每一级分解把该级输入信号分解成一个低频的粗略逼近(概貌)和一个高频的细节部分。而且每级输出采样率都可以再减半。这样就将原始 $x(t)$ 进行了多分辨率分解。由此可以引出以下概念。

2. 频率空间的剖分

如果把原始 $x(t)$ 占据的总频带($0 \sim \pi$)定义为空间 V_0,经第一级分解后 V_0 被划分成两个子空间低频的 $V_1\left(0 \sim \dfrac{\pi}{2}\right)$ 和高频的 $W_1\left(\dfrac{\pi}{2} \sim \pi\right)$;经第二级分解后 V_1 又被剖分成低频的 $V_2\left(0 \sim \dfrac{\pi}{4}\right)$ 和高频的 $W_2\left(\dfrac{\pi}{4} \sim \dfrac{\pi}{2}\right)$;信号的逐级分解过程如图 4-30 所示,频率空间的剖分如图 4-31 所示。

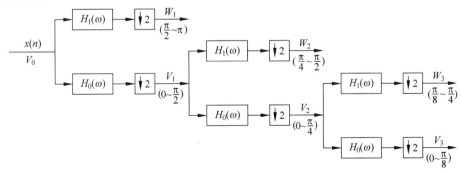

图 4-30 信号的逐级分解过程

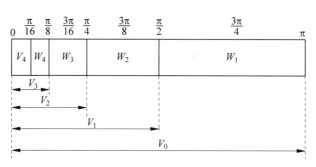

图 4-31 频率空间的剖分

3. 各带通空间 W_j 的恒 Q 性

如图 4-31 所示，W_1 空间的中心频率为 $\frac{3\pi}{4}$，带宽为 $\frac{\pi}{2}$；W_2 空间的中心频率 $\frac{3\pi}{8}$，较 W_1 减半，而其频带为 $\frac{\pi}{4}$，也较 W_1 减半。品质因数 $Q=$ 带宽/中心频率，可见各 W_j 的品质因数是相同的。

4. 各级滤波器的一致性

各级的低通滤波器 H、高通滤波器 G 是一样的。这是因为前一段输出被二抽取，而滤波器设计是根据归一频率进行的。例如，第一级 H 的真实频带是 $0\sim\frac{\pi}{2T_s}$（T_s 是输入的采样间隔），其归一频率则是 $0\sim\frac{\pi}{2}$（注：归一频率＝真实频率×采样间隔）。第二级 H 的真实频带虽是 $0\sim\frac{\pi}{4T_s}$，但归一频率却仍是 $0\sim\frac{\pi}{2}$，因为第二级输入的采样间隔是 $2T_s$。

信号经分解后可以进行重构，重构是分解的逆过程，其步骤如图 4-32 所示。每一支路首先作"二插值"，即在输入序列每两个相邻样本之间补一个 0，使数据长度增加一倍，从而恢复二抽取前序列的长度。然后作相应的低通或带通滤波（H 和 G），其目的是平滑补 0 后的波形，也就是去掉补 0 后的镜像谱。从时域上看，理想滤波就是把各样本值乘以插值函数（sinc 函数），再移位求和，以恢复原信号。在逐级重构的过程中实现了对信号由粗及精的观察。

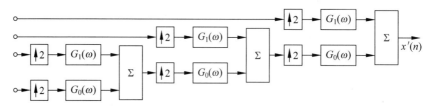

图 4-32 信号的重构

以上只是对多分辨率分析的粗略说明，目的是初步建立空间剖分概念和滤波器组框架。

4.4.4 Mallat 快速算法

我们知道，尺度函数和小波函数的多分辨分析（MRA）方程为

$$\begin{cases} \varphi(t) = \sum_n h_0[n]\sqrt{2} \cdot \varphi(2t-n) \\ \psi(t) = \sum_n h_1[n]\sqrt{2} \cdot \varphi(2t-n) \end{cases}$$

尺度函数之间以及尺度函数与小波函数的二尺度关系的核心就是系数 $h_0[n]$ 和 $h_1[n]$。重新考察上面二尺度差分方程,实际上等号右边的运算就是对于 n 的卷积运算,而从数字信号处理角度来看,这是一种广义的数字滤波器,将 $\varphi_{-1,n}(t)$ 通过 $h_0[n]$ 得到低频平滑概貌 $\varphi_{0,n}(t)$,因此 $h_0[n]$ 称为低通滤波器;同理,$\varphi_{-1,n}(t)$ 通过 $h_1[n]$ 得到高频细节 $\psi_{0,n}(t)$,因此 $h_1[n]$ 称为高通滤波器。数字滤波器 $h_0[n]$ 和 $h_1[n]$ 不仅描述尺度空间和小波空间基函数之间的内在联系,适用于连续信号,而且还有一个极为重要的用途,它为离散的数字信号的处理提供了快速的处理方法。确切地说,在数字信号的多分辨率分析中,使用的双通道滤波器就是 $h_0[-n]$ 和 $h_1[-n]$。

在这种数字滤波器处理方案中,不是将信号 $f(t)$ 或 $f[n]$ 直接与小波函数 $\psi_{j,k}(t)$ 或者尺度函数 $\varphi_{j,k}(t)$ 进行运算,而是将 $f[n]$ 通过数字滤波器 $h_0[n]$ 和 $h_1[n]$ 进行滤波处理。换句话说,$f(t)$ 与 $\psi_{j,k}(t)$ 和 $\varphi_{j,k}(t)$ 的内积处理(连续信号处理)转换为等价的 $f[n]$ 与 $h_0[n]$ 和 $h_1[n]$ 的滤波处理。这就为小波信号处理提供了一个新的途径,即实际应用中,总是寻求 $\psi_{j,k}(t)$ 和 $\varphi_{j,k}(t)$ 对应的数字滤波器 $h_0[n]$ 和 $h_1[n]$ 加以使用。

由式(4-80)可知,信号 $f(t)$ 可以表示为

$$f(t) = \sum_k c_{j,k}\varphi_{j,k}(t) + \sum_{j=1}^{\infty}\sum_k d_{j,k}\psi_{j,k}(t) \tag{4-87}$$

当尺度函数和小波函数为正交规范基时,信号的小波展开系数 $c_{j,k}$ 和 $d_{j,k}$ 由内积计算

$$c_{j,k} = \langle f(t), \varphi_{j,k}(t) \rangle = \int f(t) \cdot \varphi_{j,k}(t)\mathrm{d}t \tag{4-88}$$

$$d_{j,k} = \langle f(t), \psi_{j,k}(t) \rangle = \int f(t) \cdot \psi_{j,k}(t)\mathrm{d}t \tag{4-89}$$

在多尺度分解过程中,总是从空间 V_{j-1} 分解得到两个子空间 V_j 和 W_j,这是一种递推的逐级分解。很自然就会猜想,函数 $f(t)$ 在 V_{j-1} 空间的投影系数 $c_{j-1,k}$,是否可以直接分解得出 $f(t)$ 在 V_j 和 W_j 空间的投影系数 $c_{j,k}$ 和 $d_{j,k}$ 呢? 事实上,这种系数之间的逐级推导关系是存在的,即

$$c_j(k) = \sum_{n=-\infty}^{\infty} c_{j-1}(n)h_0(n-2k) \tag{4-90}$$

$$d_j(k) = \sum_{n=-\infty}^{\infty} c_{j-1}(n)h_1(n-2k) \tag{4-91}$$

它们等效于将序列 $c_{j-1}[n]$ 经过冲激响应为 $h_0[-n]$ 和 $h_1[-n]$ 的数字滤波器,然后再分别进行"二抽取"。其框图表示如图 4-33 所示。

同样,二级分解(Analysis)算法如图 4-34 所示。

$c_0[k]$ 实际上就是信号 $f[k]$,以上是分解过程及公式,下面我们给出,由 $c_j[n]$ 和 $d_j[n]$ 可以重构出 $c_{j-1}[n]$ 公式及过程。

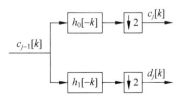

图 4-33　一级分解(Analysis)算法框图

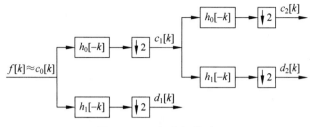

图 4-34　二级分解算法

若 $f(t) \in V_{j-1}$，则

$$f(t) = \sum_n c_{j-1}[n] \varphi_{j-1,n}(t) \tag{4-92}$$

因为 $V_{j-1} = V_j \oplus W_j$，所以

$$f(t) = \sum_k c_j[k] \varphi_{j,k}(t) + \sum_k d_j[k] \psi_{j,k}(t) \tag{4-93}$$

已知

$$\begin{cases} \varphi_{j,k}(t) = \sum_n h_0[n-2k] \cdot \varphi_{j-1,n}(t) \\ \psi_{j,k}(t) = \sum_n h_1[n-2k] \cdot \varphi_{j-1,n}(t) \end{cases} \tag{4-94}$$

则

$$f(t) = \sum_n \sum_k c_j[k] \cdot h_0[n-2k] \varphi_{j-1,n}(t) + \sum_n \sum_k d_j[k] \cdot h_1[n-2k] \varphi_{j-1,n}(t) \tag{4-95}$$

所以

$$c_{j-1}[n] = \sum_k c_j[k] \cdot h_0[n-2k] + \sum_k d_j[k] \cdot h_1[n-2k] \tag{4-96}$$

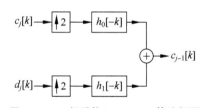

图 4-35　一级重构(synthesis)算法框图

式(4-96)即为重构算法公式。公式右边的两个部分实质上都是对于变量 n 的数字卷积运算，用滤波器表示如图 4-35 所示。

其中，↑2 为"二插值"，即每隔一个信号点插入一个 0 构成新的序列。多级重构级联后，Mallat 重构算法框图如图 4-36 所示。

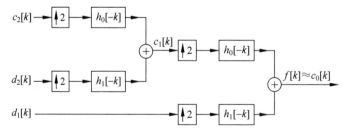

图 4-36　二级重构算法框图

4.4.5　小波包分析

为了满足小波在不同领域应用的需要,人们从许多角度对小波理论和多分辨率分析进行了推广,如小波包、多小波、混合小波包理论等。小波包分析是小波分析的延伸,其基本思想是让信息能量集中,在细节中寻找有序性,把其中的规律筛选出来,为信号提供一种更加精细的分析方法。它将频带进行多层次划分,对多分辨率分析没有细分的高频部分进一步分解,并能够根据被分析信号的特征自适应地选择相应频带,使之与信号频谱相匹配,从而提高时-频分辨率。

离散小波变换只对信号的低频部分做进一步分解,而对高频部分即信号的细节部分不再继续分解。这种信号分析方法特别适用于具有丰富低频成分的信号。但也有另外一些类型的信号,它们没有或很少有低频成分,而在相对较高的频率范围内存在若干明显的谱峰。在这种情况下,所希望的信号分析应该是不仅只对低频频段做精细划分,而且也能对高频频段做更精细的划分。为此,需要有能将小波空间划分为子空间的基函数。M. V. Mickerhanser 等在小波变换基础上进一步提出了小波包的概念,它可以看作函数空间逐级正交部分的扩展。

上面讨论的多分辨率分析将 $L^2(R)$ 空间逐层进行分解,如将 V_0 分成 V_1 和 W_1,再将 V_1 分成 V_2 和 W_2,…,其中 $V_0=V_1\oplus W_1$,$V_1=V_2\oplus W_2$。对同一尺度 j,V_j 是低频空间,W_j 是高频空间,因此,信号 $x(t)$ 在 V_j 中的展开系数 $c_j(n)$ 反映了信号的"概貌",而在 W_j 中的展开系数 $d_j(n)$ 反映了信号的"细节",也即 $x(t)$ 的小波系数。由于这种分解具有恒 Q 性质,即在高频端可获得很好的时域分辨率而在低频端可获得很好的频域分辨率,因此,这种分解相对均匀滤波器组和短时傅里叶变换有着许多突出的优点,因此获得了广泛的应用。

在多分辨率分解的基础上,我们可将 W_j 空间再作分解,用一个三层的分解为例,对小波包分析进行说明,其小波包分解树如图 4-37 所示。

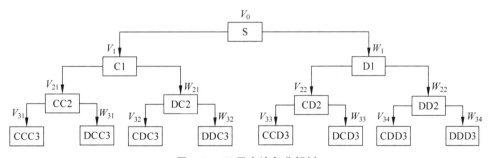

图 4-37　三层小波包分解树

在该图的分解中,任取一组空间进行组合,如果这一组空间:①能将空间 V_0 覆盖;②相互之间不重合,则称这一组空间中的正交归一基的集合构造了一个小波包(wavelet packet)。显然,小波包的选择不是唯一的,也即对信号分解的方式不是唯一的。由图 4-37 知,我们可选择

(1) V_{31},W_{31},V_{32},W_{32},V_{33},W_{33},V_{34},W_{34};

(2) V_{31},W_{31},W_{21},V_{22},W_{22};

(3) V_1,V_{22},W_{22}。

这些不同空间来组合，它们都可覆盖 V_0，相互之间又不重合。如何决定最佳的空间组合及寻找这些空间中的正交归一基是小波包中的主要研究内容。

在多分辨分析中，$L^2(\mathbf{R}) = \underset{j \in \mathbf{Z}}{\oplus} W_j$，表明多分辨分析是按照不同的尺度因子 j 把空间 $L^2(\mathbf{R})$ 分解为所有子空间 W_j 的正交和。其中，W_j 为小波函数 $\psi(t)$ 的闭包（小波空间）。现在我们希望进一步对小波子空间 W_j 按照二进制分式进行频率的细分，以达到提高频率分解率的目的。

一种自然的做法是将尺度子空间 V_j 和小波子空间 W_j 用一个新的子空间 U_j^n 统一起来表示，若令

$$\begin{cases} U_j^0 = V_j \\ U_j^1 = W_j \end{cases} \tag{4-97}$$

则 Hilbert 空间的正交分解 $V_j = V_{j+1} \oplus W_{j+1}$ 即可用 U_j^n 的分解统一为

$$U_j^0 = U_{j+1}^0 \oplus U_{j+1}^1 \tag{4-98}$$

定义子空间 U_j^n 是函数 $u_n(t)$ 的闭包空间，而 U_j^{2n} 是函数 $u_{2n}(t)$ 的闭包空间，并令 $u_n(t)$ 满足下面的双尺度方程

$$\begin{cases} u_{2n}(t) = \sqrt{2} \sum_{k=-\infty}^{\infty} h_0[k] u_n(2t-k) \\ u_{2n+1}(t) = \sqrt{2} \sum_{k=-\infty}^{\infty} h_1[k] u_n(2t-k) \end{cases} \tag{4-99}$$

式中，$h_0[k]$、$h_1[k]$ 有如下关系：

$$h_1[k] = (-1)^k h_0[1-k] \tag{4-100}$$

当 $n=0$ 时，有如下两式成立

$$\begin{cases} u_0(t) = \sqrt{2} \sum_{k=-\infty}^{\infty} h_0[k] u_0(2t-k) \\ u_1(t) = \sqrt{2} \sum_{k=-\infty}^{\infty} h_1[k] u_0(2t-k) \end{cases} \tag{4-101}$$

我们知道，尺度函数和小波函数的多分辨分析（MRA）方程为

$$\begin{cases} \varphi(t) = \sum_n h_0[k] \sqrt{2} \cdot \varphi(2t-k) \\ \psi(t) = \sum_n h_1[k] \sqrt{2} \cdot \varphi(2t-k) \end{cases}$$

相比较，$u_0(t)$ 和 $u_1(t)$ 分别退化为尺度函数 $\varphi(t)$ 和小波基函数 $\psi(t)$。

小波包定义：由式(4-99)构造的序列 $\{u_n(t)\}$ 称为由基函数 $u_0(t) = \varphi(t)$ 确定的正交小波包。当 $n=0$ 时，即为式(4-101)的情况。由于 $\varphi(t)$ 由 $h_0[k]$ 唯一确定，所以又称 $\{u_n(t)\}$ 为关于序列 $\{h_0[k]\}$ 的正交小波包。

下面简单说明用小波包对小波空间 W_j 进行更精细的分解，使得在新的标准正交基下能够对包含大量细节的信号进行更好的时频局部化分析。

在实际应用中，我们通常关心的是 $L^2(\mathbf{R})$ 的某个子空间 $V_L = U_L^0$ 的小波分解和小波包分解。现以 $L=3$ 为例，比较 $V_3 = U_3^0$ 的小波分解和小波包分解，如图 4-38 所示，其中

图 4-38(a)表示 V_3 经小波分解的空间剖分,而图 4-38(b)表示 V_3 经小波包分解的空间剖分。

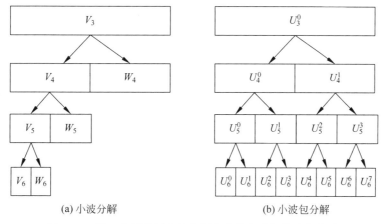

(a) 小波分解   (b) 小波包分解

图 4-38 同一空间利用小波分解和小波包分解的空间剖分

在图 4-38(a)中,子空间 V_6, W_6, W_5, W_4 的值将 V_3 覆盖,且它们之间不相互重叠。易知,V_6, W_6, W_5, W_4 中每个空间的基函数放在一起构成 V_3 的一组规范小波正交基,也即 Mallat 多分辨分析的小波正交基。它们在图 4-38(b)中对应的相同的空间为 $U_6^0, U_6^1, U_5^1,$ U_4^1,如图 4-39(a)所示。一般地,在图 4-38(b)的二叉树上取一组子空间集合,如果其值恰好能将 $V_3 = U_3^0$ 空间覆盖,相互间又不重叠,则这组空间集合的正交规范基便组成一个小波包正交基。除了小波基外,还存在 V_3 的许多其他剖分对应不同的规范正交小波包基,如 $U_6^0,$ $U_6^1, \cdots, U_6^7$ 如图 4-39(b)所示。$U_6^0, U_6^1, U_5^1, U_6^4, U_6^5, U_5^3$ 如图 4-39(c)所示。$U_4^0, U_6^4, U_6^5, U_6^6,$ U_6^7 如图 4-39(d)所示。

小波包分解式为:

$$\begin{cases} d_j^{2n}[k] = \sum_{l \in \mathbf{Z}} h_0[l - 2k] d_{j+1}^n[l] \\ d_j^{2n+1}[k] = \sum_{l \in \mathbf{Z}} h_1[l - 2k] d_{j+1}^n[l] \end{cases} \tag{4-102}$$

小波包重构式为:

$$d_{j+1}^n[k] = \sum_{l \in \mathbf{Z}} h_0[k - 2l] d_j^{2n}[l] + \sum_{l \in \mathbf{Z}} h_1[k - 2l] d_j^{2n+1}[l] \tag{4-103}$$

$j = 2$ 时的分解与重建如图 4-40 和图 4-41 所示。当实现各级的卷积时,图中滤波器 H_0, H_1 的系数同样要事先翻转,即将 $h_i(n)$ 变成 $h_i(-n), i = 0, 1$。

4.4.6 基于小波的信号处理

1. 小波信号处理特点

(1)在信号的 DWT 中,许多实际信号的展开系数大多集中在较少的系数上,为数据处理创造了有利条件,小波基被称为无条件基(Unconditional Basis),这也是小波分析在信号去噪、压缩及检测等方面非常有效的重要原因。所说的无条件基指的是,小波基函数很多,不能给出哪个小波基最好,但大多数小波基都能取得好的效果。另外,有用信号的 $c[k]$、$d[k]$ 许多系数为 0。

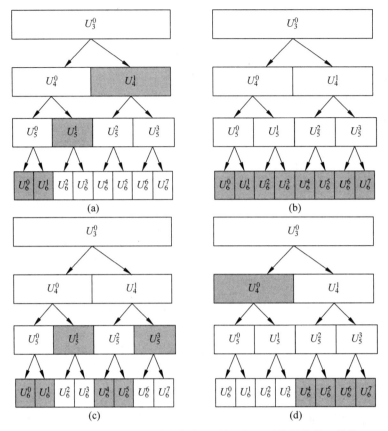

图 4-39 V_3 的小波包二叉树中构成 V_3 的不相互重叠覆盖的几种情况

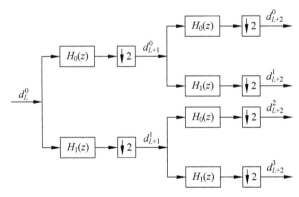

图 4-40 基于滤波器组的小波包分解

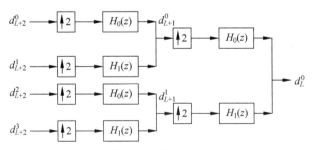

图 4-41 基于滤波器组的小波包重建

（2）信号的小波展开具有良好的时频描述，因而可以更有效地分离出信号中不同特性的分量。在基于小波变换的信号处理中，可以根据有用信号与无用信号的展开系数的幅值（Amplitude）来分离信号的不同分量。有用分量对应的少数展开系数的幅值必然较大，而无用分量对应的多数展开系数的幅值必然较小。传统滤波如傅里叶分析是根据频率位置不同来滤波和分析，小波分析中有用和无用信号的展开系数幅度不一样。其中较大和较小表示能量守恒。

（3）小波基具有非唯一性，可以实现对于不同特性的信号采用不同的小波基，从而可以使得信号小波展开系数更加稀疏，信号中的各分量分离得更好，信号去噪、压缩和检测等的效率和精度就会更高。傅里叶变换的基函数只有正弦信号，具有唯一性，所以对于变化剧烈的信号需要更多的正弦信号去表示，小波基与信号越相似，小波展开系数就越稀疏。

（4）离散小波变换直接将连续信号变换为离散序列，变换过程无须复杂的微分或积分，只是简单的序列乘加运算，非常适合数字运算，且存在快速的分解算法。同样，离散小波反变换也非常适合数字运算，存在快速的重构算法。

2．基于小波的信号去噪方法

含有加性噪声的信号 $s(t)$ 的数学模型一般为

$$s(t) = x(t) + \sigma \cdot \varepsilon(t)$$

$x(t)$ 为有用信号，$\varepsilon(t)$ 为高斯白噪声信号，其分布为 $\mu(0,1)$，σ 为噪声信号的标准方差。

对信号 $s(t)$ 进行去噪处理的目的就是抑制其噪声信号分量 $\varepsilon(t)$，从而恢复信号 $x(t)$。基于小波的信号去噪过程如下：

（1）选择一个小波基函数，确定了小波基函数那么 $h_0[k]$、$h_1[k]$ 也就确定了。对信号进行等间隔抽样，得到信号对应的样点序列即为 $c_{j-1}[k]$，然后基于序列 $c_{j-1}[k]$ 进行 N 级 DWT，得到 N 级不同尺度的小波展开系数 $d_j[k],d_{j+1}[k],\cdots,d_{j+N-1}[k]$ 以及一级尺度展开系数 $c_j[k]$。

（2）对各级小波展开系数，选择相应的阈值以及阈值规则进行阈值化（Thresholding）处理，得到处理后的各级小波展开系数 $\hat{d}_j[k],\hat{d}_{j+1}[k],\cdots,\hat{d}_{j+N-1}[k]$。

（3）根据阈值处理后的小波展开系数 $\hat{d}_j[k],\hat{d}_{j+1}[k],\cdots,\hat{d}_{j+N-1}[k]$，以及未处理的尺度展开系数 $c_{j+N-1}[k]$，进行 N 级离散小波反变换重构信号。

阈值方式：（硬阈值、软阈值）

软阈值处理是将低于阈值的系数置为 0，而高于阈值的系数也相应减少；硬阈值处理是直接将低于阈值的系数都置为 0。

软阈值规则为

$$\mathrm{Th}_{\mathrm{soft}}(x) = \begin{cases} \mathrm{sgn}(x)(|x|-t), & |x| \geqslant t \\ 0, & |x| < t \end{cases} \tag{4-104}$$

硬阈值规则为

$$\mathrm{Th}_{\mathrm{hard}}(x) = \begin{cases} x, & |x| \geqslant t \\ 0, & |x| < t \end{cases} \tag{4-105}$$

图 4-42 为阈值方式（硬阈值、软阈值）的规则图解 x。

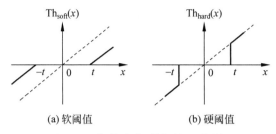

图 4-42 阈值方式(软阈值、硬阈值)

4.5 应用实例

【例 4-3】 利用小波分析对含噪声信号 noissin 进行去噪处理。noissin 就是含有噪声的正弦信号,可以理解为 noise+sin 信号。

1. 小波函数 Wden 介绍

[xd, cxd, lxd]=wden(x, tptr, sorh, scal, n, 'wname');返回经过小波消噪处理后的信号 xd 及其小波分解结构。

■ 输入参数 tptr 为阈值选择标准:

(1) thr1=thselect(x,'rigrsure');%stein 无偏估计;

(2) thr2=thselect(x,'heursure');%启发式阈值;

(3) thr3=thselect(x,'sqtwolog');%固定式阈值;

(4) thr4=thselect(x,'minimaxi');%极大极小值阈值;

■ 输出参数 sorh 为函数选择阈值使用方式:

(1) Sorh=s,为软阈值;

(2) Sorh=h,为硬阈值;

■ 输入参数 scal 规定了阈值处理随噪声水平的变化:

(1) Scal=one,不随噪声水平变化。

(2) Scal=sln,根据第一层小波分解的噪声水平估计进行调整。

(3) Scal=mln,根据每一层小波分解的噪声水平估计进行调整。

■ x 表示原始信号,xd 去除噪声后信号,cxd 表示各层分量,lxd 表示各层分量对应的长度。n 表示分解层数,wname 小波函数类型。

2. MATLAB 运行结果图形

图 4-43 为带有噪声的正弦信号小波去噪图形,图 4-44 为复杂信号的小波去噪图形。图 4-44 的信号原图上升沿下降沿频率很高,与噪声频率相当,传统方法不能很好滤除,而小波方法简单而有效。

3. MATLAB 程序完整代码:

图 4-43 代码如下。

```
% 含噪信号
load noissin;
ns = noissin;
subplot(2,1,1);
plot(ns);
```

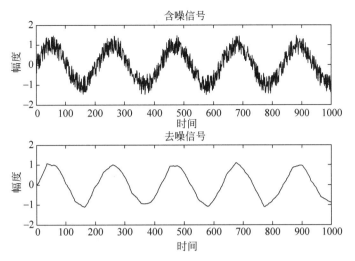

图 4-43　带有噪声的正弦信号小波去噪

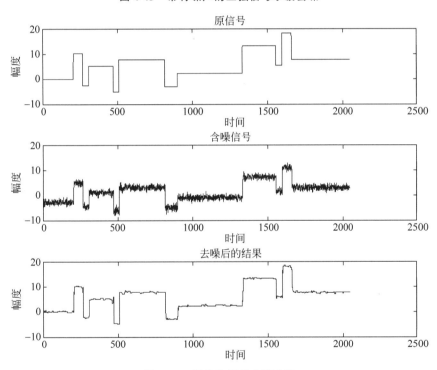

图 4-44　复杂信号的小波去噪

```
title('含噪信号');xlabel('时间');ylabel('幅度');
% 进行消噪处理
xd = wden(ns,'minimaxi','s','one',5,'db3');
subplot(2,1,2);
plot(xd);
title('去噪信号');xlabel('时间');ylabel('幅度');
```

图 4-44 代码如下。

```
snr = 5; % 噪声方差
[x, xn] = wnoise('blocks',11,snr);
```

```
k = 0:length(x) - 1;
subplot(311);plot(k,x);
title('原信号');xlabel('时间');ylabel('幅度');
subplot(312);plot(k,xn);
title('含噪信号');xlabel('时间');ylabel('幅度');
lev = 5;wn = 'db1';
% 利用 soft SURE 阈值规则去噪
xd1 = wden(xn, 'heursure', 's', 'one', lev, wn);
subplot(313);plot(k,xd1);
title('去噪后的结果');xlabel('时间');ylabel('幅度');
```

【例 4-4】 利用部分小波系数重建信号

1. 计算多级 DWT 和 IDWT 的函数为 wavedec 和 wrcoef

■ 分解函数调用格式为：$[C,L]=$ wavedec$(x,N,'wname')$

其中：

$x=$ waverec$(C,L,'wname')$

wname：小波名；

x：时域信号；

N：小波变换的级数；

$C=[cAN \ cDN \ cDN-1 \cdots cD1]$，为分解后的多个小波系数，L 则为各层分解的长度信息。C 和 L 的长度与最大分解层数 N 有关。

■ 重构函数调用格式为：x=wrcoef('type', C, L, 'wname', N)

其中：

type= 'a' 由第 N 级近似分量重建信号

type= 'd' 由第 N 级细节分量重建信号

wname：小波名；

若 $C=[cA3 \ cD3 \ cD2 \ cD1]$

x=wrcoef('a',C,L, 'wname',3)等效于 x=IDWT$\{[\mathbf{cA3} \ \mathbf{0} \ \mathbf{0}]\}$

x=wrcoef('a',C,L, , 'wname',2)

等效于 x=IDWT$\{[\mathbf{cA3} \ \mathbf{cD3} \ \mathbf{0}]\}$=IDWT$\{[\mathbf{cA2} \ \mathbf{0} \ \mathbf{0}]\}$

2. MATLAB 运行结果图形

图 4-45 为含噪信号的低频重构与高频重构。

3. MATLAB 程序完整代码

```
clear all;clc;close all;
seed = 2055415866;
snr = 3;                          % 设置信噪比;
[xref,x] = wnoise(1,11,snr,seed); % 产生非平稳含噪信号;
wname = 'db1';N = 3;              % 进行 3 尺度小波分解
type = 'a';                       % a 是大概 approximation(低频);d 是细节 detail(高频)
[C,L] = wavedec(x,N,wname);
sa = wrcoef(type,C,L,wname,N);    % N 不加,默认为 3
sd = wrcoef('d',C,L,wname);
figure;subplot(311);
plot(x); title('原信号');xlabel('时间');ylabel('幅度');
subplot(312);plot(sa); title('低频重构');xlabel('时间');ylabel('幅度');
subplot(313);plot(sd); title('高频重构');xlabel('时间');ylabel('幅度');
```

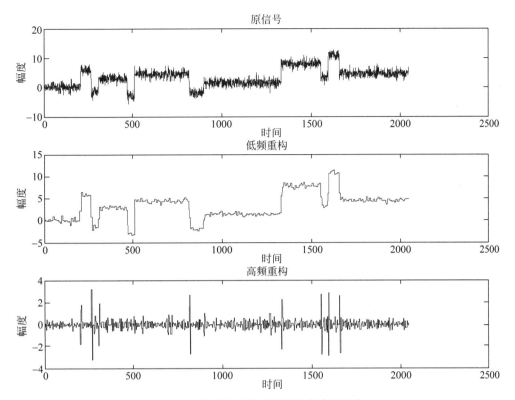

图 4-45 含噪信号的低频重构与高频重构

【例 4-5】 识别信号中的频率成分

以小波分析识别 MATLAB 自带的 sumsin 信号，此信号由三种不同频率正弦信号叠加而成。

1. MATLAB 运行结果图形

图 4-46 为含噪信号的各层近似分解，图 4-47 为含噪信号的各层细节分解。

2. MATLAB 程序完整代码

```
clear all;clc;close all;
load sumsin;s = sumsin;
figure(1);subplot(6,1,1);
plot(s);ylabel('s');title('原始信号和各层近似');
[c,l] = wavedec(s,5,'db3');
for i = 1:5
    decom = wrcoef('a',c,l,'db3',6 - i);
    subplot(6,1,i + 1);
    plot(decom);
    ylabel(['a',num2str(6 - i)]);
end
figure(2);subplot(6,1,1);
plot(s);ylabel('s');title('原始信号和各层细节');
[c,l] = wavedec(s,5,'db3');
for i = 1:5
    decom = wrcoef('d',c,l,'db3',6 - i);
    subplot(6,1,i + 1);
```

```
    plot(decom);
    ylabel(['d',num2str(6 - i)]);
end
```

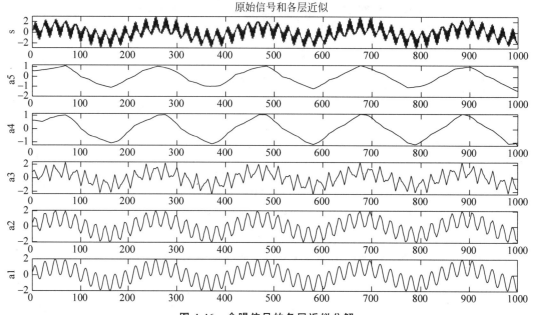

图 4-46　含噪信号的各层近似分解

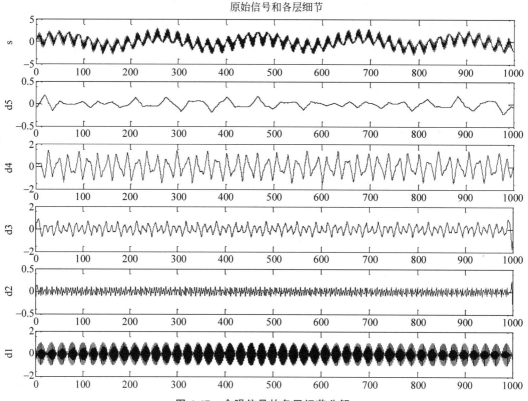

图 4-47　含噪信号的各层细节分解

【例 4-6】 小波包分解

小波包变换既可以对低频部分信号进行分解,也可以对高频部分进行分解,而且这种分解既无冗余,也无疏漏,所以对包含大量中、高频信息的信号能够进行更好的时频局部化分析。有一个信号 s 是由频率 100Hz 和 200Hz 的正弦波混合的,采样频率为 1024Hz,采样时间是 1s,我们用小波包来分解,信号时域波形如图 4-48 所示。

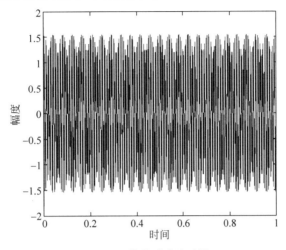

图 4-48 信号时域波形图

图 4-49 为小波包分解树,其中节点的命名规则是:(0,0)表示原始信号,从(1,0)开始,叫 1号,(1,1)是 2 号,以此类推,(3,0)是 7 号,(3,7)是 14 号。每个节点都有对应的小波包系数,这个系数决定了频率的大小。节点的顺序决定了时域信息,即频率变化的顺序。用到的小波分解函数为

T = wpdec(X,N,'wname')

其中:T 为小波包分解树,X 为待分解信号,N 分解层数,'wname'小波基选择,如图 4-50所示。

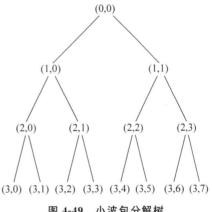

图 4-49 小波包分解树

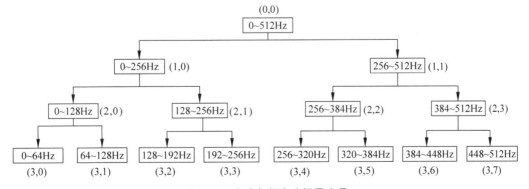

图 4-50 小波包频率分解及序号

图 4-51 为小波包分解时间频率图,其中 x 轴就是 1024 个点,对应 1s,每个点就代表 1/1024 秒。y 轴显示的数字对应于小波包树中的节点,从下面开始,顺序是 7 号节点,8 号,10 号,9 号,10 号,11 号节点,这个顺序是小波包自动排列的。注意 y 轴是频率,但不是 100Hz 和 300Hz。采样频率是 1024Hz,根据采样定理,理论最高频率是 512Hz,分解了 3 层,最后一层就是 $2^3 = 8$ 个频率段,每个频率段的频率区间是 512/8=64Hz,看图颜色重的地方一个是在 8 那里,一个在 13 那里。8 是第二段,也就是 64~128Hz,13 是第五段,也就是 256~320Hz。正好这个原始信号只有两个频率段 100Hz、300Hz。如果我们不是分解了 3 层,而是更多层,如将 3 改为 5,那么每个频率段包含的频率也就越窄,图上有颜色的地方也会更精细了。由于原始信号的频率在整个 1s 内都没有改变,所以有颜色的地方是一个横线。

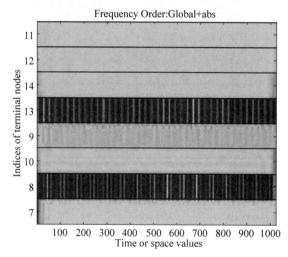

图 4-51 小波包分解时间频率图

分解后每个节点的小波包系数如图 4-52 所示。用到小波包分解系数函数为

$$X = \text{wpcoef}(T,N)$$

其中,X 为返回的小波包系数,T 为小波包分解树,N 为小波树节点。

以三层分解为例,小波包树中左边的节点是对上一节点的低通滤波,右边的节点是对上一节点的高通滤波。从根节点开始,每个节点的信号通过低通滤波和高通滤波之后都需要再进行一个向下采样的过程,即隔几个点采样一次,是一个降低采样率的过程,具体的这里为 2 倍下采样上,即只保留偶数序号的元素。经过高通滤波之后,下采样前的信号频谱带限于 $\left(\dfrac{\pi}{2} \sim \pi\right)$ 上(负频率部分与此对称)。对这一高频信号进行 2 倍下采样可以分解为两步:(1)将频谱展宽 2 倍并且幅度减半;(2)将频谱以 2π 为周期进行延拓。这样经过下采样后信号的频谱形状(0~π 内的部分)恰好左右翻转了,即原先的高频 π 变为了 0,低频 $\dfrac{\pi}{2}$ 变为了高频 π。因此,经过小波包分解后,所有经过了高频滤波并下采样的分量的频谱顺序都要翻转一次,即最终的频谱顺序形成格雷码的顺序。从根节点 (0,0) 开始,自上而下,通过高频滤波器我们就认为是"1",通过低通滤波器我们就认为是"0",将这些二进制码从左到右排列就是 000,001,011,010,110,111,101,100,分别对应于节点 (3,0),(3,1),(3,3),(3,2),(3,6),(3,7),(3,5),(3,4)。

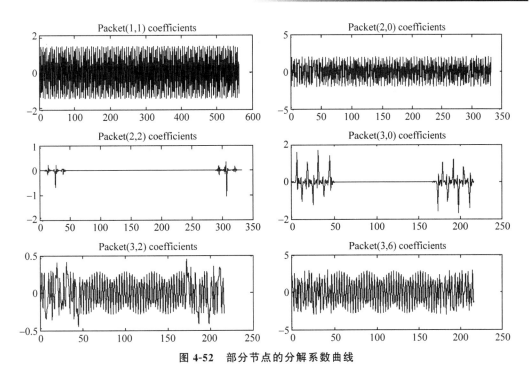

图 4-52 部分节点的分解系数曲线

MATLAB 程序完整代码:

```
clear all;clc;fs = 1024;                                % 采样频率
f1 = 100;                                               % 信号的第一个频率
f2 = 300;                                               % 信号的第二个频率
t = 0:1/fs:1;s = sin(2 * pi * f1 * t) + sin(2 * pi * f2 * t);   % 生成混合信号
wpt = wpdec(s,3,'dmey');            % 小波包分解,3 代表分解 3 层,'dmey'使用 meyr 小波
figure(1);plot(wpt)                                     % 画小波包树图
figure(2);plot(t,s);
xlabel('时间');ylabel('幅度');
wpviewcf(wpt,1);                                        % 画出时间频率图
figure(4);subplot(321); c1 = wpcoef(wpt,[1 1]);
plot(c1); title('Packet (1,1) coefficients');

subplot(322); c2 = wpcoef(wpt,[2 0]);
plot(c2); title('Packet (2,0) coefficients');

subplot(323); c3 = wpcoef(wpt,[2 2]);
plot(c3); title('Packet (2,2) coefficients');

subplot(324); c4 = wpcoef(wpt,[3 0]);
plot(c4); title('Packet (3,0) coefficients');

subplot(325); c5 = wpcoef(wpt,[3 2]);
plot(c5); title('Packet (3,2) coefficients');

subplot(326); c6 = wpcoef(wpt,[3 6]);
plot(c6); title('Packet (3,6) coefficients');
```

习题

4-1 分析小波变换、短时傅里叶变换与傅里叶变换有何异同点？

4-2 编写一个离散小波变换的 MATLAB 程序，实现信号的多分辨分析，并利用小波变换结果的逐级重建来实现信号的变分辨显示，对信号由粗到细地观察。

4-3 试对短时 Fourier 变换的下列性质加以证明：

(1) 短时 Fourier 变换是一种线性时频表示；

(2) 短时 Fourier 变换具有频移不变性。

4-4 对于 Haar 小波，验证下列公式是正确的：

(1) $\varphi(2t) = \sum_k h_0[k] \sqrt{2} \cdot \varphi(4t - k)$

(2) $\psi(2t) = \sum_k h_1[k] \sqrt{2} \cdot \varphi(4t - k)$

4-5 试着在计算机上编写一段程序：(1)实现一段语音数据或一幅图像的离散小波分解与重构，验证能否完全重构原始数据；(2)分析小波分解数据的统计特性，如均值、方差、分布等，和原始数据的统计特性相比，有何特点？

## 第 5 章

神 经 网 络

随着计算机技术的不断演进和发展,常规的计算机系统所具备的功能已很难再适应人类不断提高的现实需要,电子信息很多基础理论也随着更新,深度学习、强化学习等技术不断涌现,相关书籍也很多,但不管怎样改变其核心技术不过是神经网络+图像信号处理,所以有必要将核心技术作为经典理论列入现代信号处理课程之中。人工神经网络(Artificial Neural Network,ANN)的灵感来自其生物学。生物神经网络使大脑能够以复杂的方式处理大量信息,大脑的生物神经网络由大约 1000 亿个神经元组成,这是大脑的基本处理单元。神经元彼此之间相互连接形成复杂的网络来执行人类的各种生理功能,人工神经网络便是在这一启迪下而诞生的。人工神经网络作为 20 世纪 80 年代在人工智能领域中所兴起的研究热点,神经网络模仿人类脑中的神经元网络从而构建实现的一个模型,对数据信息进行提取、分析、处理,然后再将处理后的数据进行分类的一个过程。人们把这整个过程构建成为一个模型,即神经网络,这种网络依靠系统的复杂程度,通过调整内部大量节点之间相互连接的关系,从而达到处理信息的目的。本章首先介绍机器学习基础理论知识,包括算法、模型、线性回归、逻辑回归、梯度下降法,重点分析人工神经网络、BP 神经网络和卷积神经网络,并给出具体应用实例。

5.1 机器学习基础

5.1.1 基本概念

1. 机器学习与算法

机器学习(Machine Learning,ML)就是让计算机从数据中进行自动学习,得到某种知识(或规律)。作为一门学科,机器学习通常指一类问题以及解决这类问题的方法,即如何从观测数据(样本)中寻找规律,并利用学习到的规律(模型)对未知或无法观测的数据进行预测。图 5-1 是商品房销售记录散点图,散点图近似线性,我们试着去找一条直线,使得这些点尽可能靠近这条直线。找到这条直线后(模型),就可以预测房价,如 120 平方米多少钱,可以直观得到。通过已知数据点找到直线的过程称为**拟合**。也就是机器通过数据学习的过程,如何找到这根直线最为关键。

学习算法:就是从数据中产生模型的算法,在传统的编程范式中,通过编写程序规则,给定输入并计算,就会得到可预期的结果。但机器学习不一样,它会在给定输入和预期结果

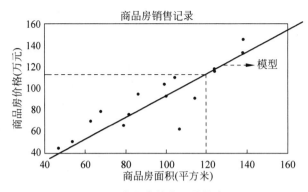

图 5-1　商品房销售记录散点图

的基础之上,经过计算(拟合数据)得到模型(规则)参数,这些模型参数反过来将构成程序中很重要的一部分。二者的差别如图 5-2 所示。

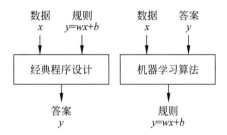

图 5-2　算法与传统程序设计比较

2. 机器学习分类

机器学习的分类如图 5-3 所示,分为监督学习、无监督学习、半监督学习、强化学习。本章主要介绍监督学习。

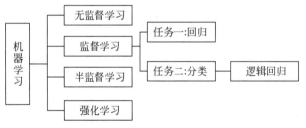

图 5-3　机器学习的分类

(1) 按照是否有监督,机器学习可以分为有监督学习和无监督学习。

有监督学习例子:小孩成长过程中,大人不断教小孩认识各种事物,比如什么是房子、什么是鸡、什么是狗等。当小孩被教导过多次之后,碰到一个从未见过的房子时,他也知道这是房子;碰到一只从未见过的小鸡时,他也知道这是小鸡。如果把小孩的大脑看作计算机的话,那么房子、小鸡在各个维度上的特征信息,比如“尺寸”“颜色”“是否移动”“能否发出声音”“形状”等信息,就通过小孩的眼睛、耳朵等“传感器”输入了小孩的大脑之中。大人教育小孩这是房子、那是小鸡等,就相当于告诉了小孩他所观察到的信息(“尺寸”“颜色”“是否移动”“能否发出声音”“形状”等)的“分类结果”。这种既给予“特征信息”又反馈“结果信息”的机器学习类型,就叫作“有监督学习”。形象地讲,有监督学习就是大人监督着小孩的学习过程和结果。

无监督学习例子：无监督与有监督学习的不同之处在于，无监督只给了训练样本的特征信息，但是没有告诉结果。比如我们去参加画展，画展上展出了古今中外的各种名画。虽然你对绘画知之甚少，但是当你看完了所有画之后，你也能够分出中国山水画、油画、抽象画。为什么呢？因为你会发现，有一类画都是用墨水画的山水；油画一般都很逼真，就像照相机拍的照片一样；有的画有很多稀奇古怪的线条，很难理解。虽然你不一定能够把每种画的名称对应上，但是你至少可以在没有人指导和告知你结果的情况下，把展示的画分为几类。这其实就是无监督学习里面的一种常用算法，叫作"**聚类**"。图 5-4 就是一种聚类表示，通过特征将样本分成三类。

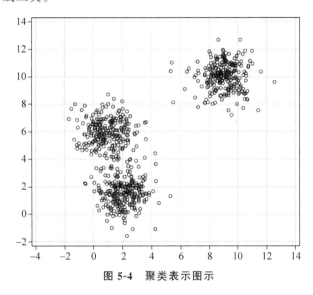

图 5-4 聚类表示图示

（2）按照预测值是连续还是离散，机器学习可以分为分类和回归。

比如，预测某个贷款申请人是否合格，这类学习任务就是"分类"，因为结果只有两种可能："合格"或者"不合格"。如果我们需要根据房屋所在地段、面积、朝向、建筑年代、开发商等信息进行房屋销售价格的预测，由于房屋的销售价格是一个连续变量，因此这类学习任务就是一个典型的"回归"任务。总的来说，如果预测值是离散变量，这类学习任务常常是"分类"；如果预测值是连续变量，这类学习任务常常是"回归"。相对无监督学习，有监督学习在工业界具有更大的影响力，我们日常所说的"机器学习"其实更多偏重于"有监督学习"。

3．过拟合与欠拟合

当我们训练一个机器学习模型时，我们希望它能够在新的未见数据上表现良好。然而，有时候模型可能无法很好地泛化到新数据，出现了两种常见的情况：过拟合和欠拟合。若训练样本的一般性质尚未学好，不能够很好地拟合数据，导致得到的模型在训练集上表现差，称为欠拟合。欠拟合可以比喻为一个学生连基本的知识都没有掌握好，无论是老题还是新题都无法解答。这种情况下，模型过于简单或者复杂度不足，无法充分学习数据中的特征和模式。

过拟合是指在训练集上表现好，但在测试集上却表现不好，本质上是学习算法把训练样本本身的特点当作所有潜在样本都具有的一般性质，导致泛化能力下降。过拟合可以比喻为一个学生死记硬背了一本题库的所有答案,但当遇到新的题目时无法正确回答。这种情况下,模型对于训练数据中的噪声和细节过于敏感,导致了过度拟合的现象,如图 5-5 所示。

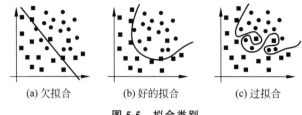

(a) 欠拟合　　　　　　(b) 好的拟合　　　　　　(c) 过拟合

图 5-5　拟合类别

5.1.2　线性回归

线性回归是利用数理统计中回归分析,来确定两种或两种以上变量间相互依赖的定量关系的一种统计分析方法,运用十分广泛,其表达形式为 $y = wx + b$。回归分析中,只包括一个自变量和一个因变量,且二者的关系可用一条直线近似表示,这种回归分析称为一元线性回归分析。如果回归分析中包括两个或两个以上的自变量,且因变量和自变量之间是线性关系,则称为多元线性回归分析。

1. 一元线性回归

现在举一个房屋销售的例子,销售记录数据如表 5-1 所示,我们要通过机器学习的方法得到模型,也就是通过已知数据点找到直线,上面我们称为拟合或回归,也就是机器通过数据学习的过程。

表 5-1　房屋销售记录

序号	房屋面积 (平方米)	销售价格 (万元)	序号	房屋面积 (平方米)	销售价格 (万元)
1	137.97	145.00	9	106.69	62.00
2	104.50	110.00	10	138.05	133.00
3	100.00	93.00	11	53.75	51.00
4	124.32	116.00	12	46.91	45.00
5	79.20	65.32	13	68.00	78.50
6	99.00	104.00	14	63.02	69.65
7	124.00	118.00	15	81.26	75.69
8	114.00	91.00	16	86.21	95.30

设数据模型为

$$y = wx + b \tag{5-1}$$

式中,x 为模型变量,w 权重(weights)、b 偏置值(bias)为模型参数。

图 5-6 为一元线性回归拟合曲线,每一条直线为可能模型曲线,那么哪条直线拟合的最好呢?是否应该有一个标准来衡量。

图 5-7 为一元线性回归拟合误差,直线为模型方程,则估计值 $\hat{y}_i$ 为

$$\hat{y}_i = wx_i + b \tag{5-2}$$

用拟合误差或残差表示拟合误差值,则残差为

$$y_i - \hat{y}_i = y_i - (wx_i + b) \tag{5-3}$$

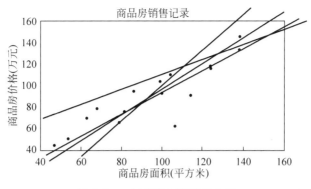

图 5-6　一元线性回归拟合曲线

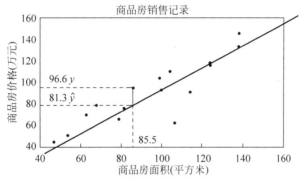

图 5-7　一元线性回归拟合误差

最佳拟合直线应该使得所有点的残差累计值最小。

（1）残差和最小

$$\text{Loss} = \sum_{i=1}^{n}(y_i - \hat{y}_i) = \sum_{i=1}^{n}(y_i - (wx_i + b)) \tag{5-4}$$

（2）残差绝对值和最小

$$\text{Loss} = \sum_{i=1}^{n}|y_i - \hat{y}_i| = \sum_{i=1}^{n}|y_i - (wx_i + b)| \tag{5-5}$$

（3）残差平方和最小

$$\text{Loss} = \frac{1}{2}\sum_{i=1}^{n}(y_i - \hat{y}_i)^2 = \frac{1}{2}\sum_{i=1}^{n}(y_i - (wx_i + b))^2 \tag{5-6}$$

说明：图 5-8 为拟合误差的残差累计值，其中上面点残差值为正，下面点残差值为负。使用绝对值避免正负值抵消问题，最值问题应该求导但绝对值不适合求导。这三种表示，残差平方和最好，1/2 是考虑到平方后求导运算的方便。

在式（5-6）中，样本点 (x_i, y_i) 是已知的，而变量 w、b 是未知的。这就归结为当 w、b 取何值时，损失函数 Loss 的求极值问题。所以有下面两式的偏导数为 0。

$$\begin{cases} \dfrac{\partial \text{Loss}}{\partial w} = \sum_{i=1}^{n}(y_i - b - wx_i)(-x_i) = 0 \\[4mm] \dfrac{\partial \text{Loss}}{\partial b} = \sum_{i=1}^{n}(y_i - b - wx_i)(-1) = 0 \end{cases} \tag{5-7}$$

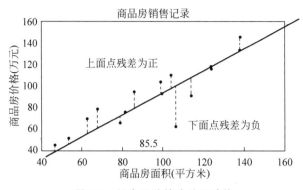

图 5-8 拟合误差的残差累计值

求得的解为式(5-8)，此解为**解析解**（Analytical solution），又称为**封闭解**（Closed-form solution）。

$$
\begin{cases}
w = \dfrac{\displaystyle\sum_{i=1}^{n} x_i y_i - \displaystyle\sum_{i=1}^{n} x_i \displaystyle\sum_{i=1}^{n} y_i}{n \displaystyle\sum_{i=1}^{n} x_i^2 - \left(\displaystyle\sum_{i=1}^{n} x_i\right)^2} \\[6mm]
b = \dfrac{\displaystyle\sum_{i=1}^{n} y_i - w \displaystyle\sum_{i=1}^{n} x_i}{n}
\end{cases}
\tag{5-8}
$$

可以简化为

$$
\begin{cases}
w = \dfrac{\displaystyle\sum_{i=1}^{n} (x_i - \bar{x})(y_i - \bar{y})}{\displaystyle\sum_{i=1}^{n} (x_i - \bar{x})^2} \\[6mm]
b = \bar{y} - w\bar{x}
\end{cases}
\tag{5-9}
$$

式中，$\bar{x}$、$\bar{y}$ 分别为 x、y 的平均值。这个解形式简洁，实际应用编程可以采用此公式。

2. 一元凸函数迭代法求极值

在前面的分析中，我们知道解析解很难求得，需要根据严格的推导和计算得到，是方程的精确解，能够在任意精度下满足方程。除了解析解以外还有数值解，是通过某种近似计算得到的解，能够在给定的精度下满足方程。

若损失函数 Loss 用 $f(x)=x^2+2$ 来表示，如图 5-9 所示，下面来说明迭代法求极值问题。在曲线方程中，导数代表切线的斜率。导数代表着参数 x 单位变化时，损失函数 $f(x)$ 相应的变化。若图中的点初始值为 x_0，该点的导数为正值，随着参数的减小，损失函数减小，因此导数从某种意义上还可以代表方向。

可以通过迭代方式求解，一直到找到最小值点。若初始值 $x_0=3$，步长为 0.2，则
$$f(3.2)=12.24, \quad f(3)=11, \quad f(2.8)=9.84$$
所以应该取 2.8 那个点，比较 $f(3)$ 和 $f(2.6)$ 的大小，以此类推。为了更好说明列出表格，如表 5-2 所示。

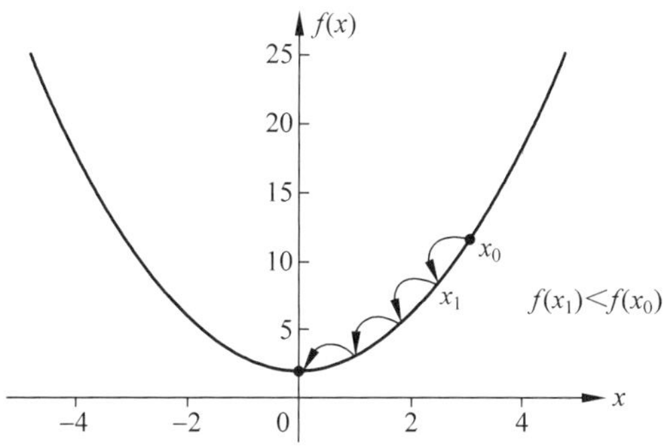

图 5-9　一元凸函数极值迭代求解

表 5-2　迭代法求极值(步长＝**0.2**)

迭代次数	x_i	候选值	$y=x^2+2$	取值	迭代次数	x_i	候选值	$y=x^2+2$	取值
0	3	2.8	9.84	√	8	1.4	1.2	3.44	√
		3.2	12.24				1.6	4.56	
1	2.8	2.6	8.76	√	9	1.2	1	3	√
		3	11				1.4	3.96	
2	2.6	2.4	7.76	√	10	1	0.8	2.64	√
		2.8	9.84				1.2	3.44	
3	2.4	2.2	6.84	√	11	0.8	0.6	2.36	√
		2.6	8.76				1	3	
4	2.2	2	6	√	12	0.6	0.4	2.16	√
		2.4	7.76				0.8	2.64	
5	2	1.8	5.24	√	13	0.4	0.2	2.04	√
		2.2	6.84				0.6	2.36	
6	1.8	1.6	4.56	√	14	0.2	0	2	√
		2	6				0.4	2.16	
7	1.6	1.4	3.96	√	15	0	−0.2	2.04	
		1.8	5.24				0.2	2.04	

步长 0.2 花费时间很多,可以修改成 0.5,具体如表 5-3 所示。

表 5-3　迭代法求极值(步长＝**0.5**)

迭代次数	x_i	候选值	$y=x^2+2$	取值	迭代次数	x_i	候选值	$y=x^2+2$	取值
0	3	2.5	8.25	√	4	1	0.5	2.25	√
		3.5	14.25				1.5	4.25	
1	2.5	2	6	√	5	0.5	0	2	√
		3	11				1	3	
2	2	1.5	4.25	√	6	0	−0.5	2.25	
		2.5	8.25				0.5	2.25	
3	1.5	1	3	√	7				
		2	6						

可以看出步长大了很快收敛,但是不是步长越大越好呢? 现在取步长＝0.7,从表 5-4
可以看出,最小值在 0.2 和 −0.5 之间来回震荡,无法达到最小值点震荡原因是步长过大,

跨过了最小值点。

表 5-4 迭代法求极值（步长＝0.7）

迭代次数	x_i	候选值	$y=x^2+2$	取值	迭代次数	x_i	候选值	$y=x^2+2$	取值
0	3	2.3	7.29	√	4	0.2	−0.5	2.25	√
		3.7	15.69				0.9	2.81	
1	2.3	1.6	4.56	√	5	−0.5	−1.2	3.44	
		3	11				0.2	2.04	√
2	1.6	0.9	2.81	√	6	0.2	−0.5	2.25	√
		2.3	7.29				0.9	2.81	
3	0.9	0.2	2.04	√	7	−0.5	−1.2	3.44	
		1.6	4.56				0.2	2.04	√

总结：步长太小，迭代次数多，收敛慢。步长太大，引起震荡，可能无法收敛。我们可以考虑离极值点远步长大些，离极值点近步长小些，步长和斜率成比例关系，这个思想就是梯度下降法原理。

3. 梯度下降法原理

梯度下降法，是一种基于搜索的最优化方法，是最小化一个损失函数。梯度下降是迭代法的一种，在求解损失函数的最小值时，可以通过梯度下降法来一步步地迭代求解，得到最小化的损失函数和模型参数值。

如图 5-10 梯度下降法求解示意图，斜率为 $\dfrac{\mathrm{d}f(x)}{\mathrm{d}x}$，步长为 $\eta\dfrac{\mathrm{d}f(x)}{\mathrm{d}x}$，$\eta$ 为学习率，η 取值影响获得求最优解的速度，取值不合适的话甚至得不到最优解，它是梯度下降的一个超参数。太小减慢收敛速度效率，太大甚至会导致不收敛。

对于一元凸函数迭代方程为

$$x_{k+1}=x_k-\eta\frac{\mathrm{d}f(x)}{\mathrm{d}x} \tag{5-10}$$

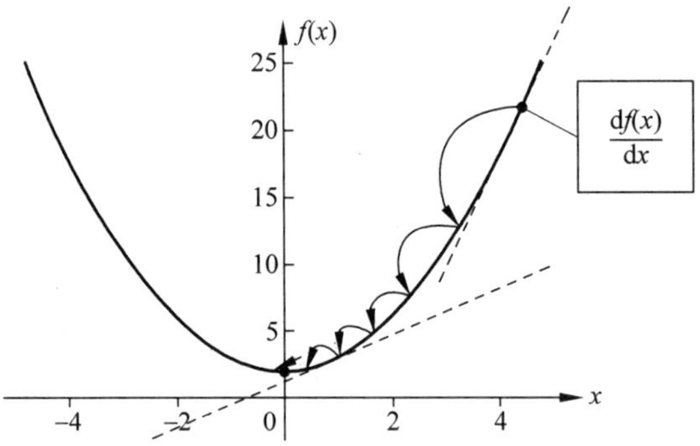

图 5-10　梯度下降法求解

上面为一元凸函数，对于二元凸函数求极值，迭代方程为

$$\begin{cases} x_{k+1}=x_k-\eta\dfrac{\mathrm{d}f(x,y)}{\mathrm{d}x} \\[2mm] y_{k+1}=y_k-\eta\dfrac{\mathrm{d}f(x,y)}{\mathrm{d}y} \end{cases} \tag{5-11}$$

梯度 $\mathbf{grad}\ f(x,y)=\dfrac{\partial f}{\partial x}\mathbf{i}+\dfrac{\partial f}{\partial y}\mathbf{j}$，其模为方向导数的最大值，方向为取得最大方向导数的方向。像下山一样，每次都找最陡方向下山是最快的。就是说只要能够把损失函数描述成凸函数，那么就一定可以采用梯度下降法，以最快的速度更新权值向量 w 找到使损失函数达到最小值点的位置。

4. 梯度下降法求解一元线性回归

对于一元线性方程 $y=wx+b$，根据式(5-6)，损失函数可以展开为

$$\text{Loss}=\frac{1}{2}\sum_{i=1}^{n}(y_i-\hat{y}_i)^2=\frac{1}{2}\sum_{i=1}^{n}(y_i-(wx_i+b))^2$$

$$=Aw^2+Bb^2+Cwb+Dw+Eb+F$$

这是一个凸函数，是一个求极值的问题，归结为 $\underset{w,b}{\operatorname{argmin}}\text{Loss}(w,b)$。

根据式(5-11)，得

$$\begin{cases} w_{k+1}=w_k-\eta\dfrac{\partial \text{Loss}(w,b)}{\partial w}\\[3mm] b_{k+1}=b_k-\eta\dfrac{\partial \text{Loss}(w,b)}{\partial b}\end{cases} \tag{5-12}$$

因为

$$\begin{cases} \dfrac{\partial \text{Loss}}{\partial w}=\sum_{i=1}^{n}(y_i-b-wx_i)(-x_i)\\[3mm] \dfrac{\partial \text{Loss}}{\partial b}=\sum_{i=1}^{n}(y_i-b-wx_i)(-1)\end{cases}$$

所以

$$\begin{cases} w_{k+1}=w_k-\eta\sum_{i=1}^{n}x_i(wx_i+b-y_i)\\[3mm] b_{k+1}=b_k-\eta\sum_{i=1}^{n}(wx_i+b-y_i)\end{cases} \tag{5-13}$$

这样，梯度下降法求解一元线性回归问题，可以归结为二元求极值问题，它们之间的关系可以用图 5-11 表示。

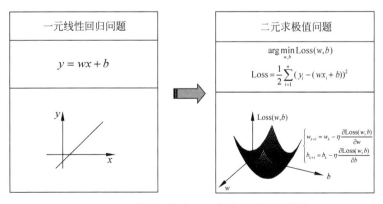

图 5-11　一元线性回归与二元极值问题之间的关系

对于梯度下降算法而言,最不友好的就是并不是所有的函数都有唯一的极值点。很大概率就是局部最优解,并不是真正的全局最优解。这还只是针对二维平面来说,如果对于高维空间更加相对复杂的环境,就更不好说了。解决方案是多次运行,随机化初始点。

5.1.3　逻辑回归

Logistic Regression 虽然被称为回归,但其实际上是分类模型,只不过它是在线性回归的基础上进行了扩展,使其可以进行分类了而已。同样地,逻辑回归与线性回归一样,也是以线性函数为基础的;而与线性回归不同的是,逻辑回归在线性函数的基础上添加了一个非线性函数,如 sigmoid 函数,使其可以进行分类。例如垃圾邮件识别、图片分类、疾病判断等,这些属于分类问题。分类器能够自动对输入的数据进行分类,如图 5-12 所示,输入部分为特征,而输出为离散值。

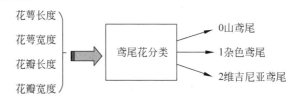

图 5-12　鸢尾花分类器

分类的实现过程可以用下面例子说明。

根据商品房的特征,如面积、房间数等来确定商品房的种类,是普通住宅还是高档住宅。这是一个二分类的问题,用 1 表示正例,用 0 表示反例,如图 5-13 所示。

图 5-13　商品房分类器

1. 阶跃函数

因为是二分类的问题,可以通过阶跃函数把线性回归模型转变成分类器,如图 5-14 所示。

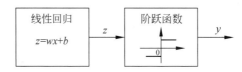

图 5-14　阶跃函数实现二分类

其中,阶跃函数表达式为

$$y = \begin{cases} 0, & z < 0 \\ 1, & z \geqslant 0 \end{cases}$$

若用 z 表示房价,用 1000000 元为衡量普通住宅和高档住宅,则

$$y = \begin{cases} 0, & z - 1000000 < 0 \\ 1, & z - 1000000 \geqslant 0 \end{cases}$$

但是阶跃函数有优缺点,若有 99 万和 101 万的房子本身差别不大,分类成普通住宅、高档住宅有些粗暴。

2. 对数几率函数（logistic function）

对数几率函数可以根据概率值实现分类。

$$y = \frac{1}{1 + e^{-z}} = \frac{1}{1 + e^{-(wx+b)}} \tag{5-14}$$

也可以写成

$$z = \ln \frac{y}{1-y} \tag{5-15}$$

式中，用 y 表示某件事发生概率，则 $1-y$ 表示未发生概率，它们的比值表示它们发生未发生概率相对可能性。

用对数几率函数实现的回归称为对数几率回归或逻辑回归（logistic regression）。线性回归结果作为对数几率函数自变量名字是回归，实现的却是分类器。不仅可以预测类别，还可以预测输入样本属于某个类别的概率。

对应的曲线如图 5-15 所示。

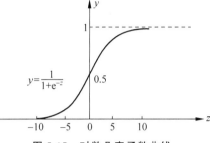

图 5-15　对数几率函数曲线

对数几率函数的特点是：单调上升，连续，光滑，n 任意阶可导。此时，上面的商品房分类，对 99W 和 101W 房子判断概率为 50%，这样的判断会比阶跃函数好。

对数几率函数形状像 S 型，是 sigmoid 函数的一种，用 $\sigma(z)$ 表示，以后一般来说，对数几率函数就是 sigmoid 函数。

$$\sigma(z) = \frac{1}{1 + e^{-z}} = \frac{1}{1 + e^{-(wx+b)}} \tag{5-16}$$

为了衡量模型的优劣使用损失函数，线性回归中使用的是平方损失函数，逻辑回归我们修改这个函数如下

$$\begin{aligned}
\text{Loss} &= \frac{1}{2} \sum_{i=1}^{n} (y_i - \hat{y}_i)^2 = \frac{1}{2} \sum_{i=1}^{n} (y_i - \sigma(wx_i + b))^2 \\
&= \frac{1}{2} \sum_{i=1}^{n} \left(y_i - \frac{1}{1 + e^{-(wx+b)}} \right)^2
\end{aligned} \tag{5-17}$$

平方损失函数在线性回归中是凸函数，而在逻辑回归中是非凸函数，可能导致局部最小值。我们知道

$$\begin{cases}
w_{k+1} = w_k - \eta \dfrac{\partial \text{Loss}}{\partial w} \\
b_{k+1} = b_k - \eta \dfrac{\partial \text{Loss}}{\partial b}
\end{cases}$$

根据式（5-17）可得

$$\begin{cases}
\dfrac{\partial \text{Loss}}{\partial w} = \sum_{i=1}^{n} (y_i - \sigma(wx_i + b))(-\sigma'(wx_i + b)x_i) \\
\dfrac{\partial \text{Loss}}{\partial b} = \sum_{i=1}^{n} (y_i - \sigma(wx_i + b))(-\sigma'(wx_i + b))
\end{cases}$$

由于 Sigmoid 函数大部分较平坦,导数趋近于 0,所以迭代公式步长小,更新缓慢。过程如图 5-16 所示。

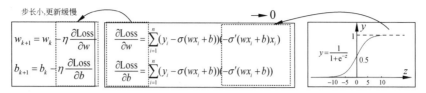

图 5-16　Sigmoid 函数回归过程演示

3. 交叉熵损失函数

逻辑回归通常使用交叉熵损失函数来代替平方损失函数,表示概率分布之间的误差

$$\text{Loss} = -\sum_{i=1}^{n} \left[y_i \ln \hat{y}_i + (1 - y_i) \ln(1 - \hat{y}_i) \right] \tag{5-18}$$

式中,

y_i 表示第 i 个样本的标记;

$\hat{y}_i$ 表示第 i 个样本的预测概率值,是 Sigmoid 函数的输出 $\hat{y}_i = \sigma(wx_i + b)$。

$\hat{y}_i$ 的值会无限接近于 0 或 1,但永远不会相等。

平均交叉熵损失函数

$$\text{Loss} = -\frac{1}{n}\sum_{i=1}^{n} \left[y_i \ln \hat{y}_i + (1 - y_i) \ln(1 - \hat{y}_i) \right] \tag{5-19}$$

能够得到

$$\begin{cases} \dfrac{\partial \text{Loss}}{\partial w} = \dfrac{1}{n}\sum_{i=1}^{n} x_i(\hat{y}_i - y_i) \\[3mm] \dfrac{\partial \text{Loss}}{\partial b} = \dfrac{1}{n}\sum_{i=1}^{n} (\hat{y}_i - y_i) \end{cases} \tag{5-20}$$

式中,$\hat{y}_i - y_i$ 表示误差,误差较大时步长大,更新较快;误差较小时步长小,更新较慢。另外,交叉熵损失函数无须对 σ 函数求导,是凸函数,由于是凸函数,所以得到的最小值就是全局最小值。

通过表 5-5 这一个例子说明交叉熵损失函数的优点。

表 5-5　训练集样本及预测值

样　　本	标　　记	预　测　值	结果判断
样本 1	0	0.1	正确
样本 2	0	0.2	正确
样本 3	1	0.8	正确
样本 4	1	0.99	正确

训练集的四个样本,预测值为模型预测出的概率,可以使用准确率来评价一个分类器的性能

$$\text{准确率} = \frac{\text{正确分类的样本数}}{\text{总样本数}} \tag{5-21}$$

显然,这个模型对四个样本概率预测都和标签的类别是一样的,能够正确地分类。

下面计算它们的交叉熵损失。

样本 1：$-(0\times\ln0.1+1\times\ln0.9)=-\ln0.9=0.1053$

样本 2：$-(0\times\ln0.2+1\times\ln0.8)=-\ln0.8=0.2231$

样本 3：$-(1\times\ln0.8+0\times\ln0.2)=-\ln0.8=0.2231$

样本 4：$-(1\times\ln0.99+0\times\ln0.2)=-\ln0.99=0.0100$

交叉熵损失：0.5616，平均交叉熵损失：0.1404，上面给出了准确率的计算和交叉熵损失的计算方法。下面给出对于具有相同准确率的两个模型进行交叉熵损失优劣的判断，具体如表 5-6、表 5-7 所示。

<table>
<tr><td colspan="4">表 5-6 模型 A</td></tr>
<tr><th>样本 A</th><th>标记</th><th>预测值</th><th>结果判断</th></tr>
<tr><td>样本 1</td><td>0</td><td>0.1</td><td>正确</td></tr>
<tr><td>样本 2</td><td>0</td><td>0.2</td><td>正确</td></tr>
<tr><td>样本 3</td><td>1</td><td>0.8</td><td>正确</td></tr>
<tr><td>样本 4</td><td>1</td><td>0.49</td><td>错误</td></tr>
</table>

<table>
<tr><td colspan="4">表 5-7 模型 B</td></tr>
<tr><th>样本 B</th><th>标记</th><th>预测值</th><th>结果判断</th></tr>
<tr><td>样本 1</td><td>0</td><td>0.49</td><td>正确</td></tr>
<tr><td>样本 2</td><td>0</td><td>0.45</td><td>正确</td></tr>
<tr><td>样本 3</td><td>1</td><td>0.51</td><td>正确</td></tr>
<tr><td>样本 4</td><td>1</td><td>0.1</td><td>错误</td></tr>
</table>

显然，模型 A 和模型 B 的准确率都是 75%，下面计算它们的交叉熵损失：

模型 A：

样本 1：$-(0\times\ln0.1+1\times\ln0.9)=-\ln0.9=0.1053$

样本 2：$-(0\times\ln0.2+1\times\ln0.8)=-\ln0.8=0.2231$

样本 3：$-(1\times\ln0.8+0\times\ln0.2)=-\ln0.8=0.2231$

样本 4：$-(1\times\ln0.49+0\times\ln0.51)=-\ln0.49=0.7133$

平均交叉熵损失：0.3162。

模型 B：

样本 1：$-(0\times\ln0.49+1\times\ln0.51)=-\ln0.51=0.6733$

样本 2：$-(0\times\ln0.45+1\times\ln0.55)=-\ln0.55=0.5978$

样本 3：$-(1\times\ln0.51+0\times\ln0.49)=-\ln0.51=0.6733$

样本 4：$-(1\times\ln0.1+0\times\ln0.9)=-\ln0.1=2.3025$

平均交叉熵损失：1.0617。

通过交叉熵平均损失看，模型 A 好于模型 B。

5.2 人工神经网络

5.2.1 神经元

神经科学研究表明，人脑中有大约 10^{11} 个神经元，每一个神经元都是与其他 $10^3 \sim 10^5$ 神经元连接的活跃的信息加工处理单位，数据信息会通过兴奋和抑制信号进行交换。神经元间的联系一般为短距离、对称、双向的，各神经元内存储着大量的数据信息，这些神经元的"微观活动"组成了人脑活动的"宏观效应"。神经网络是一种包含大量简单且相互关联的神经元的复杂网络化系统，它体现了人脑功能的很多关键特性，是一种十分复杂的、具有高度非线性的动态学习系统。神经网络具有大规模并行、分布式存储、自组织、自适应、自学习性强等特性,尤其适用于求解非准确、模糊性的复杂信息问题。同时神经网络也是人脑智慧的物质基础,是人工智能领域中最重要的技术之一。

图 5-17 为人脑神经元图,细胞突起分树突和轴突,左边的树突是神经元的输入部分,中间的区域为轴突,轴突是由细胞体向外冲出的最长的一条分支,形成一条通路,信号能经过此通路从细胞体长距离地传送到脑神经系统的其他部分,其相当于细胞的"输出端"。人脑是一个由 860 亿个这样的神经元组成的网络,神经元之间头尾相连,如图 5-18 所示。神经网络使计算机能够掌握感性思维。

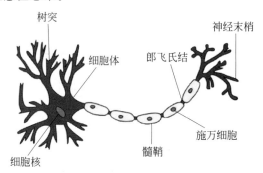

图 5-17 人脑神经元图

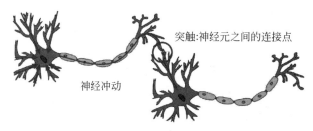

图 5-18 神经元连接方式

神经元有两种状态,分别为抑制和兴奋状态。平时生物神经元都处于抑制状态,轴突无输入。当树突输入的刺激累计达到一定程度,超过某个阈值时,神经元由抑制状态转为兴奋状态,同时通过轴突向其他神经元发送信号,这种能够传导的兴奋称为神经冲动。通常,轴突的末端分出许多末梢,它们同后一个生物神经元的树突构成一种称为突触的机构,前一个生物神经元的信息由其轴突传到末梢之后,通过突触对后面各个神经元产生影响。

5.2.2 M-P 神经元

1943 年,美国心理学家麦克洛奇(Mcculloch)和数学家皮兹(Pitts)提出了 M-P 神经元模型(取自两个提出者姓名的首字母),这是最早、也是最简单的神经网络算法的模型,所谓M-P 模型,其实是按照生物神经元的结构和工作原理构造出来的一个抽象和简化了的模型,它实际上就是对单个神经元的一种建模,属于人造神经元,M-P 神经元模型如图 5-19 所示。

(1) 输入部分模拟树突,设神经元的输入向量为 $\boldsymbol{X} = (x_1, x_2, \cdots, x_m)^\mathrm{T}$,其中 x_j 表示第 j 个输入,m 表示输入神经元的个数。

(2) 输入连接到神经元节点的加权向量为 $\boldsymbol{W} = (w_1, w_2, \cdots, w_m)^\mathrm{T}$,其中 w_i 表示输入

到节点的加权值,即来源不同分配不同的权重,神经元的阈值用 b 表示,也称为偏置,求和、阈值构成的节点用来模拟细胞核。

(3) 阶跃函数模拟神经兴奋,一般称为激活函数或激励函数(Activation Function)。

(4) 输出 y 用来模拟轴突。

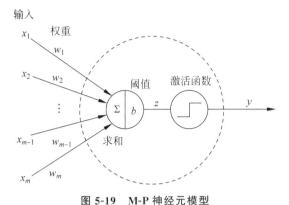

图 5-19　M-P 神经元模型

中间结果 z 用式(5-22)表示

$$z = \sum_{j=1}^{m} w_j x_j - b \tag{5-22}$$

输出为 $y = \text{step}(z)$,阶跃函数用式(5-23)表示

$$\text{step}(z) = \begin{cases} 1, & z \geqslant 0 \\ 0, & z < 0 \end{cases} \tag{5-23}$$

其中的阶跃函数为非线性函数,又称为激活函数(Activation Function)。令 $w_0 = -b$、$x_0 = 1$,则 M-P 神经元完整数学表示式

$$y = \text{step}\left(\sum_{j=1}^{m} w_j x_j - b\right) \quad j = 1, 2, \cdots, m$$

$$= \text{step}(w_0 x_0 + w_1 x_1 + \cdots + w_m x_m) = \text{step}(\boldsymbol{W}^{\mathrm{T}} \boldsymbol{X}) \tag{5-24}$$

M-P 神经元中的权值向量 W 无法自动学习和更新,因此不具备学习的能力。

5.2.3　感知机

我们知道,一个人的智力不完全由遗传决定,大部分来自于生活经验。也就是说人脑神经网络是一个具有学习能力的系统。在人脑神经网络中,每个神经元本身并不重要,重要的是神经元如何组成网络。不同神经元之间的突触有强有弱,其强度是可以通过学习(训练)来不断改变的,具有一定的可塑性。不同的连接形成了不同的记忆印痕,1949 年,加拿大心理学家 Donald Hebb 提出突触可塑性的基本原理。当神经元 A 的一个轴突和神经元 B 很近,足以对它产生影响,并且持续地、重复地参与了对神经元 B 的兴奋,那么在这两个神经元或其中之一会发生某种生长过程或新陈代谢变化,神经元 A 作为能使神经元 B 兴奋的细胞之一,它的效能加强了。这个机制称为赫布理论(Hebbian Theory)或赫布法则(Hebb's Rule)。如果两个神经元总是相关联地受到刺激,它们之间的突触强度增加,这样的学习方法被称为赫布型学习(Hebbian Learning)。

巴甫洛夫的小狗进食实验大家比较熟悉,过程如图 5-20 所示。狗在每次进食时会有唾液的分泌,每次当小狗在吃食时,就在旁边同时敲铃铛。通过无数次的重复实验,狗一看到食物,铃铛同时也会响起,在食物和铃铛之间建立了一种紧密的联结,后来狗一听到铃铛,就知道喂食的时间到了,自然分泌出大量的唾液来。说明了进食神经元与听觉神经元本无联系,但同时激发会强化联系。

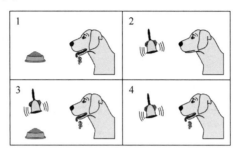

图 5-20　小狗进食实验

上面实验得出如下结论:

(1) 在同一时间被激发的神经元间的联系会被强化;

(2) 如果两个神经元总是不能同步激发,它们之间的联系将会越来越弱,甚至消失;

(3) 神经网络的学习过程是发生在神经元之间的突触部位;

(4) 突触的联结强度与突触连接的两个神经元的活性之和成正比。

美国学者 Frank Rosenblatt 在 1957 年提出感知机模型,它是一种广泛使用的线性分类器,相当于最简单的人工神经网络。感知机由两层神经元组成,输入层接收外界输入信号后传递给输出层,输出层是 M-P 神经元。一个圆圈表示一个神经元,称为节点,输入层并没有发生计算,不计入神经网络层数。输出层是发生计算的功能神经元,所以感知机是一个单层的神经网络。感知机的学习就是给定有标记的训练数据集确定权重 W 的过程,如图 5-21 所示。

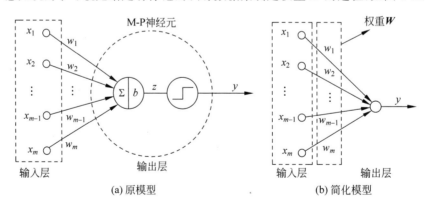

图 5-21　感知机模型

当输入层接收到的输入数据维度为 2 时,通过不同的权重及阈值配比,感知机可以实现逻辑的"与""或""非"运算。经过训练数据集的训练,感知机可以自动地学习到阈值及权重,下面通过一个简单的例子来说明。

【例 5-1】 计算机识别香蕉和苹果。

分析:将问题简单化,假设香蕉和苹果都只有两个特征——颜色和形状,这两个特征都是基于视觉刺激得到的,用树突 p_1 代表输入颜色刺激状态,树突 p_2 代表形状刺激状态,权重 w_1 默认都设置为 1,即假设之前受到的颜色和形状的刺激一样多。再简化点,阈值 b 设为 0,我们定义 1 是苹果,0 是香蕉。

苹果和香蕉的两个特征设定一个值,便于机器计算,如表 5-8 所示。

表 5-8 水果特征

品 种	颜 色	形 状
1(苹果)	1(红色)	1(圆形)
0(香蕉)	−1(黄色)	−1(弯形)

预设 $w_1 = w_2 = 1$、$b = 0$,根据公式(5-24)

对苹果的鉴别如下:

$$z = 1 \times 1 + 1 \times 1 + 0 = 2$$

对香蕉的鉴别如下:

$$z = (-1) \times 1 + (-1) \times 1 + 0 = -2$$

接着选用 step 函数作为判别,$step(2) = 1$,$step(-2) = 0$,这样就完成了苹果和香蕉的判别,和我们预期的一样。

上面所有的结果都是基于设定好的相关参数 w_1,w_2 和 b 这些神经元关键权重参数。这需要使用感知机的一套学习规则,保证我们随意取个权重参数也能使输出的值是正常的。感知机的学习规则也是一种训练方法,目的是修改神经网络的权值和偏置。

$$\begin{cases} w(\text{new}) = w(\text{old}) + e \cdot p \\ b(\text{new}) = b(\text{old}) + e \end{cases}$$

其中,p 为输入特征,$e = \hat{y} - y$ 表示误差,$\hat{y}$ 为期望的输出。

现在修改初始值为 $w_1 = 1$,$w_2 = -1$,$b = 0$。

(1)苹果的形状和颜色均输入属性 1。得到:

$$z = 1 \times 1 + (-1) \times 1 + 0 = 0$$

再通过阶跃函数 step,所以输出 $y = 0$。

(2)观察了结果,期望结果 1,实际得到了 0 这个结果,这里输出值错误了,我们利用感知机的学习规则计算误差。

$$e = \hat{y} - y = 1 - 0 = 1$$

再把误差值代入

$$w_1(\text{new}) = w_1(\text{old}) + e \cdot p = 1 + 1 \times 1 = 2$$

$$w_2(\text{new}) = w_2(\text{old}) + e \cdot p = 1 + (-1) \times 1 = 0$$

$$b(\text{new}) = b(\text{old}) + e = 0 + 1 = 1$$

(3)使用新的权值带入感知机,重新计算苹果的属性输入。

$$z = p_1 w_1 + p_2 w_2 + b = 1 \times 2 + 1 \times 0 + 1 = 3$$

再通过阶跃函数 step,所以输出 $y = 1$。

(4)纠正误差后,苹果判断正确。尝试判断香蕉。

$$z = p_1 w_1 + p_2 w_2 + b = (-1) \times 2 + (-1) \times 0 + 1 = -1$$

再通过阶跃函数 step,所以输出 $y = 0$。香蕉判断也正确,误差为 0,学习结束。

我们利用了感知机的(有监督)学习规则进行误差纠正,并把新的权值代入公式计算输出得到我们期望的值。在有监督的学习规则中,我们能通过期望值不断修正权重,最终得到一个可用权重并用已经训练好的感知机去做一些事情。将香蕉的 -1 更换成 0,得到表 5-9。你会发现香蕉和苹果分类就是个逻辑 AND 运算。

表 5-9 逻辑 AND 运算

品 种	颜 色	形 状
1(苹果)	1(红色)	1(圆形)
0(香蕉)	0(黄色)	0(弯形)

“与或非”属于线性可分的,可以通过这样感知机来实现。

单层感知机能够经过简单的学习实现输入值得“与”“或”“非”运算,但是单层感知机只能实现线性可分的数据学习(存在一个超平面使得数据分开),如图 5-22 所示。当线性不可分时单层感知机便无法处理,如“异或”操作,单层感知机即无法实现。为了能够使得感知机的适应范围更广,可以将多个感知机进行连接,构成多层感知机模型来适应更复杂的任务。

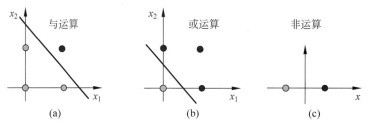

图 5-22 线性分类器的三种逻辑运算

5.2.4 多层神经网络模型

1. 非线性可分的异或运算实现

“与或非”属于线性可分的,可以通过感知机来实现。为解决线性不可分问题,可以在中间增加隐含层。而异或运算就属于线性不可分的,如图 5-23 所示,显然只能通过两条直线进行分隔。

“异或”运算可以采用图 5-24 的具有一个隐含层的神经网络来实现。

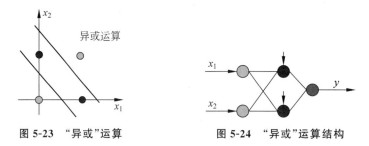

图 5-23 “异或”运算   图 5-24 “异或”运算结构

上面结构可拆分成一个“与”运算的感知机和一个“或非”运算的感知机的组合,如图 5-25 所示。

中间值 $z_1 = 2x_1 + 2x_2 - 3$,而输出 $h_1 = \text{step}(2x_1 + 2x_2 - 3)$,表 5-10 为计算结果列表。

表 5-10　与运算列表

(x_1,x_2)	z_1	h_1	(x_1,x_2)	z_1	h_1
$(0,0)$	-3	0	$(1,0)$	-1	0
$(0,1)$	-1	0	$(1,1)$	1	1

所以,按照实现的功能 $h_1=x_1x_2$,上面感知机实现功能为与运算。同上,拆分成的"或非"运算感知机如图 5-26 所示。

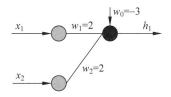

图 5-25　与运算的感知机

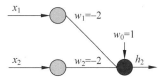

图 5-26　或非运算的感知机

中间值 $z_2=-2x_1-2x_2+1$,而输出 $h_2=\text{step}(-2x_1-2x_2+1)$,表 5-11 为计算结果列表。

表 5-11　或非运算列表

(x_1,x_2)	z_2	h_2	(x_1,x_2)	z_2	h_2
$(0,0)$	1	1	$(1,0)$	-1	0
$(0,1)$	-1	0	$(1,1)$	-3	0

所以,按照实现的功能 $h_2=\overline{x_1+x_2}$,上面感知机实现功能为或非运算,如表 5-12 所示。将上面两个感知机进行组合,得到的异或运算实现结构如图 5-27 所示。

表 5-12　异或运算列表

(x_1,x_2)	h_1	h_2	y	(x_1,x_2)	h_1	h_2	y
$(0,0)$	0	1	0	$(1,0)$	0	0	1
$(0,1)$	0	0	1	$(1,1)$	1	0	0

中间值 $z=-2h_1-2h_2+1$,而输出 $y=\text{step}(-2h_1-2h_2+1)=\overline{h_1+h_2}$,结构的第二部分与第二个感知机结构是一样的,也是或非运算。

$$y=\overline{h_1+h_2}=\overline{\overline{x_1x_2}+\overline{x_1+x_2}}=x_1\oplus x_2 \tag{5-25}$$

实际上,实现异或运算结构不是上面的一种,如图 5-28 就是另外一种异或运算实现结构,它是采用或运算、与非运算和与运算的组合结构。

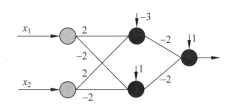

图 5-27　异或运算实现结构

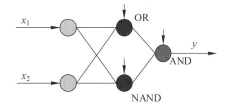

图 5-28　异或运算其他实现结构

表 5-13 为图 5-28 的异或运算实现结构的运算列表。

表 5-13 　 图 5-28 异或运算列表

(x_1,x_2)	**OR**	**NAND**	**AND**	(x_1,x_2)	**OR**	**NAND**	**AND**
$(0,0)$	0	1	0	$(1,0)$	1	1	1
$(0,1)$	1	1	1	$(1,1)$	1	0	0

对于线性不可分的图 5-23 异或运算,可以采用多个感知机构成图 5-27,或者采用图 5-28 的实现结构。

2. 不同边界的线性不可分结构

不同边界的线性不可分数据的实现逻辑如图 5-29 所示,一个直线用一个感知机实现,只要有足够多直线组合在一起,就可以构造复杂的边界。

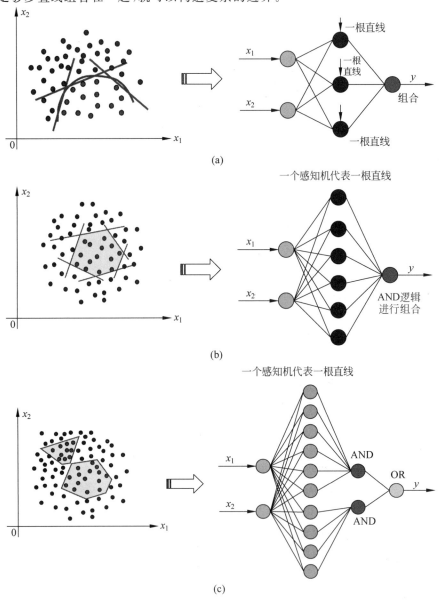

图 5-29　不同边界的线性不可分数据的实现逻辑

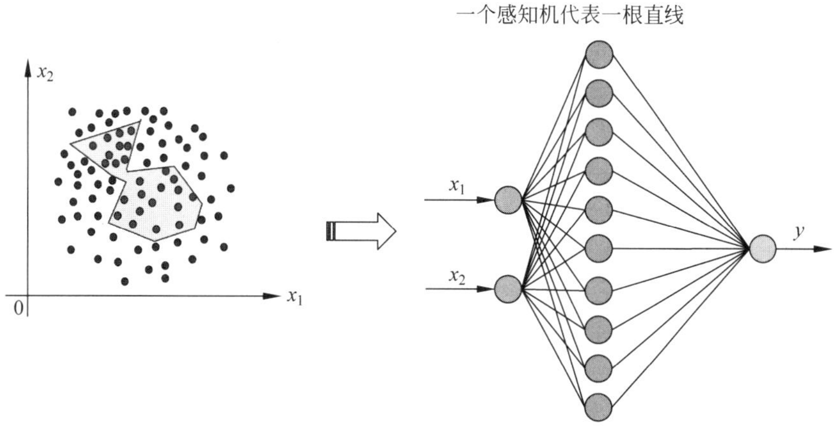

一个感知机代表一根直线

(d)

图 5-29　（续）

　　如果神经网络中有足够的隐含层，每个隐含层中有足够多的神经元，神经网络就可以表示任意复杂函数或空间分布。但多层神经网络的设计一般不需要精确确定设计隐含层层数、结构和权值，一般根据经验大概确定就可以，之后通过训练数据集，通过迭代算法自动选择最佳权值，如果效果不好再调整层数等参数，一直到最优效果。

　　神经网络的层数和每层神经元个数是很灵活的，图 5-29(c)、(d)就只有一个隐含层，10个神经元构造了 10 边形区域，实现了对这个数据集的分类。有人把神经网络比喻成一个黑箱，我们只需要把数据喂进去，并且告诉它我们想要的结果，那么它就会根据算法自动更新权值。所以在实际应用中不用刻意设计结构（包括层数和每层神经元个数），如果训练结果不好可以再重新调整，直到得到满意结果。

3. 前馈神经网络

　　前馈神经网络（Feedforward Neural Network，FNN），简称前馈网络，是人工神经网络的一种。前馈神经网络采用一种单向多层结构。其中每一层包含若干个神经元。在此种神经网络中，各神经元可以接收前一层神经元的信号，并产生输出到下一层。第 0 层叫输入层，最后一层叫输出层，其他中间层叫作隐含层（或隐藏层、隐层）。隐层可以是一层，也可以是多层。整个网络中无反馈，信号从输入层向输出层单向传播，可用一个有向无环图表示。

　　一个典型的多层前馈神经网络如图 5-30 所示。

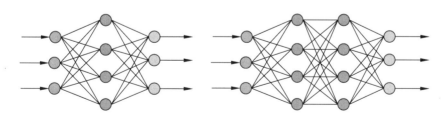

图 5-30　典型的多层前馈神经网络

　　（1）输入层：由输入单元组成，用来接收外部环境所传进来的信息，进而这些输入单元可以接收输入数据中各种不同的特征信息。

　　（2）隐藏层：介于输入层和输出层之间，这层的作用是对输入的数据进行分析，其中的函数联系着输入层和输出层的变量,对于越复杂的神经网络,其包含的隐藏层数目越多。

（3）输出层:生成最终的结果,每一个输出单元对应着某一特定的分类,为整个网络送出外部系统的结果值,该层往往与卷积神经网络中的全连接层相连接。

■ **前馈神经网络特点:**

（1）每层神经元只与前一层的神经元相连;

（2）处于同一层的神经元之间没有连接;

（3）各层间没有反馈,不存在跨层连接。

■ **万能近似定理**

在前馈型神经网络中,只要有一个隐含层,并且这个隐含层中有足够多的神经元,就可以逼近任意一个连续的函数或空间分布。也就是一个仅有单隐含层的神经网络,在神经元个数足够多的情况下,通过非线性的激活函数,足以拟合任意函数。

4. 全连接网络

全连接神经网络是一种连接方式较为简单的人工神经网络结构,属于前馈神经网络的一种,是一种多层的感知机结构。每一层的每一个节点都与上下层节点全部连接,这就是"全连接"的由来。整个全连接神经网络分为输入层、隐藏层和输出层,其中隐藏层可以更好地分离数据的特征,但是过多的隐藏层会导致过拟合问题。全连接网络与非全连接网络结构如图 5-31 所示。

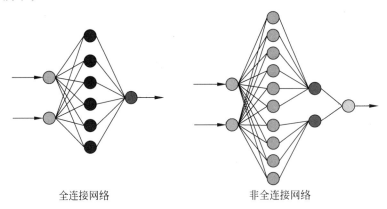

全连接网络　　　　　　　　　　非全连接网络

图 5-31　全连接网络与非全连接网络

5. 数据集

在机器学习中,训练集、验证集和测试集是数据集的三个重要部分,用于训练、评估和测试机器学习模型的性能。它们的定义和作用如下:

训练集:训练集是机器学习模型用于训练和学习的数据集,用来训练模型,确定模型参数。

验证集:验证集是用于评估模型性能的数据集。用于在训练过程中调整模型的参数和超参数,以提高模型的性能。验证集的作用是帮助开发人员调整模型,避免模型过拟合或欠拟合。

测试集:测试集是用于评估模型最终性能的数据集。与训练集和验证集互不重叠。测试集的作用是评估模型在未见过的数据上的性能,并判断模型是否足够准确。

完整工作过程:如图 5-32 使用训练集训练模型,训练完成后用验证集评估模型效果,根据在验证集上活动的效果去调整模型超参数,直到获得在验证集上效果最好的那个模型,最后再用测试集确认这个模型效果是否符合预期,如果通过测试,那么训练过程才算结束。

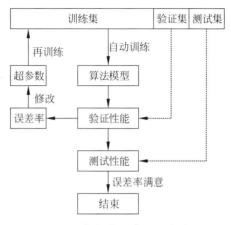

图 5-32 数据集组成及工作过程

通俗地讲,训练集等同于学习知识,验证集等同于课后测验检测学习效果并且查漏补缺,测试集是期末考试评估这个模型到底怎样。

在实际应用中,数据集通常被划分为训练集、验证集和测试集三个部分,划分的比例取决于具体问题和数据集的大小。一般来说,训练集的比例较大,通常占总数据集的 $60\%\sim80\%$;验证集的比例较小,通常占总数据集的 $10\%\sim20\%$;测试集的比例也较小,通常占总数据集的 $10\%\sim20\%$。

5.2.5 误差反向传播算法

误差反向传播算法(Error) Back Propagation 算法,简称 BP 算法。BP 神经网络是由一个输入层、一个输出层和一个或多个隐层构成的,它的激活函数采用 sigmoid 函数。在这其中,输入信号经输入层输入,通过隐层计算,由输出层输出。输出值与标记值比较,若有误差,将误差反向由输出层向输入层传播,在这个过程中,利用梯度下降算法对神经元权值进行调整。

为了便于理解,我们首先来看一个简单的例子。一个隐含层的简单神经网络模型如图 5-33,它的输入层、隐含层和输出层都只有一个节点。隐含层和输出层的激活函数都使用 Sigmoid 函数,隐含层神经元接收输入值 x。

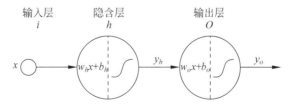

图 5-33 一个隐含层的简单神经网络模型

有如下表达式成立

$$z_h = w_h x + b_h \quad z_o = w_o x + b_o$$

$$y_h = \frac{1}{1+e^{-z_h}} \quad y_o = \frac{1}{1+e^{-z_o}}$$

$$\text{Loss} = \frac{1}{2}\sum_{i=1}^{n}(y_i - \hat{y}_i)^2 = \frac{1}{2}\sum_{i=1}^{n}\left(y_i - \frac{1}{1+e^{-(wx+b)}}\right)^2$$

这个神经网络中的所有模型参数是 w_h、b_h、w_o、b_o。

训练的过程就是将样本数据 x 输入网络中,从而通过学习算法,寻找合适的模型参数,使得网络的输出 y_o 与样本数据的标签一致。假设现在有一个样本 $x:1$,$y:0.8$,其中 y 为标签值。我们将其输入到这个神经网络中,**按照如下过程进行训练**。

步骤一:设置模型参数初始值:$w_h=0.2$、$b_h=0.1$、$w_o=0.3$、$b_o=0.2$。

步骤二:正向计算预测值,采用公式:$y_h=\frac{1}{1+e^{-z_h}}$,$y_o=\frac{1}{1+e^{-z_o}}$。

步骤三:计算误差,采用公式:$\begin{cases} w_o^{(k+1)} = w_o^{(k)} - \eta\dfrac{\partial \text{Loss}}{\partial w_o} \\ b_o^{(k+1)} = b_o^{(k)} - \eta\dfrac{\partial \text{Loss}}{\partial b_o} \end{cases}$,$\begin{cases} w_h^{(k+1)} = w_h^{(k)} - \eta\dfrac{\partial \text{Loss}}{\partial w_h} \\ b_h^{(k+1)} = b_h^{(k)} - \eta\dfrac{\partial \text{Loss}}{\partial b_h} \end{cases}$。

步骤四:误差反向传播。

误差反向传播算法过程如图 5-34 所示,第一次求得预测值 $y_o=0.59$ 与样本标签 0.8 差距较大,需要误差调整网络参数,也就是训练网络。使用平方损失函数计算出预测值和标签值之间的误差,对误差损失函数的梯度信息进行反向传播,同时更新所有的模型参数,这里的学习率设定为 $\eta=0.5$。

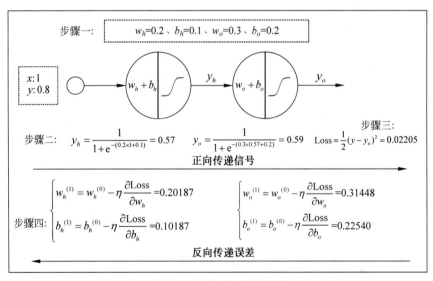

图 5-34　误差反向传播算法

计算误差损失函数对 w 和 b 的偏导数时,要用到链式求导法则,用图 5-35。

这三个函数之间是嵌套的关系,分别对每一项进行计算,再将这三个得到的值进行相乘,就得到了损失函数对 w_o 和 b_o 的偏导数。取学习率 $\eta=0.5$,根据迭代公式,更新 w_o 和 b_o 的值。现在,输出层的参数就已经更新好了。

$$\text{Loss}=\frac{1}{2}(y-y_o)^2 \qquad \boxed{\frac{\partial \text{Loss}}{\partial y_o}}=2\times\frac{1}{2}\,[-(y-y_o)]=-(0.8-0.59)=-0.21$$

$$y_o=\frac{1}{1+\mathrm{e}^{-z_o}} \qquad \boxed{\frac{\partial y_o}{\partial z_o}}=\frac{\mathrm{e}^{-z_o}}{(1+\mathrm{e}^{-z_o})^2}=y_o(1-y_o)=0.2419$$

$$z_o=w_o y_h+b_o \qquad \boxed{\frac{\partial z_o}{\partial w_o}}=y_h=0.57 \qquad \boxed{\frac{\partial z_o}{\partial b_o}}=1$$

$$\frac{\partial \text{Loss}}{\partial w_o}=\frac{\partial \text{Loss}}{\partial y_o}\cdot\frac{\partial y_o}{\partial z_o}\cdot\frac{\partial z_o}{\partial w_o}=-0.2\times0.2419\times0.57=-0.02895543$$

$$\frac{\partial \text{Loss}}{\partial b_o}=\frac{\partial \text{Loss}}{\partial y_o}\cdot\frac{\partial y_o}{\partial z_o}\cdot\frac{\partial z_o}{\partial b_o}=-0.050799$$

$$w_o^{(1)}=w_o^{(0)}-\eta\frac{\partial \text{Loss}}{\partial w_o}=0.31448 \qquad b_o^{(1)}=b_o^{(0)}-\eta\frac{\partial \text{Loss}}{\partial b_o}=0.2253995$$

图 5-35　链式求导法则（输出层参数更新）

下面，继续更新隐含层的参数，同上面方法一样，只不过网络层数加深，函数嵌套关系更加复杂，如图 5-36 所示。

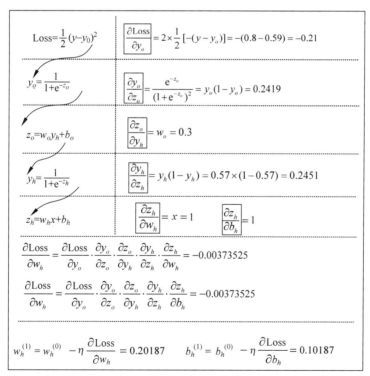

图 5-36　链式求导法则（隐含层参数更新）

到此为止，我们已经将这个神经网络中的四个模型参数都更新了，完成了一轮训练。接下来，再使用新的参数逐层正向计算得到新的预测值，然后和标签值进行比较计算误差，再逐层反向传播损失函数的梯度信息，更新模型参数，完成下一轮训练，如此循环，直到误差收敛到一个理想的值。

这个神经网络相对简单，每层只有一个神经元，因此，输出层的误差和梯度全部被反向传播给隐含层。如果隐含层中有多个神经元，那么误差项就会根据不同神经元的贡献程度，进行反向传播。这个贡献程度，是由它们的权值来决定的，如图 5-37 所示。

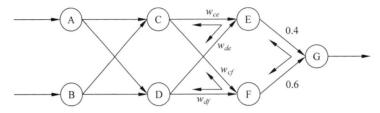

图 5-37　隐含层有多个神经元的误差反向传播

例如，权值一个是 0.4，一个是 0.6，那么就会把输出层的误差按照这个权值的比例分别传递给节点 E 和结点 F。

$$\begin{cases} \mathrm{Loss}E = 0.4\mathrm{Loss}G \\ \mathrm{Loss}F = 0.6\mathrm{Loss}G \end{cases}$$

同样隐含层节点 E 的误差，也按照连接的权值分别传递给节点 C 和节点 D。节点 C 和节点 D 接收到的来自节点 E 的误差用式（5-26）表示。

$$\begin{cases} \mathrm{Loss}C_E = \dfrac{w_{ce}}{w_{ce} + w_{de}}\mathrm{Loss}E \\ \mathrm{Loss}D_E = \dfrac{w_{de}}{w_{ce} + w_{de}}\mathrm{Loss}E \end{cases} \tag{5-26}$$

节点 F 的误差也按照权值分别传递给节点 C 和节点 D，节点 C 和节点 D 接收到的来自节点 F 的误差用式（5-27）表示。

$$\begin{cases} \mathrm{Loss}C_F = \dfrac{w_{cf}}{w_{cf} + w_{df}}\mathrm{Loss}F \\ \mathrm{Loss}D_F = \dfrac{w_{df}}{w_{cf} + w_{df}}\mathrm{Loss}F \end{cases} \tag{5-27}$$

对于节点 C 来说，它分别接收来自节点 E 和 F 传递过来的误差，下式为它接收到的误差。

$$\mathrm{Loss}C = \mathrm{Loss}C_E + \mathrm{Loss}C_F = \frac{w_{ce}}{w_{ce} + w_{de}}\mathrm{Loss}E + \frac{w_{cf}}{w_{cf} + w_{df}}\mathrm{Loss}F \tag{5-28}$$

同样对于节点 D 来说，它也是分别接收来自节点 E 和 F 传递过来的误差，下式为它接收到的误差。

$$\mathrm{Loss}D = \mathrm{Loss}D_E + \mathrm{Loss}D_F = \frac{w_{de}}{w_{ce} + w_{de}}\mathrm{Loss}E + \frac{w_{df}}{w_{cf} + w_{df}}\mathrm{Loss}F \tag{5-29}$$

可以想象，随着网络层数的加深以及每层中神经元个数的增加，误差反向传播算法的计算也会越来越复杂。幸运的是，TensorFlow 有自动计算梯度的功能，我们在编程时是不需要这样手动推导公式，可以直接编写代码实现。总结一下，多层神经网络的训练是通过梯度下降法训练模型参数，其中，梯度的计算是通过误差反向传播算法来进行的。训练的过程可以概括为：正向传递信号，反向传递误差。

5.2.6　激活函数

我们需要知道,如果在神经网络中不引入激活函数,那么在该网络中,每一层的输出都是上一层输入的线性函数,无论最终的神经网络有多少层,输出都是输入的线性组合;其一般也只能应用于线性分类问题中。若想在非线性的问题中继续发挥神经网络的优势,则此时就需要通过添加激活函数来对每一层的输出做处理,引入非线性因素,使得神经网络可以逼近任意的非线性函数,加入非线性激励函数后,神经网络就有可能学习到平滑的曲线来分割平面,而不是用复杂的线性组合逼近平滑曲线来分割平面,使神经网络的表示能力更强了,能够更好地拟合目标函数,激活函数在神经网络中的位置如图 5-38 所示。

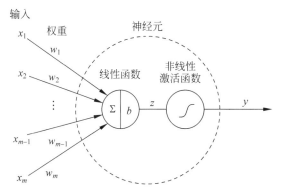

图 5-38　线性函数＋非线性激活函数构成的神经元

兼顾计算的简单性和网络的灵活性,神经元的计算分为两步,线性函数＋非线性激活函数。其中 z 是所有输入的线性组合。

$$z = \sum_{j=1}^{m} w_j x_j + w_0 = \boldsymbol{W}^{\mathrm{T}} \boldsymbol{X} \tag{5-30}$$

z 通过激活函数得到输出 y,可以表示成

$$y = f(z) = f(\boldsymbol{W}^{\mathrm{T}} \boldsymbol{X}) \tag{5-31}$$

为了使神经网络具有良好表示能力和学习能力,**激活函数通常具有如下性质:**

(1) 简单的非线性函数;

(2) 连续并可导,可以使用梯度下降法;

(3) 单调函数,保证损失函数为凸函数更容易收敛。

下面介绍几种常用的激活函数:

1. Sigmoid 函数

Sigmoid 函数,又称为 Logistic 函数,是一种用于神经网络隐藏层神经元输出的函数。它将一个实数作为输入,并将其映射到位于 0 和 1 之间的值域内,输出的是概率值。当输入较小时被抑制,输入超过某个阈值时,会产生兴奋,随输入增大而增大。逻辑回归中常用它作为激活函数。图像类似于 S 形曲线,如图 5-39 所示。

2. Tanh 激活函数

Tanh 激活函数也称为双曲正切(Hyperbolic Tangent)激活函数。Tanh 函数的输出以 0 为中心,将值压缩至 −1 到 1 的区间内。

$$\text{Tanh}(z) = \frac{\sinh(z)}{\cosh(z)} = \frac{e^z - e^{-z}}{e^z + e^{-z}} \tag{5-32}$$

Tanh 函数和 Sigmoid 函数的图像曲线相似,Tanh 函数如图 5-40 所示。

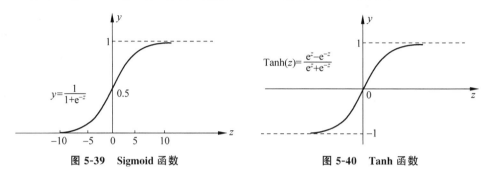

图 5-39 Sigmoid 函数   图 5-40 Tanh 函数

3. ReLU 激活函数

ReLU 函数全称是修正线性单元(Rectified Linear Unit)。ReLU 是 Krizhevsky、Hinton 等在 2012 年 *ImageNet Classification with Deep Convolutional Neural Networks* 论文中提出的一种线性且不饱和的激活函数。ReLU 函数的数学表达式如下:

$$y = \begin{cases} z & z \geqslant 0 \\ 0 & z < 0 \end{cases} = \max(0, z) \tag{5-33}$$

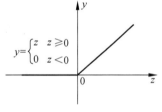

ReLU 函数是一种分段线性函数,加速了梯度下降的收敛速度,弥补了 Sigmoid 函数以及 Tanh 函数的梯度消失问题,在目前的深度神经网络中被广泛使用。图 5-41 即为 ReLU 函数的曲线图,可见在输入为负值时,输出均为 0 值,在输入大于 0 时,输出 $y = z$,可见该函数并非全区间可导的函数。

图 5-41 ReLU 函数

ReLU 函数优点:

(1) 相较于 Sigmoid 函数以及 Tanh 函数来看,在输入为正时,ReLU 函数不存在饱和问题,即解决了梯度消失(Gradient Vanishing)问题,使得深层网络可训练;

(2) 计算速度非常快,只需要判断输入是否大于 0 值;

(3) 收敛速度远快于 Sigmoid 以及 Tanh 函数;

(4) ReLU 输出会使一部分神经元为 0 值,在带来网络稀疏性的同时,也减少了参数之间的关联性,一定程度上缓解了过拟合的问题;

ReLU 函数缺点:

(1) ReLU 函数的输出也不是以 0 为均值的函数;

(2) 存在神经元活性失效问题(Dead Relu Problem),即某些神经元可能永远不会被激活,进而导致相应参数一直得不到更新,产生该问题主要原因包括参数初始化问题以及学习率设置过大问题;

(3) 当输入为正值,导数为 1,在"链式反应"中,不会出现梯度消失,但梯度下降的强度则完全取决于权值的乘积,如此可能会导致梯度爆炸问题。梯度爆炸一般出现在深层网络和权值初始化值太大的情况下,梯度爆炸会引起网络不稳定。

4. Leaky-ReLU 激活函数

Leaky-ReLU 函数的数学表达式如下：

$$y = \begin{cases} z & z \geqslant 0 \\ \dfrac{z}{a} & z < 0 \quad a \in (1, \infty) \end{cases} \tag{5-34}$$

图 5-42 即为 Leaky-ReLU 函数的曲线图。

Leaky-ReLU 函数优点：

（1）针对 ReLU 函数中存在的 Dead Relu Problem，Leaky-ReLU 函数在输入为负值时，给予输入值一个很小的斜率，在解决了负输入情况下的 0 梯度问题的基础上，也很好地缓解了 Dead Relu 问题；

（2）该函数的输出为负 ∞ 到正 ∞，即 leaky 扩大了 ReLU 函数的范围。

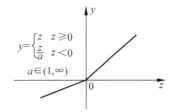

图 5-42　Leaky-ReLU 函数

Leaky-ReLU 函数缺点：

（1）理论上来说，该函数具有比 ReLU 函数更好的效果，但是大量的实践证明，其效果不稳定，故实际中该函数的应用并不多；

（2）由于在不同区间应用的不同的函数所带来的不一致结果，将导致无法为正负输入值提供一致的关系预测；

（3）超参数 a 需要人工调整。

5. Softmax 激活函数

Softmax 函数首先是一个函数，它将含有 k 个实值的向量转换为 k 个总和为 1 的实值向量。向量的 k 个输入值可以是正数、负数、零或大于 1，但 Softmax 能将它们转换为介于 0 和 1 之间，因此它们可以被解释为概率。如果其中一个输入较小或为负，则 Softmax 将其变成小概率，如果输入较大，则将其变成大概率，但始终保持在 0 和 1 之间。Softmax 计算公式如下：

$$\sigma(z)_i = \frac{e^{z_i}}{\sum\limits_{j=1}^{k} e^{z_j}} \tag{5-35}$$

其中所有 z_i 值都是输入向量的元素，可以取任何实数值。带入 Softmax 的结果其实就是先对每一个 z_i 取 e 为底的指数计算变成非负，然后除以所有项之和进行归一化处理，然后每个 z_i 就可以解释为在观察到的数据集类别中，特定的 z_i 属于某个类别的概率。

在多层神经网络中，网络的倒数第二层通常输出一组数字，如果不将这组数字适当缩放，那么这组数字将难以使用和理解。这里 Softmax 非常有用，因为它将倒数第二层输出的实值向量转换为归一化的概率分布，可以向用户显示或用作其他系统的输入。出于这个原因，通常会附加一个 Softmax 函数作为神经网络的最后一层，作为网络的输出层，用于多分类学习问题。

例如：如果我们采用输入向量 $[3, 0]$，我们可以将其放入 Softmax 函数中。

$$\sigma(z)_1 = \sigma(3) = \frac{e^3}{e^3 + e^0} = 0.953$$

$$\sigma(z)_2 = \sigma(0) = \frac{e^0}{e^3 + e^0} = 0.0474$$

从计算结果,我们可以看出有二个输出值,而且都是有效的概率,即它们位于 0 和 1 之间,并且它们的总和为 1。

5.3 卷积神经网络

深度神经网络,指的是有多层隐含层的神经网络,深度指神经网络的层数(多层)。这些隐含层不断地对输入的低层特征进行组合,形成更加抽象的高层特征。而卷积神经网络(Convolutional Neural Networks,CNN)是一种具有局部连接、权值共享等特点的深层前馈神经网络(Feedforward Neural Networks),是深度学习的代表算法之一,其主要用途是处理和识别图像。

深度学习三要素:数据、算法和计算力。数据量越大,深度学习的优势越明显。大规模深层神经网络需要算法创新和改进,使深度学习的性能和速度得到保障。训练大规模深层神经网络,需要强大的计算资源。也就是数据的几何级数增长,算法的创新和改进,计算机运算能力的提升,使得深度学习蓬勃发展成为可能。

5.3.1 特征工程

要解决一个机器学习问题,首先需要构建一个数据集。将原始数据转换为数据集的任务称为特征工程。尽可能选择和构建出好的特征,使得机器学习算法能够达到最佳性能。业内有一句广为流传的话是:数据和特征决定了机器学习的上限,而模型和算法是在逼近这个上限而已。由此可见,好的数据和特征是模型和算法发挥更大的作用的前提。特征工程通常包括数据预处理、特征选择、降维等环节。特征工程在机器学习流程中的位置如图 5-43 所示。

图 5-43 特征工程在机器学习流程中的位置

从图可以看出,特征工程处在原始数据和特征之间,特征工程的主要工作就是对特征的处理,包括数据的采集,数据预处理,特征选择,甚至降维技术等跟特征有关的工作。它的任务就是将原始数据"翻译"成特征的过程。而特征是原始数据的数值表达方式,是机器学习算法模型可以直接使用的表达方式。

并不是所有的属性都可以看作特征,区分它们的关键在于看这个属性对解决这个问题有没有影响。可以认为特征是对于建模任务有用的属性。如一个学生的信息包括:年龄、性别、籍贯、身高、体重、课程成绩、竞赛成绩、照片、手机、邮箱等,这些都是学生的属性。如果想选择学习成绩好的学生,则课程成绩、竞赛成绩这两个特征就很重要。如果想选择校园明星的选美,则照片,身高,体重这几个特征就很重要。所以说特征是与具体任务相关的。

特征工程特点:

(1) 依靠人工方式提取和设计特征;

（2）需要大量的专业知识和经验；

（3）特征设计和具体任务密切相关；

（4）特征的计算、调整和测试需要大量的时间。

需要强调的是使用深度神经网络"特征工程"就没有那么重要了，设定一个初始值，从原始数据低级特征到最后的高级特征，不断反向传递误差。对原始数据做一些必要的预处理即可。会自动从数据中学习特征，免去人工设计特征费时费力工作。

5.3.2 图像卷积运算

图像卷积操作（Convolution），或称为核操作（Kernel），是进行图像处理的一种常用手段。图像卷积操作的目的是利用像素点和其邻域像素之间的空间关系，通过加权求和的操作，实现模糊（Blurring），锐化（Sharpening），边缘检测（Edge Detection）等功能。图像卷积的计算过程就是卷积核按步长对图像局部像素块进行加权求和的过程。卷积核的实质是一个固定大小的权重数组，该数组中的锚点通常位于中心。

在深度学习中的卷积操作与图像卷积操作类似，但是在网络设计中其关键并不在于卷积核的具体值（由训练得来），而更在于对卷积核的大小和卷积层的堆砌位置。在学习卷积神经网络之前，我们需要学习图像卷积运算。图像卷积运算是一种图像处理算法，通过它可以实现很多不同的效果。例如，模糊图像中的细节。

图像卷积运算还可以提取图像中的边缘和轮廓，甚至把其变成浮雕效果。

数字图像在计算机中保存为一个矩阵，矩阵中每一个像素点的值就是图像中对应像素点的灰度值，对数字图像做卷积运算，就是对图像中的每一个像素点，用它周围像素点的灰度值加权求和，从而调整这个点的灰度值。首先，定义一个卷积核，卷积核也被称为卷积模板或卷积窗口。

1. 单通道卷积

现在以单通道卷积为例，如图 5-44 所示，输入为（1，5，5），分别表示 1 个通道，宽为 5，高为 5。假设卷积核大小为 3×3，padding＝0（不填充像素），stride＝1（滑动步长为 1）。卷积核的尺寸决定了卷积运算的范围，它应该是一个奇数，这样才有一个中心点，一般为 3×3、5×5 或者 7×7 的。卷积核中的数字就是这个点和它周围点的权值。

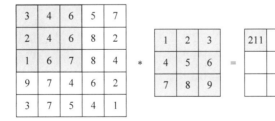

图 5-44 单通道卷积第一步运算

用卷积核（模板）在目标图像上滑动，将图像上的像素点依次对应到卷积核的中间像素处，每个像素点对齐后将图像上的像素灰度值与卷积核对应位置上的数值相乘，然后将相乘后的所有值相加，相加的结果作为当前像素的灰度值，并最终滑动完所有图像像素点的过程。

相应的卷积核不断的在图像上进行遍历，最后得到 3×3 的卷积结果，结果如图 5-45 所示。

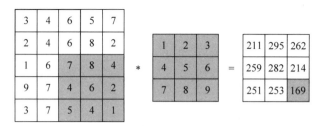

图 5-45　单通道卷积最后一步运算

2. 多通道卷积

彩色图片通常使用 RGB（Red、Green、Blue）三个颜色通道来表示。每个通道都是一个二维矩阵，表示红、绿、蓝三种颜色在图像中的分布情况。之前灰度图片是二维的，所以使用的卷积核也是二维的，现在彩色图片是三维的，所以使用的卷积核也应该是三维的了。也就是说原始图片有三个通道，而卷积核也必须要有三个通道，不然不可以进行卷积操作。如图 5-46，输入为 $(3,5,5)$，分别表示 3 个通道、宽为 5、高为 5。每个通道的卷积核大小仍为 3×3，padding$=0$，stride$=1$。

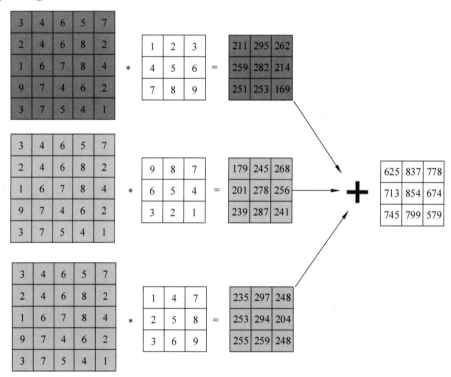

图 5-46　多通道卷积

如果我们把上述图像通道放在一块，计算原理过程还是与上面一样，堆叠后的表示如图 5-47 所示。

上面实际上是一个图像，一个卷积核，图像和卷积核各有三个通道而已。多通道卷积过程，应该是输入一张三通道的图片，这时有多个卷积核进行卷积，并且每个卷积核都有三通道，分别对这张输入图片的三通道进行卷积操作如图 5-48，其中，Cat 指的是张量的拼接操作运算。每个卷积核，分别输出三个通道，这三个通道进行求和，得到一个 Feature map，有

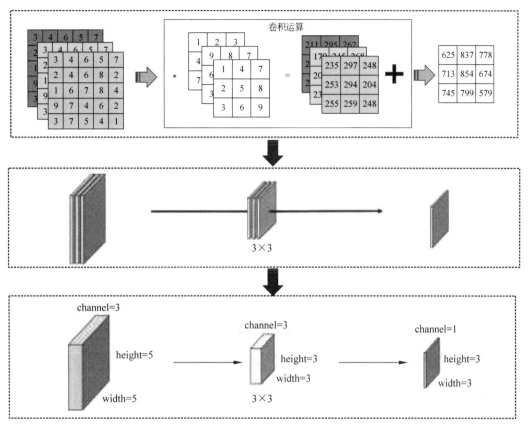

图 5-47　多通道卷积（合并）

多少个卷积核，就有多少个 Feature map。filters 的个数其实就是第一层神经网络的权值参数 W_i。

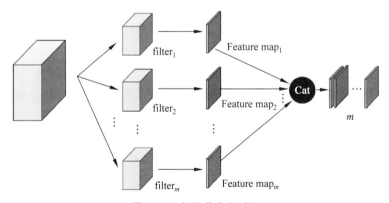

图 5-48　多通道卷积过程

3. 改变步长的卷积（Stride）

在上述卷积过程中，卷积层在输入矩阵中的移动，遵循相邻移动距离为一个单位。对于想要获得尺寸较小的输出矩阵，可以考虑改变步长（Stride），即在移动卷积层时，移动的距离为 n 个单位。图中①（浅色框）是第一次卷积层的位置，之后向右平移两个单位得到②（深色框）是第二次卷积层的位置。用图像来形象地说明如图 5-49 所示。

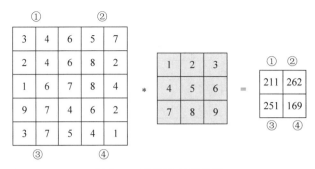

图 5-49　改变步长的卷积

4. 填充像素的卷积（Padding）

对于常规卷积（无论步长 Stride 的值），对输入矩阵进行卷积都会使输出矩阵的尺寸变小。对于特定需要保证一定尺寸的输出矩阵，例如，想要进行多次卷积，若一次卷积就使矩阵的尺寸较小，不利于下一次矩阵卷积。如图 5-45 所示，使用 3×3 的卷积核，卷积运算得到的新图像会比原图像小圈。使用 5×5 的卷积核时，最外面两层像素都无法进行卷积运算，得到的新图像会更小。如果希望卷积运算得到的图像与原图的大小一致，可以在卷积运算之前，在图像周围填充一圈 0，如图 5-50 所示。为了简单，把卷积核设定成简单形式，中心点值为 1，其他为 0。对于 3×3 的卷积核填充一圈 0，而对于 5×5 的卷积核需要填充两圈 0。当然，填充的数字不仅仅可以是 0，还可以是 255 或者其他值。例如，还可以将图像边界处的像素值直接向外延展。

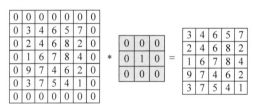

图 5-50　填充 0 的卷积

5.3.3　卷积神经网络的基本思想

对于一个全连接深度神经网络，其结构如图 5-51 所示，每一个节点都和它前面一层中的所有节点相连，隐含层可以自动学习数据中的特征，这样做的好处是可以最大限度地保留输入数据中的所有信息，不会漏掉原始数据中每个维度所贡献的信息。但是，采用这种全连接的方式，参数量会非常大，在网络训练过程中，更新参数所需要的计算量巨大，导致网络的收敛速度非常的慢。

下图为一张 100×100 像素的图片，看起来并不是很大，但是图像通常是直接以像素为单位输入神经网络中的，因此，这个图像被表示为一个 10000 像素点的向量。假设隐含层中的神经元数量和输入层一样，也是 10000 个，使用全连接网络，隐含层中的每一个节点都和输入图像中的每一个像素相连接。那么输入层到隐含层之间的模型参数数量级就达到了亿万级别，这样巨大的参数量非常难以计算和训练。具体的数量值为

$$数量值 = 10000\times10000 + 10000 = 10^{8}$$

"＋"后面的数字 10000 是神经网络中的偏置项，为了描述方便，下面的讲授中，暂时忽略。

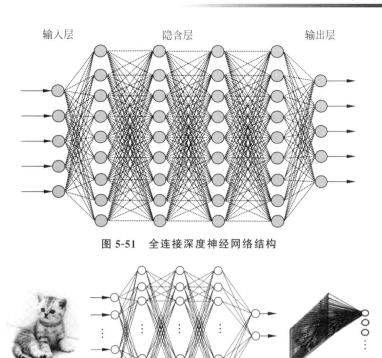

图 5-51 全连接深度神经网络结构

图 5-52 全连接计算量

根据对动物视觉系统的研究,视觉皮层的神经元是局部接受信息的,一个神经元所接受并响应的刺激区域称为感受野(Receptive Field)。受到生物神经元感受野的启发,很容易想到在图像中距离相近的像素联系较为紧密,而距离远的像素之间相关性则较弱。因此,隐含层中的神经元不用接收输入图片中的每一个像素值,而只需要对局部区域进行感知,然后在更高层将这些局部的信息综合起来,就可以得到全局的信息。例如,隐含层中的每一个神经元只和输入层中的一个 10×10 的区域连接,这种方式称为局部连接,如图 5-52、图 5-53 所示。

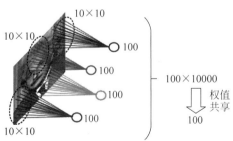

图 5-53 局部连接

经过局部连接,每个神经元只需要 100 个参数,隐含层中有 10000 个神经元,那么就一共需要 1000000 个参数。虽然参数数量只有全连接网络中参数数量的万分之一,但仍然还是太多。为了进一步减少模型参数的个数,我们规定隐含层中的所有神经元共享同一组参数,也就是说每个神经元对应的这 100 个参数是一样的。这样整个隐含层中的参数就只有 100 个。这种机制也被称为权值共享。

图 5-54 为之前介绍的卷积运算,卷积核在整个图像中从左向右、从上到下滑动,现在隐含层中有 10000 个神经元,它们的感受野范围相同,权值也都相同。是不是相当于使用同一个卷积核在整个图像上滑动做卷积运算。这 100 个权值共同构成了一个卷积核,因此,这种网络也被称为卷积神经网络。

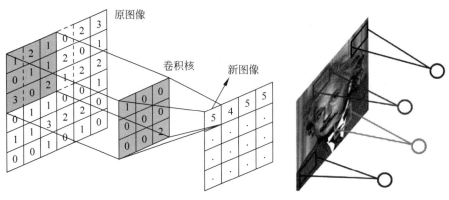

图 5-54 图像的卷积

这就好像让一群盲人去摸大象,如图 5-55 所示,不同的人摸出来的特征不同,把这些特征组合起来,就可以得出结论了,同时具备这些特征的动物就一定是大象。在卷积神经网络中,每一个卷积核就相当于是一个盲人,可以提取出一种特征,多个卷积核就可以同时得到多个特征,把它们组合起来,就可以进行正确的判断或者分类了。如果有 k 个卷积核,就可以学习到 k 种特征,这时权值个数为 $100k$,再加上神经网络中的偏置项,可训练参数的总个数则为 $110k$。要注意的是,当图像是彩色图像时,需要对 RGB 三个色彩空间分别进行卷积操作。

图 5-55 卷积核与特征

全连接层和卷积层对比如图 5-56 所示,在全连接前馈神经网络中,权重矩阵的参数非常多,训练的效率会非常低,如图 5-56(a)所示。而卷积层中的每一个神经元都只和下一层中某个局部窗口内的神经元相连,构成一个局部连接网络,如图 5-56(b)所示,卷积层和下一层之间的连接数大大减少。所有的同颜色连接上的权重是相同的,权重共享可以理解为一个滤波器只捕捉输入数据中的一种特定的局部特征。因此,如果要提取多种特征就需要使用多个不同的滤波器。

卷积神经网络核心思想

局部感知:一般认为,人对外界的认知是从局部到全局的,而图像的空间联系也是局部

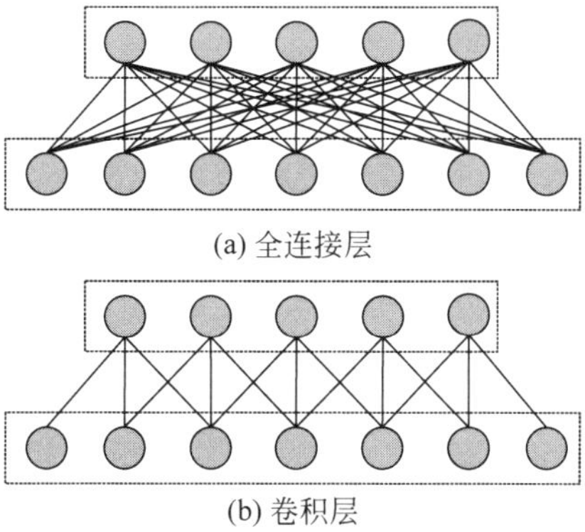

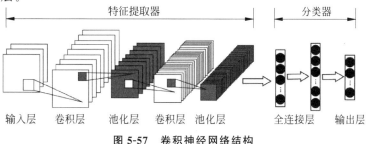

图 5-56　全连接层和卷积层对比

的像素联系较为紧密，而距离较远的像素相关性则较弱。因而，每个神经元其实没有必要对全局图像进行感知，只需要对局部进行感知，然后在更高层将局部的信息综合起来就得到了全局的信息。

参数共享：对输入的图片，用一个或者多个卷积核扫描照片，卷积核自带的参数就是权重，在同一个卷积核扫描的图层当中，每个卷积核使用同样的参数进行加权计算。权值共享意味着每一个卷积核在遍历整个图像的时候，卷积核的参数是固定不变的。

卷积神经网络同时具备了全连接网络和卷积运算的特点，同时又对它们进行了改进。全连接网络中参数量巨大，训练网络需要的计算量非常大，造成网络的收敛非常慢，甚至难以完成。卷积神经网络采用局部连接和权值共享机制，使得网络的结构更接近于实际的生物神经网络，降低了网络的复杂性，模型参数的数量远远小于全连接网络，而且由于同一层中的神经元权值相同，网络可以并行学习，这也是卷积神经网络相对于全连接网络的一大优势。

在传统的卷积运算中，卷积核的权值需要根据指定的任务进行人工设计，但是对于不同的任务，不同内容风格的图像，手工设计卷积核的局限性很大，而在卷积神经网络中，每个卷积核中的权值都是根据任务目标自动从训练数据中学习得到的，这样通过学习得到的卷积核显然更加灵活和智能。因此，在处理图像、语音这种复杂的高维数据时，使用卷积神经网络往往能够得到比较好的结果。

5.3.4　典型的卷积神经网络结构

一个典型的卷积网络是由输入层、卷积层、池化层、全连接层和激活层堆叠而成。目前常用的卷积神经网络结构如图 5-57 所示。分成特征提取和分类识别两个部分，卷积层和池化层组成特征层。

图 5-57　卷积神经网络结构

（1）输入层。

顾名思义，神经网络的输入即为输入层，在对图像处理的卷积神经网络中，输入层输入的信息为图片的像素点矩阵，蕴含了图像的长宽和色彩通道（Channel）等信息。在灰度图（Gray）模式下通道数量为1，矩阵值代表灰度等级；在RGB色彩模式下图像通道数量为3，矩阵值分别代表R、G、B三原色分量大小。

（2）卷积层。

卷积层是卷积神经网络（Convolutional Neural Networks，CNN）最重要的一个部分。

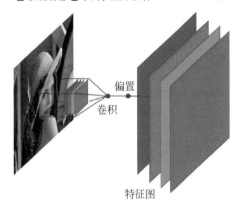

图 5-58 神经网络的卷积层

卷积层通过在输入数据上滑动固定大小的、可学习的滤波器（也称为卷积核）来实现卷积运算，由此获得输入数据中的边缘、纹理、形状等局部特征，并将其整合到更高级别的特征中。卷积层来源于人们对大脑神经元捕获信息方式的认识。正是卷积层取代了传统的手工提取特征的过程而大幅度提升了模型的效率。卷积层的输出称为"特征图"，可以作为输入传递给下一个卷积层或全连接层进行进一步处理和分类，如图5-58所示。

（3）池化层。

池化层可以降低特征图的维度，有效地减少特征图的维度，从而降低模型计算量和内存消耗，防止过拟合；池化操作可以提取图像的局部特征，比如最大值池化可以提取出图像的边缘特征，平均值池化可以提取出图像的整体纹理特征；池化操作可以使得特征不受输入图像的微小变化的影响，比如旋转、平移等操作，从而提高模型的鲁棒性；池化操作可以去除特征图中的冗余信息，保留图像中的重要信息，从而使模型更加精确和快速。

（4）全连接层。

全连接层是用来进行分类或回归等任务的。它将卷积层和池化层提取的特征进行组合和整合，将其展开成一维向量，然后通过矩阵乘法和激活函数的处理，将特征映射转换为最终的输出结果，使得模型能够更好地区分不同类别的数据。此外，全连接层也可以用来进行特征的降维和压缩，以减少模型的复杂度和计算量。

（5）输出层。

输出层是指在全连接层输出的非线性激活函数的一层。激活函数可以将输入信号进行非线性变换，使得神经网络可以学习到非线性的决策边界。常见的激活函数包括Sigmoid函数、ReLU函数、Leaky-ReLU函数等，它们的作用是将输入信号映射到不同的取值范围内，并且具有不同的非线性变换特性。激活层可以增加模型的表达能力，提高模型的准确率和泛化能力，也可以避免梯度消失或爆炸等问题，从而保证神经网络的训练稳定性。

前面给出了卷积神经网络结构以及结构中各层含义，其中卷积层和池化层需要重点说明一下。对于特征提取阶段，卷积层可以称为特征提取层，使用卷积核提取图像中的特征，一个卷积核在整张图像上提取的特征构成特征图。卷积层中包含多个卷积核，每个卷积核都输出一个特征图，来提取图像的不同特征。在卷积核之后会定义一个激活函数，一般采用

ReLU 函数。

池化层（Pooling）一般又称为特征映射层,是一种形式的降采样,在减小数据处理量的同时,保留有用的信息。将输入的图像划分为若干矩形区域,对每个子区域输出最大值。池化层会不断地减小数据的空间大小,因此参数的数量和计算量也会下降,这在一定程度上也控制了过拟合。通常来说,CNN 的卷积层之间都会周期性地插入池化层。就是将 6×6 图像按照 2×2 小区域分割,把每个小尺寸合并成一个像素,取每个块的最大值,如图 5-59 所示。

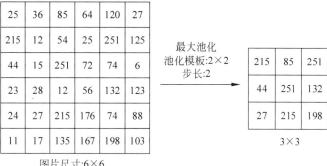

图 5-59　池化过程

最大池化就是在缩小图像的同时,对每个块中最亮像素采样,可以得到图像的主要轮廓。除了最大池化方法以外,还有均值池化、均方采样、归一化采样等方法,这里不再一一介绍。池化相当于又进行了一次特征提取。在网络前端卷积层中,每个神经元只连接输出图像很小范围,能够捕获图像局部细节信息,经过多层卷积、池化堆叠后,后面神经元逐层感受野加大,可以捕获更高层、更抽象的信息。从而得到图像在各个尺度上抽象表示。

目前,整个网络结构趋向于使用更小的卷积核（1×1 和 3×3）以及更深的结构（比如层数大于 50）。此外,由于卷积的操作性越来越灵活（如不同的步长）,池化层的作用也变得越来越小,因此目前比较流行的卷积网络中,池化层的比例正在逐渐降低,趋向于全卷积网络。

5.4　应用实例

5.4.1　开发工具与环境创建

开发工具主要由 Anaconda 和 PyCharm 构成,通过 Anaconda 为系统创建独立的虚拟环境,环境中包含各种所需的第三方库,PyCharm 作为开发工具,通过编辑代码实现系统所需功能。

1. 开发工具

（1）PyCharm。PyCharm 是 JetBrains 构建的 Python IDE,有着一整套实用的工具,它可以大大提高用户在用 Python 语言开发项目时的效率,它有着 IDE 所必备的调试、项目管理、智能提示和单元测试等功能。

（2）Anaconda。Anaconda 是一个安装、管理 Python 相关包的软件,自带 Python、Jupyter Notebook、Spyder 以及管理包与环境的 Conda 工具,使用起来非常方便。

（3）第三方库。第三方库的安装有多种方式,这里我们简单介绍三种常用的方式:通过 pip 安装、通过 Anaconda 安装、通过 PyCharm 安装。

使用 pip 安装是导入第三方库时最常用的一种方式。在安装 Python 3 时系统中会附带安装 pip,因此可以直接使用 pip 来安装我们想要的工具包,第一种方法是在 Windows 下 CMD 中直接输入 pip install package(默认安装最新版本),如图 5-60 所示。

```
C:\Windows\system32\cmd.exe - pip install tensorflow
Microsoft Windows [版本 10.0.22000.1817]
(c) Microsoft Corporation。保留所有权利。

C:\Users\Administrator>pip install tensorflow
Collecting tensorflow
  Downloading tensorflow-2.12.0-cp39-cp39-win_amd64.whl (1.9 kB)
Collecting tensorflow-intel==2.12.0
  Downloading tensorflow_intel-2.12.0-cp39-cp39-win_amd64.whl (272.8 MB)
                                   0.3/272.8 MB 25.9 kB/s eta 2:55:19
```

图 5-60 pip 安装界面

当安装一些像 TensorFlow 这样比较大的库时,往往加上国内的镜像源地址,这样会大大提高安装的速度。例如我们使用清华大学的镜像源地址,此时使用 pip 安装的指令为

```
pip install tensorflow == 2.0.0 - i https://pypi.tuna.tsinghua.edu.cn/simple
```

第二种方法是在 Anaconda 自带的 Anaconda Prompt 中通过 conda 指令:conda install package 来安装想要的工具包,如图 5-61 所示。事实上,在 Anaconda Prompt 中也可以使用 pip install package 语句来安装,即 conda 是非常灵活且使用方便的包管理工具。

```
Anaconda Prompt (Anaconda) - conda install tensorflow
(base) C:\Users\Administrator>conda install tensorflow
Retrieving notices: ...working... done
Collecting package metadata (current_repodata.json): done
Solving environment: |
```

图 5-61 conda 安装界面

最后,在 PyCharm 中直接安装想要的工具包。依次运行:"File ⇨ Settings ⇨ Project pythonProject ⇨ Project Interpreter ⇨'＋'",然后搜索想要安装的工具包,单击安装即可,如图 5-62 所示。

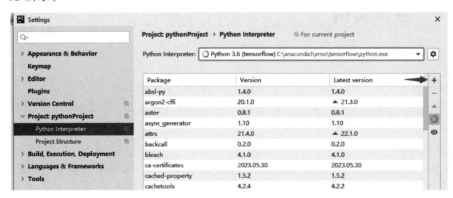

图 5-62 PyCharm 安装工具包界面

2. 创建虚拟环境

所谓环境,指的就是 Python 代码的运行环境,主要包括 Python 解释器、Python 库的位置和执行程序的位置。而虚拟环境,就是 Python 环境的一个副本,上述的三个文件夹在虚拟环境中同样存在。当创建不同的工程时,会用到不同版本的 Python 文件、相同工具包的

不同版本,倘若这个时候只安装到一个环境中,势必会出现版本的不兼容问题。因此,创建虚拟环境是十分重要的。在 Anaconda 中,只需要简单了解一下 conda 指令便可以很容易地创建虚拟环境。表 5-14 是常用的 conda 指令。

表 5-14 常用 conda 指令

指 令	描 述
conda create -n xxx python＝3.7	创建 python 3.7 的 xxx 虚拟环境
conda activate xxx	激活 xxx 环境
conda list	查看已经安装的工具包
conda install xxx＝＝version	安装 version 版本的 xxx 工具包
conda uninstall xxx	卸载 xxx 工具包

在创建虚拟环境之前,要清楚设计会用到哪些重要的库以及所需库的版本,以避免出现不必要的麻烦。只需要按顺序运行相应的 conda 指令就可以创建出自己的环境。

下面给出本章用到的虚拟环境安装简洁步骤:

(1)创建虚拟环境:conda create -n tensorflow python＝＝3.6.5(Anaconda 菜单下的 prompt)

(2)激活环境:conda activate tensorflow

(3)安装需要用到的安装包:pip install numpy matplotlib Pillow scikit-learn pandas -i https://pypi.tuna.tsinghua.edu.cn/simple

(4)安装 tensorflow:pip install tensorflow-cpu＝＝2.1.0 -i https://pypi.tuna.tsinghua.edu.cn/simple

(5)检测 Python 是否成功:命令行输入 python

(6)检查 TensorFlow 是否成功:输入代码 import tensorflow

提示:如果提示需要你升级你的 pip 的版本,那么你就根据上面的提示进行命令安装就可以了。方法是:python -m pip install --upgrade pip。

3. 配置 TensorFlow 至 PyCharm

安装好 TensorFlow 后,我们需要将对应的 Python 解释器配置至 PyCharm 中,才能够进行执行程序,配置步骤如下:

(1)打开 PyCharm,单击"file"菜单下的 settings

(2)单击"Project Interpreter",单击右侧的小三角下的"Add"按钮,添加安装 TensorFlow 下的 Python,如果没有可以单击旁边配置按钮进行增加。

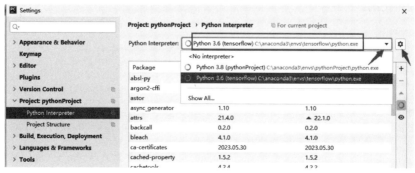

图 5-63 Python 解释器配置

5.4.2　一元线性回归应用实例

线性回归(Linear Regression)是利用称为线性回归方程的最小平方函数对一个或多个自变量和因变量之间关系进行建模的一种回归分析。这种函数是一个或多个称为回归系数的模型参数的线性组合,只有一个自变量的情况称为一元线性回归,大于一个自变量情况的叫作多元线性回归。本例通过求解模型参数解析解,使用一元线性回归模型实现对自建数据集房价预测。

一元线性回归模型又称为简单线性回归模型,形式可以用式(5-1)表示,重写如下:

$$y = wx + b$$

式中,x 为模型变量,w 权重(weights)、b 偏置值(bias)为模型参数。

一元线性回归的目的就是拟合出一条线来使得预测值和实际值尽可能接近,如果大部分点都落在拟合出来的线上,则该线性回归模型拟合得较好。在一元线性回归模型中,使用平方损失函数计算模型预测值与真实值的不一致程度,平方损失函数不仅计算方便,并且所找到的直线也是总体最接近这些点的直线。用式(5-6)表示,重写如下:

$$\text{Loss} = \frac{1}{2}\sum_{i=1}^{n}(y_i - \hat{y}_i)^2 = \frac{1}{2}\sum_{i=1}^{n}(y_i - (wx_i + b))^2$$

解析解,是指通过严格的公式推导和计算所求得的解,是一个封闭形式的函数,给出任意的自变量,就可以通过严格的公式求出准确的因变量,因此解析解也称为封闭解或闭式解。通过样本数据,确定模型参数的解析解,确定最佳拟合曲线。经过严格的公式推导和计算,得到的解析解 w,b 值,就是损失函数达到最小值的模型参数。用式(5-9)表示,重写如下:

$$\begin{cases} w = \dfrac{\sum\limits_{i=1}^{n}(x_i - \bar{x})(y_i - \bar{y})}{\sum\limits_{i=1}^{n}(x_i - \bar{x})^2} \\ b = \bar{y} - w\bar{x} \end{cases}$$

式中,$\bar{x}$、$\bar{y}$ 分别为 x、y 的平均值,这个解形式简洁,实际应用编程可以采用此公式。

具体编程时不建议直接使用 Python 列表进行数组运算,可以采用 NumPy 和 TensorFlow,它们支持对多维数组的高效计算,但 NumPy 仅支持 CPU 运算,不支持 GPU、TPU 运算,TensorFlow 支持 GPU、TPU 高速运算,同时 TensorFlow 还提供了快速搭建复杂模型的高阶 API。

完整程序代码:

```
#导入相关库,设置字体
import numpy as np
import tensorflow as tf
import matplotlib.pyplot as plt
plt.rcParams['font.sans-serif'] = ['SimHei']
#加载样本数据,创建张量
x = tf.constant([137.97,104.50,100.00,124.32,79.20,99.00,124.00,114.00,106.69,138.05,
53.75,46.91,68.00,63.02,81.26,86.21])
y = tf.constant([145.00,110.00,93.00,116.00,65.32,104.00,118.00,91.00,62.00,133.00,
51.00,45.00,78.50,69.65,75.69,95.30])
```

```
#计算张量 x 和 y 的平均值
meanX = tf.reduce_mean(x)
meanY = tf.reduce_mean(y)
#广播运算,计算 w 的分子和分母
sumXY = tf.reduce_sum((x - meanX) * (y - meanY))
sumX = tf.reduce_sum((x - meanX) * (x - meanX))
#计算 w,b
w = sumXY/sumX
b = meanY - w * meanX
#输出模型参数
print("权值 w = ", w.numpy(), "\n 偏置值 b = ", b.numpy())
print("线性模型:y = ", w.numpy(), " * x + ", b.numpy())
#加载测试数组
x_test = np.array([128.15, 45.00, 141.43, 106.27, 99.00, 53.84, 85.36, 70.00])
y_pred = (w * x_test + b).numpy()          #计算预测值
#输出测试面积和房价
print("面积\t 估计房价")
n = len(x_test)
for i in range(n):
    print(x_test[i], "\t", round(y_pred[i], 2))
#模型可视化
plt.figure()
plt.scatter(x, y, color = "red", label = "销售记录")
plt.scatter(x_test, y_pred, color = "blue", label = "预测房价")
plt.plot(x_test, y_pred, color = "green", label = "拟合直线", linewidth = 2)
plt.xlabel("面积(平方米)", fontsize = 14)
plt.ylabel("价格(万元)", fontsize = 14)
plt.xlim((40, 150))
plt.ylim((40, 150))
plt.suptitle("商品房销售价格评估", fontsize = 20)
plt.legend(loc = "upper left")
plt.show()
```

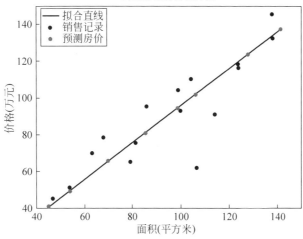

图 5-64　模型可视化

运行结果：

```
权值 w = 1.0
偏置值 b = - 4.6512527
线性模型:y = 1.0 * x + - 4.6512527
面积          估计房价
128.15        123.5
45.0          40.35
141.43        136.78
106.27        101.62
99.0          94.35
53.84         49.19
85.36         80.71
70.0          65.35
```

5.4.3　手写字符识别应用实例

多年来,手写数字字符识别技术一直是研究的热点,是最成功的模式识别领域中的应用之一,手写数字字符识别是使用电子计算机对手写阿拉伯数字进行分类和检测的自动识别。手写的字符不同于印刷,不同的人有不同的手写风格和书写习惯。为了让计算机正确识别手稿,必须使用机器学习技术。

数字的识别不但在学术上有很高的意义,而且在实际应用中也有很大的价值。首先,由于经济发展和金融营销进程的加快,发票服务正在迅速增长,发票的数目在不断增加,像是身份证件、支票、发票、收据等,涉及的信息非常庞大。当前,在很大程度上,对账单票据的收集还是依靠人工进行,导致票据管理效率相对较低。如果能够利用手写识别技术来实现自动信息录入,无疑将大大有助于解决高工作量、高成本、低效率和时效性差等诸多问题。

1. MNIST 数据集

MNIST 数据集是计算机视觉领域中最为基础的一个数据集,也是很多人第一个神经网络模型,是深度学习的经典入门 DEMO。MNIST 数据集是由美国的国家标准与技术研究院进行收集和整理得到的一个大型手写数字数据集。MNIST 数据集由 60000 张训练图像和 10000 张测试图像组成,数据集中的手写数字图片是 28×28 的像素构成,一共有 784 个像素点。这些像素点会组成一个长度为 784 的一维数组,我们需要将数据输入构建的神经网络中去,而这个一维数组就是输入特征。MNIST 数据集还提供了每张数字图像所对应的标签,标签将以一个长度为 10 的一维数组表示。

2. 设计流程

手写数字识别系统是通过 Tensorflow 框架中的 Keras 构建神经网络对手写数字的识别,使用 MNIST 数据集,参照 Sequential 模型构建三层的 BP 神经网络,进行前向传播和误差的反向传播,梯度下降,使网络的实际输出值和期望输出值的误差为最小,用交叉熵作为损失函数。最终识别率在 98% 左右。

搭建卷积神经网络的流程大致如下:

(1) 导入所需的库。首先需要导入一些常用的深度学习库,如 TensorFlow、Keras 等。这些库提供了构建和训练 CNN 所需的功能和工具。

(2) 定义网络结构。决定 CNN 的网络结构是搭建过程的关键。需要确定卷积层、池化层和全连接层等的数量和顺序。卷积层用于提取特征,池化层用于减小特征图的尺寸,全连接层用于分类或回归任务。

（3）**搭建网络层**。根据定义的网络结构，逐层添加网络层。在 Keras 库中，可以使用相应的 API 来添加卷积层、池化层和全连接层。可以指定每个层的参数，如滤波器数量、滤波器大小、激活函数等。

（4）**编译模型**。在搭建完网络结构后，需要编译模型。这涉及选择适当的损失函数、优化器和评估指标（如准确率）。编译模型时，可以指定训练的超参数，如学习率、批量大小等。

（5）**模型训练**。准备好训练数据后，就可以进行模型训练。在训练过程中，模型会根据定义的损失函数和优化器进行参数的更新，以减小预测结果与真实标签之间的差异。

（6）**模型评估**。训练完成后，你可以使用测试数据对模型进行评估。通过计算模型在测试数据上的准确率、损失值或其他指标，可以评估模型的性能和泛化能力。

3. 完整 Python 程序代码

```
# 1. 导入库函数
import numpy as np
import tensorflow as tf
import matplotlib.pyplot as plt

# 配置图片显示中文字体的配置
plt.rcParams['font.family'] = 'SimHei', 'sans-serif'


# 2. 加载数据
mnist = tf.keras.datasets.mnist
(train_x, train_y), (test_x, test_y) = mnist.load_data()

# 每条数据的属性就是图片中各个像素的灰度值, 存放在一个 28×28 的二维数组中
print(train_x.shape)                    # (60000, 28, 28)
print(train_y.shape)                    # (60000,)
print(test_x.shape)                     # (10000, 28, 28)
print(test_y.shape)                     # (10000,)
print((train_x.min(), train_x.max()))   # 每个元素的灰度值在(0, 255)之间
print((test_y.min(), test_y.max()))     # 数据的标签值在(0, 9)之间


# 3. 数据预处理
# 在输入神经网络时, 需要把每条数据的属性从 28×28 的二维数组转换为长度为 784 的一维数
# 组, 可以使用 reshape 方法进行转换
X_train = train_x.reshape((60000, 28×28))
X_test = test_x.reshape((10000, 28×28))

# 为了加快迭代速度, 还要对属性进行归一化, 使其取值范围在 (0, 1)
# 与此同时, 把它转换为 Tensor 张量, 数据类型是 32 位的浮点数
# 把标签值也转换为 Tensor 张量, 数据类型是 8 位的整型数
X_train, X_test = tf.cast(train_x / 255.0, tf.float32), tf.cast(test_x / 255.0, tf.float32)
y_train, y_test = tf.cast(train_y, tf.int16), tf.cast(test_y, tf.int16)


# 4. 搭建模型
# 在之前, 都是使用低阶 API 来训练和测试模型, 在这里直接使用 tf.keras.Sequential 来建立和
# 训练模型
model = tf.keras.Sequential()
model.add(tf.keras.layers.Flatten(input_shape=(28, 28)))
# 这里首先添加一个 Flatten 层, 说明输入层的形状, Flatten 层不进行计算, 只是完成形状转换,
```

```
# 把输入的属性拉直，变成一维数组,这样在数据预处理阶段，不用改变输入数据的形状,隐含层
# 中也不用再说明输入数据，各层的结构更加清晰
model.add(tf.keras.layers.Dense(128, activation = "relu"))
# 这里再添加隐含层,隐含层是全连接层,其中有 128 个节点,激活函数采用 relu 函数
model.add(tf.keras.layers.Dense(10, activation = "softmax"))
# 最后，添加输出层,输出层也是全连接层,其中有 10 个节点,激活函数采用 softmax 函数

# 查看模型结构和信息,使用 summary() 方法来查看模型结构和参数信息
print(model.summary())

"""
Model: "sequential"
```

Layer (type)	Output Shape	Param #	
flatten (Flatten)	(None, 784)	0	输入层共 784 个节点, 没有参数
dense (Dense)	(None, 128)	100480	隐含层中共 128 个节点, 100480 个参数
dense_1 (Dense)	(None, 10)	1290	输出层中共有 10 个节点, 1290 个参数

```
Total params: 101,770        所有参数为 101770 , 和前面计算的结果一致
Trainable params: 101,770    可训练参数为 101770
Non - trainable params: 0

None
"""
# 配置模型的训练方法
model.compile(loss = "sparse_categorical_crossentropy",
              # 损失函数使用稀疏交叉熵损失函数,
              optimizer = "adam",     # 优化器,这里可以不用设置 adam 算法中的参数,
              # 因为 keras 中已经使用常用的公开参数作为它们的默认值
              # 在大多数情况下都可以得到比较好的结果
              metrics = ["sparse_categorical_accuracy"] # 在 mnist 手写数字数据集中
              # 标签值是 0 ～ 9 的数字,而神经网络的输出是一组概率分布,类似独热编码的
# 形式,所以使用稀疏准确率评价函数)
```

#5. 训练模型

```
model.fit(X_train, y_train, batch_size = 64, epochs = 5, validation_split = 0.2) # 使用 fit 方
# 法训练,训练属性和标签值,批量大小为 64,迭代 5 次,测试数据比例为 0.2
"""
下面每行前面为训练数据损失和准确率,后面为测试数据损失和准确率
750/750 [ ================ ] - 2s 2ms/step - loss: 0.3316 - sparse_categorical_
accuracy: 0.9080 - val_loss: 0.1854 - val_sparse_categorical_accuracy: 0.9490
Epoch 2/5
750/750 [ ================ ] - 1s 2ms/step - loss: 0.1542 - sparse_categorical_
accuracy: 0.9557 - val_loss: 0.1362 - val_sparse_categorical_accuracy: 0.9625
Epoch 3/5
750/750 [ ============== ] - 1s 2ms/step - loss: 0.1083 - sparse_categorical_accuracy:
0.9684 - val_loss: 0.1133 - val_sparse_categorical_accuracy: 0.9662
Epoch 4/5
750/750 [ ============== ] - 1s 2ms/step - loss: 0.0816 - sparse_categorical_accuracy:
0.9764 - val_loss: 0.1070 - val_sparse_categorical_accuracy: 0.9683
Epoch 5/5
```

```
750/750 [ ============== ] - 1s 2ms/step - loss: 0.0640 - sparse_categorical_accuracy:
0.9817 - val_loss: 0.0891 - val_sparse_categorical_accuracy: 0.9740
48000 / 64 = 750,由于批次中的数据元素是随机的,所以每次运行的结果都不同,但相差不大
"""
```

#6.评估模型
```
# 这里使用 mnist 本身的测试集来评估模型,verbose = 2 表示输出进度条进度
model.evaluate(X_test, y_test, batch_size = 64, verbose = 2)
```

#7.应用模型
```
print(model.predict(X_test[0:4]))
"""
[[1.07150379e - 06 1.03244107e - 08 4.61690943e - 05 3.16491537e - 03
  2.57376542e - 09 1.01827382e - 05 3.50607543e - 10 9.96737182e - 01
  7.08673088e - 06 3.33174248e - 05]                                   7
 [3.35424943e - 07 1.12591035e - 04 9.99805272e - 01 7.68335231e - 05
  4.28767265e - 14 2.12541249e - 06 6.02013586e - 07 3.72865123e - 13
  2.21275559e - 06 1.86290827e - 11]                                   2
 [5.71592282e - 05 9.90575433e - 01 1.31425296e - 03 3.72505921e - 04
  5.41845860e - 04 1.76171481e - 04 6.35534816e - 04 4.01782431e - 03
  2.23736092e - 03 7.18673400e - 05]                                   1
 [9.99535441e - 01 1.98488053e - 08 8.39202767e - 05 4.44717125e - 06
  4.52212788e - 07 1.29147578e - 04 2.16145389e - 04 5.45915918e - 06
  1.63960962e - 07 2.48363776e - 05]]                                  0
```

　　一方面是因为神经网络的损失函数是一个复杂的非凸函数,使用梯度下降法只能是尽可能地去逼近全局最小值点,另一方面由于每次训练时批次中的数据元素是随机的,到达最小值点的路径也不同,所以每次运行的结果都不同,但相差不大。

```
"""

# axis = 1 表示对每一行元素求最大索引
y_pred = np.argmax(model.predict(X_test[0:5]), axis = 1)
print(y_pred) # [7 2 1 0]

# 下面再随机取出测试集中的任意 4 个数据进行识别
plt.figure()
for i in range(5):
    plt.subplot(1, 5, i + 1)
    plt.axis("off")
    plt.imshow(test_x[i], cmap = "gray") # cmap = "gray"表示绘制的是灰度图
    plt.title("标签值 = " + str(test_y[i]) + "\n" + "预测值 = " + str(y_pred[i]), fontdict
= {"color": "blue", "size": 14})
    plt.suptitle("取出测试集中的前 5 个数据进行识别", fontsize = 20, color = "blue",
backgroundcolor = "white")

# 下面再随机取出测试集中的任意 4 个数据进行识别
plt.figure()
for i in range(5):
    num = np.random.randint(1, 10000)
    plt.subplot(1, 5, i + 1)
    plt.axis("off")
    plt.imshow(test_x[num], cmap = "gray")
    y_pred = np.argmax(model.predict(tf.reshape(X_test[num], (1, 28, 28))))
    plt.title("标签值 = " + str(test_y[num]) + "\n" + "预测值 = " + str(y_pred), fontdict
```

```
= {"color": "blue", "size": 14})
    plt.suptitle("随机取出测试集中的任意 5 个数据进行识别", fontsize = 20, color = "blue",
backgroundcolor = "white")
plt.show()
```

4. 运行结果

运行结果如图 5-65 所示。

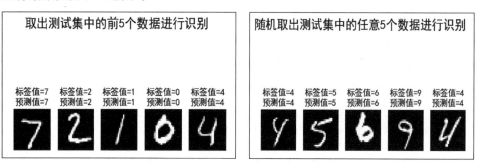

图 5-65　手写数字识别结果

这里，选择用 TensorFlow 中的 Keras 库来训练的模型。Keras 是一个用 Python 编写的高级神经网络 API，能够以 TensorFlow 作为后端运行，其核心数据结构是神经网络模型 Model，其中使用较多的是 Sequential 顺序模型，它是由多个神经层线性堆叠而成。Keras 封装了很多高层的神经网络模块，例如卷积层（Conv2D）、池化层（MaxPool2D）、全连接层（Dense）等，它使得我们不用自己再去编写这些模块，而是直接拿来用就可以了。在构建好我们的模型后，通过 add 方法将各层添加到模型中去即可。

习题

5-1　简述机器学习与深度学习的关系。

5-2　简述线性回归和逻辑回归的过程，举例说明其应用。

5-3　神经网络的激活函数有哪些？它们对神经网络的性能有何影响？

5-4　简述误差反向传播算法。

5-5　以鸢尾花数据集为例，利用多层感知机模型，结合 Python 和 TensorFlow 编写程序，实现鸢尾花的分类算法。

## 第 6 章

信号处理应用专题

信号处理在各个不同的学科领域如声学、雷达、地震学、语音通信、数据通信、机械工程、电子工程、生物医学工程等领域都充分显示出它的重要性。在一些应用场合下,例如脑电、心电图分析,所希望的是提取某些特征参数;而在另外一些场合下,如声学信号分析,所希望的则是消除信号中的噪声相干扰,或将信号变换成更为容易解释的形式。简而言之,上述的每种情况都需要对信号进行处理。信号处理技术不仅限于一维信号问题,多数图像处理都需要采用二维信号处理技术,如 X 射线照片和航空照片的图像增强问题。石油勘探、地震测量的数据分析要用到多维信号处理技术。本章以生物医学、图像处理工程两个专题实例进行介绍,结合科研背景,充实教学内容,培养学生的工程思维和创新意识。

6.1 生物医学信号处理应用专题

6.1.1 学科发展与系统组成

生物医学工程是应用工程技术的理论和方法,研究解决生物学和医学中的问题,是一个涉及生物学、医学、理工等多个领域的交叉性学科,它对生物学和医学的发展起到了极大的推动作用,是一级学科,交叉学科。

1. 生物医学工程发展历程

生物医学工程兴起于 20 世纪 50 年代的美国。

1958 年在美国成立了国际医学电子学联合会。

1965 年该组织改称国际医学和生物工程联合会,后来称为国际生物医学工程学会。

1977 年:协和医科大学生物医学工程专业成立。

1978 年:生物医学工程专业学科组成立。

1980 年:中国生物医学工程学会正式成立。

2. 医学信号处理系统的组成

医学信号装置叫医学信号处理系统(Digital Signal Processing Systems for Medicine,DSPSM)。完整的医学处理系统可分为硬件及软件两个方面。在硬件方面,又可分为模拟部分和数字部分。医学信号中一些是电信号,但多数是非电信号,故医学信号处理系统包括将非电转换成电信号变换器(Signal Transformer)。医学信号具有微弱、低频及高噪的特点,所以医学系统还包括抗干扰性能强的模拟放大器(Analog Amplifier),最后通过模数（ADC）转换器送入计算机系统，整体医学信号处理系统如图 6-1 所示。

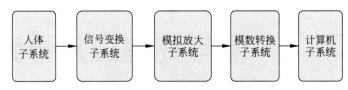

图 6-1　医学信号处理系统框图

医学信号处理系统各部分功能如下：

（1）人体子系统：产生医学信号（信号源）；

（2）信号变换子系统：完成采集信号，采集的若是非电信号则需要将非电信号转变成电信号，以便后续处理，要求该系统是非时变线性系统；

（3）模拟放大子系统：完成微弱的医学信号的放大，增益最高应超过 10^6，同时要求具有高的（如大于 90dB）共模抑制比（Common Mode Rejection Ratio，CMRR）的非时变线性系统；

（4）模数转换子系统：模拟量转换为现有 8 位、12 位、16 位及更多位转换精度，同时要求器件具有各种采样速率；

（5）计算机子系统：完成信号的处理、分析、保存、显示等。包括主机和外设如打印机、绘图仪、鼠标器等。

6.1.2　医学信号处理关键设备

1. 信号放大器

高性能的放大器是获得生物医学信号的关键设备之一，对于医学放大器首要的是其安全性，而保证安全性的关键技术是隔离、浮置。

（1）隔离（Isolation）：接入人体的测量回路与其余电路隔离。隔离技术有光隔离、变压器隔离、场隔离（采用发射与接收分离的方式）；

（2）浮置（Floatation）：检查床和设备有良好的本地接地（接地电阻＜0.1Ω），与人体测量回路不能共地。

放大器的主要性能参数包括：

（1）共模抑制比（Common Mode Rejection Ratio，CMRR）：定义为差模信号放大倍数与共模信号放大倍数之比，通常用分贝（dB）数表示，如 CMRR＝ 90dB，表示差模信号放大倍数与共模信号放大倍数之比为 10^9∶1；

（2）放大倍数（Amplification）：输出信号幅度与输入信号幅度之比；

（3）时间常数（Time Constant）：达到最大响应的 0.707 倍所需的时间，单位为秒，通常用电路的等效电阻和电容的乘积（RC）来表示，类似意义的参数是低端截止频率（Hz），低端截止频率与时间常数的关系为 $f_{RC}=\dfrac{1}{2\pi}\left(\dfrac{1}{RC}\right)^{1/2}$；

（4）最高截止频率（High Cutoff Frequency）：高、低端截止频率之间的频率范围称为放大器的通带宽度，简称带宽，单位为 Hz；

（5）线性（Linearity）：输出信号的幅度和相位与输入的对应量有线性关系；

（6）输入阻抗（Input Impedance）：放大器的输入电压与输入电流之比。医学放大器要求有高的输入阻抗,如一般的几 MΩ(10^6 Ω)、GΩ(10^9 Ω)、甚至 TΩ(10^{12} Ω)的量级。

选用医学信号放大器总体要求:

(1) 高输入阻抗,生物信号源是高内阻的微弱信号源,所以需要放大器也是高阻抗,以达到阻抗匹配,否则会出现低频失真;

(2) 高共模抑制比,目的是抑制人体所携带的工频干扰及所测量参数以外的其他生理作用的干扰;

(3) 低噪声和低漂移,目的是提高测量的信噪比;

(4) 设置保护电路,保护被测量人体的安全。

2. 模数转换器(ADC)

数据采集的目的是获得有效的,而且能被计算机处理的数据。计算机处理的数据是数字信号,包括实时性、复杂性、目的性、自动化及数据量的庞大等各个方面,计算机数据都大大不同于传统的医学统计里的数据采集。通过放大器放大到足够大的模拟电信号,并变换成能为计算机识别的数字电信号。

把模拟量换成数字量的过程叫模数转换。其核心器件 ADC 芯片叫模数转换器。现在的计算机的声卡、显卡、数码相机、扫描仪以及 CT 机等都会有这种器件。一般将 AD 芯片及辅助器件制作成一块板卡插在计算机主机的扩展槽中,或制作成独立设备通过接口与计算机相连接。它在计算机的控制下完成对模拟信号数字化任务。模数转换器是医学信号处理系统的模拟部分与数字部分之间的桥梁。

ADC 的主要性能指标包括:

(1) 采样率或采样频率(Sampling Rate or Sampling Frequency):决定信号采集的速度(f_s),即点数/秒,或时间分辨率(Time Resolution):两采样点间的时间间隔(Δt);

(2) 位数(Bit Number):决定幅度分辨率(Amplitude Resolution)或精度(Precision);早期的器件为 8 位,现通用 12 位或 16 位,更高的有 24 位;

(3) 极性(Polarity):配合放大器输出的极性,分差动、单极性(正或负)、双极性;

(4) 满量程输入范围:一般为±5V(满量程 10V)或+10V(满量程 20V);

(5) 准确度(Accuracy)或采样误差(Sampling Error):一般为±2%;

(6) 通道数(Channel Number):允许输入信号的通道(路)数。一般为 8 路或 16 路,但可任意扩展。

举例:假定原始信号为

$$y(t) = 3 + 2\cos\left(4\pi t + \frac{\pi}{3}\right) + 3\sin\left(8\pi t + \frac{\pi}{6}\right)$$

现在分析上面信号的数字化过程,并给出数字频率的采样定理条件。由上式可知信号各分量频率为 $f_0 = 0\text{Hz}$,$f_1 = 2\text{Hz}$,$f_2 = 4\text{Hz}$,所以最高频率为 4Hz,采样频率最少为 8Hz。采样过程实际是令上式中的 $t = n\Delta t$ 过程。所以

$$y(n\Delta t) = 3 + 2\cos\left(2\pi \times 2 \times n\Delta t + \frac{\pi}{3}\right) + 3\sin\left(2\pi \times 4 \times n\Delta t + \frac{\pi}{6}\right)$$

考虑 $\Delta t = 1/f_s$,所以

$$y(n) = 3 + 2\cos\left(2\pi \times \frac{f_1}{f_s} \times n + \frac{\pi}{3}\right) + 3\sin\left(2\pi \times \frac{f_2}{f_s} \times n + \frac{\pi}{6}\right)$$

$$= 3 + 2\cos\left(2\pi \times F_1 \times n + \frac{\pi}{3}\right) + 3\sin\left(2\pi \times F_2 \times n + \frac{\pi}{6}\right)$$

比较模拟信号,我们称 $F = f/f_s$ 叫数字频率,若取 $f_s = 10\,\mathrm{Hz}$,则

$$y(n) = 3 + 2\cos\left(2\pi \times 0.2n + \frac{\pi}{3}\right) + 3\sin\left(2\pi \times 0.4n + \frac{\pi}{6}\right)$$

所以数字频率分别为 $F_0 = 0, F_1 = 0.2, F_2 = 0.4$。如果要用数字频率表示赖奎斯特条件,则

$$F_s = 1/2$$

下面分析实际采样过程与仿真,第一项 3 为直流($f_0 = 0\,\mathrm{Hz}$)分量的幅度,第二项中的系数 2 为第二分量的幅度,第三项中的系数 3 为第三分量的幅度。$\frac{\pi}{3}$ 与 $\frac{\pi}{6}$ 分别为第二分量和第三分量的初相位。第二分量的频率为 $f_1 = 2\,\mathrm{Hz}$,第三分量频率为 $f_2 = 4\,\mathrm{Hz}$。显然,最高截止频率:$f_{cutoff} = 4\,\mathrm{Hz}$,对应截止周期为 $T_{cutoff} = 250\,\mathrm{ms}$。如果选 8 倍 f_{cutoff} 为采样频率 f_s,则 $f_s = 8f_{cutoff} = 32\,\mathrm{Hz}$,采样时间间隔 $\Delta t = \frac{1}{32}\,\mathrm{Hz} = 31.25\,\mathrm{ms}$。一个周期所采的样点数为 $N_T = \dfrac{f_s}{f_{cutoff}} = \dfrac{T_{cutoff}}{\Delta t} = 8$ 点。如果对实际信号采样,要求采得 $N = 256$ 点数据,则需时间 $t = N \times \Delta t = 8\,\mathrm{s}$。仿真采样 256 点波形如图 6-2 所示。

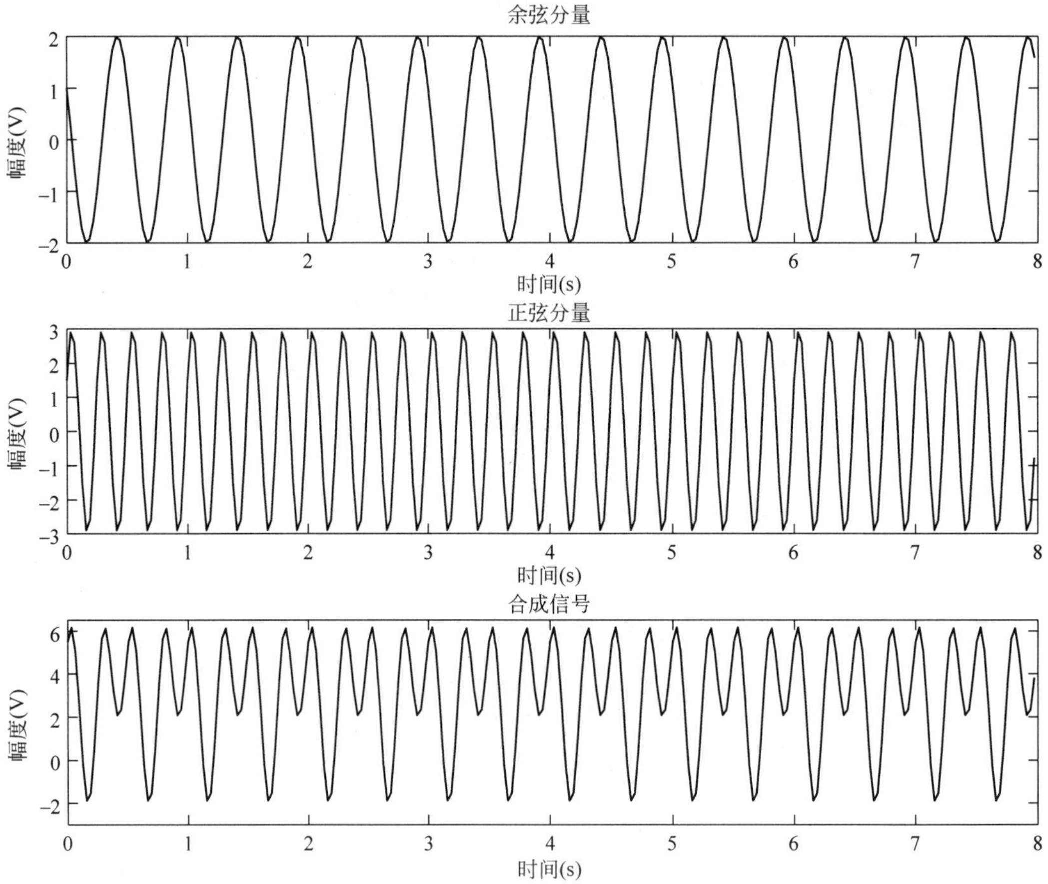

图 6-2 采样过程仿真波形图(256 点)

完整 MATLAB 程序代码：

```
clear;clc;close all;
Fs = 32;                                    % 采样频率
N = 256;                                    % 采样点数
t = (0:N-1) / Fs;                           % 时间序列
y = 3 + 2 * cos(4 * pi * t + pi/3) + 3 * sin(8 * pi * t + pi/6);      % 原始信号
cos_comp = 2 * cos(4 * pi * t + pi/3);      % 余弦分量
sin_comp = 3 * sin(8 * pi * t + pi/6);      % 正弦分量
composite = 3 + cos_comp + sin_comp;        % 合成信号
% 绘制波形图
figure;subplot(3, 1, 1);plot(t, cos_comp);
xlabel('时间 (s)');ylabel('幅度(V)');title('余弦分量');ylim([-2 2]);
subplot(3, 1, 2);plot(t, sin_comp);
xlabel('时间 (s)');ylabel('幅度(V)');title('正弦分量');ylim([-3 3]);
subplot(3, 1, 3);plot(t, composite);
xlabel('时间 (s)');ylabel('幅度(V)');title('合成信号');ylim([-3 6.5]);
```

6.1.3　生物医学信号及其类型

大多数生物医学信号具有随机性,难以准确划分其类型,一些表现出周期性,如心电信号、呼吸信号,一些具有随机性,如脑电信号。采集的生物医学信号伴随复杂的干扰和噪声,淹没有用信号。生物医学信号中携带大量有用的生物或临床医学信息,需要通过处理提取有用信息。

(1) 由生理过程自发产生的主动信号。例如,心电(ECG)、脑电(EEG)、肌电(EMG)、眼电(EOG)、胃电(EGG)等电生理信号,体温、血压、脉搏、呼吸等非电生理信号。

(2) 人体作为通道,用外界信号作用于人体后产生的被动信号。例如,超声波、同位素、X 射线、CT 图像等。

1. 心电图 ECG（Electrocardiogram）

心电图(ECG)是利用心电图机从体表记录心脏每一心动周期所产生的电活动变化图形的技术。一般是用来检测患者心率是否在正常范围,还可以用来观察心电图上各个波形的形态,观察是否存在心律失常。ECG 信号带宽一般是 $0.05 \sim 100\text{Hz}$,峰值幅度为 mV 量级。采用准确、快速和可靠的信号处理方法估计 ECG 的重要参数,包括 QRS 复合波、R-R 间期、S-T 段、Q-T 间期、P 波和 T 波等,如图 6-3 所示。

不同波反映不同的疾病,心脏目前有 200 多种疾病,如 P-R 间期可以反映房室疾病,Q-T 综合征,P 波消失出现杂乱波形,R-R 间期长短差别大时,心律不齐。

在实际应用中,进一步分:

(1) 标准临床 ECG,12 导联采集;

(2) 矢量心电图 VCG,3 导联采集;

(3) 监护 ECG,1 or 2 导联采集。

注意心电和心音的区别,心电图产生的原理是心脏活动的主要表现之一——产生电激动。它出现在心脏机械性收缩之前,心肌激动的电流可以从心脏经过身体组织传导至体表,使体表的不同部位产生不同的电位变化,按照心脏激动的时间顺序将体表电位的变化记录下来,形成一条连续的曲线极为心电图。

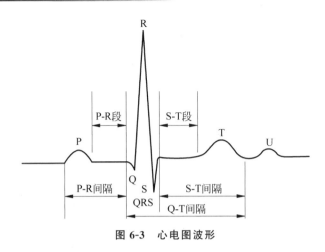

图 6-3　心电图波形

心音指由心肌收缩、心脏瓣膜关闭和血液撞击心室壁、大动脉壁等引起的振动所产生的声音。它可在胸壁一定部位用听诊器听取,也可用换能器等仪器记录心音的机械振动,称为心音图。

2. 脑电图 EEG(Electroencephalogram)

脑电波是一种使用电生理指标记录大脑活动的方法,大脑在活动时,大量神经元同步发生的突触后电位经总和后形成的。它记录大脑活动时的电波变化,是脑神经细胞的电生理活动在大脑皮层或头皮表面的总体反映。Caton 于 1875 年首先以电流计从兔子及猴的大脑皮层观测到了"脑电波"。EEG 分成自发脑电和诱发电位。诱发电位(EP)是施加一个刺激(声、光或体感刺激)所引起的人脑的微弱电变化。EEG 信号特征是振幅 $10\sim100\mu V$;频率为 $0.5\sim50\mathrm{Hz}$,如图 6-4 所示。

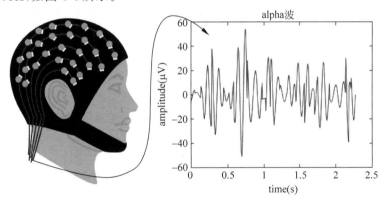

图 6-4　EEG 信号与采集

一般脑电采集数目为 32、64、128 等,采集数目越多信息获得越多是有争议的,有学者认为采用 64 个左右导联较为合适。记录的 EEG 信号中还可能混入了大量的心电、肌电及眼动干扰,尤其是眼动干扰,由于其能量远远大于 EEG 信号能量,因此在某些时候几乎可以覆盖本来的 EEG 信号。采集 EEG 信号最为经典、应用最广泛的一个方式就是在头皮上放置电极进行记录。与侵入性技术相比,毫无疑问,这种非入侵技术更加安全,可靠,不会产生创口,对受试者不会造成危害。但其缺点就是采集的信号信噪比较低,因为信号需要穿过头皮,头骨,才可以被采集到,给采集到的信号增加了噪声。目前主流的便携式脑电采集设备有单电极和多电极两种。单级导联、平均参考电极法和双极导联是常用的三种导联方式,如图 6-5 所示,下面对三种方式进行简单的介绍。

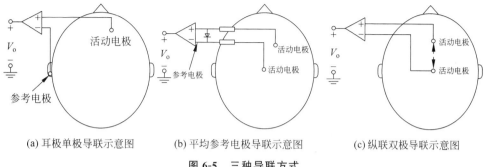

(a) 耳极单极导联示意图　　(b) 平均参考电极导联示意图　　(c) 纵联双极导联示意图

图 6-5　三种导联方式

(1) 单级导联。

此方法需要参考电极与活动电极,两个电极同步采集。参考电极的电位被设置成 0,那么活动电极与参考电极的电位差就是这些电极的电位值。这种方法的一大缺点就是 0 电位会丢失,造成活化,原因是头部在采集时会有运动。参考电极的位置一般在耳垂、鼻尖或下颚。

(2) 平均参考电极法。

此种方法的参考电极不再是位置电极,参考端是平均参考电极,但仍然存在单级导联存在的缺陷,那就是平均参考电极活化。

(3) 双极导联。

这种方法不需要设置参考电极,记录的是活动电极的电压变化差,同样需要同步测量,最终计算电位的差值,该方法克服了前两种方式的不足,但测量的过程比较麻烦。

不同状态下的 EEG 波形如图 6-6 所示。

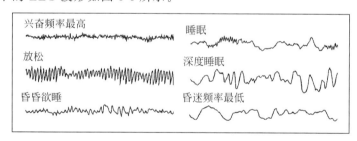

图 6-6　不同状态下的 EEG 波形

大脑处于特定状态下,脑电波的频率模式就会发生变化。按频率来划分主要分为 5 个频段:Delta 波(0.5Hz~4Hz)、Theta 波(4Hz~8Hz)、Alpha 波(8Hz~12Hz)、Beta 波(12Hz~30Hz)和 Gamma 波(30Hz~50Hz)。可以看出,EEG 的频率大部分都在 1~50Hz,但并不是全部,目前的研究并未涉及全部的脑电波段,所以脑科学还有很长的路等待开拓。

(1) Delta 波出现的情况有入睡或大脑出现病变等情况,成人在昏睡状态下可能出现该频段,因此可以用来评估睡眠深度,做出许多有关检测睡眠的医疗器械。

(2) Theta 波又被称为"受暗示波",因为它普遍存在于人们精神恍惚或者是催眠状态。此波段与人的情绪密切相关,Theta 波通常在你做白日梦或将要入睡时出现,这种较慢的脑电波会使你表现出更放松、开放的心态。

（3）Alpha 波是连接意识和潜意识的桥梁,是仅有的有效进入潜意识的途径,能够促进灵感的产生,加速信息收集,增强记忆力,是促进学习与思考的最佳脑波。Alpha 波相对稳定,在清醒、安静、闭目时出现;当睁眼、思考问题、接受其他刺激时,Alpha 波消失;当安静、闭眼时,Alpha 波又重新出现。

（4）Beta 波是一般清醒状态下大脑的状况,包括逻辑思维、分析以及有意识的活动都是典型的 Beta 波状态反映,因此可以说 Beta 波是日常生活中主要的节律。然而,如果经历了太多的 Beta 波活动,这可能导致在工作或学习的时期感到焦虑和压力。

（5）Gamma 波的频率相对较高,与最高的意识相关联。人们发现 Gamma 波对学习、记忆和处理非常重要,它被用作我们的感官处理新信息的结合工具。据发现,精神障碍和学习障碍的个体的 Gamma 活性往往低于平均水平。

6.1.4 脑电信号处理实例

首先我们读取的是正常人的脑电数据,一共是 4097 个数据点,并且是单通道导联。脑电信号的去噪采用 coif5 小波,去噪的思路是分解为 7 层,对底层小波系数置 0,其他小波系数进行软阈值处理,最后进行重构去噪。

1. 原始信号时域、频域图

首先在时域和频域上分别绘制出图像,以便去噪后进行对比,结果如图 6-7 所示。

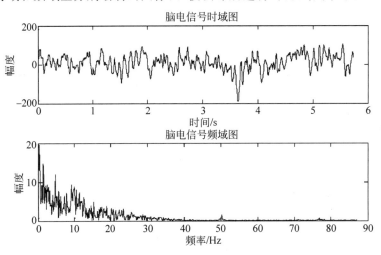

图 6-7 原始脑电信号时域、频域图

从图 6-7 可以看出数据中的脑电毛刺较多,存在噪声,从频域图上来看,存在 0 频噪声、50Hz 和 80Hz 的高频噪声,需要进行预处理,才可以进行下一步的分析。

2. 传统滤波器滤波

利用 MATLAB 中的 butter 函数,设计一个高通滤波器和一个低通滤波器,分别作用于原始脑电信号进行去噪,低通滤波器的作用是滤除高频噪声,高通滤波器的作用是滤除低频噪声,将信号先后通过两个滤波器以达到去噪的效果,可以得到去噪后的效果如图 6-8 所示。

观察去噪前(图 6-7)与去噪后(图 6-8)的不同,可以看出在时域来看,毛刺略微有所减少,但仍然存在缺陷,频域上高频噪声被去除了,但 0 频噪声依然存在,所以效果不好,有待提高。

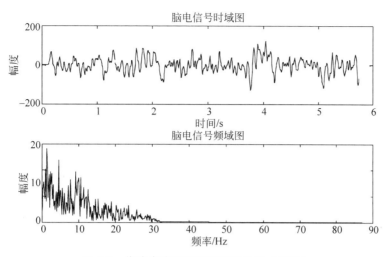

图 6-8　传统滤波后的脑电信号时域、频域图

3. 小波变换去噪

对一个信号进行去噪处理,实际上就是抑制噪声信号再恢复信号,过程如下:

首先,选择一个小波基函数,常用的小波基函数主要包括小波函数、小波函数系数及复数小波。进行对应级数的 DWT,得到 N 级不同尺度的小波展开系数和尺度展开系数。然后,对小波展开系数进行阈值处理。最后,进行反变换,重构信号。

小波函数选取 coif5,利用 MATLAB 的 wavedec 函数,把信号分解七层,将第一层小波函数设为 0,第二、三、四、五、六、七层利用软阈值进行处理,再进行重构,恢复原信号。从图 6-9 可以看出,时域上图像变得更加平滑,原有的毛刺被移除,从频域上看,零频的低频噪声,高频噪声都被滤除了。

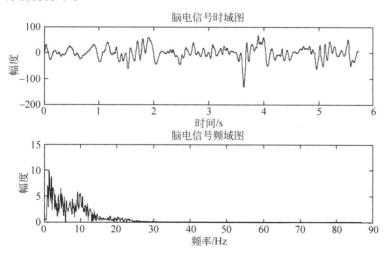

图 6-9　小波滤波后的脑电信号时域、频域图

完整 MATLAB 程序代码:

```
% 主程序
% 读取脑电波
clc;clear;
data = load('Z001.txt');
```

```
fs = 174;                              % 采样频率
N = 1000;                              % 采样点数 读取 1000 个的数据来进行分析处理
cal = 1;        % 通道数 一般读取的脑电数据有 16 个以上的通道,可改变值求不同通道,这里的 txt 文
                % 件只有一列 4079x1 对 cal 值无影响

wname = 'coif5';                       % 小波名
THR = 'rigrsure';                      % 自适应阈值
T = 40;                                % 阈值

t = 0:1/fs:(N-1)/fs;                   % 时间序列
f = (0:N-1)/N * fs;                    % 频率序列
singal = data(1:N,cal);                % 选取 4079 个数据的部分序列
[y] = filter_noise(singal,fs);         % 滤波器滤波
[s0] = dec_rec1(singal,wname,T);       % 调用小波去噪函数

% 分别执行以下三个语句画出各种状态的 EEG 信号波形图作比较
draw(t,N,fs,singal);;                  % 画出原始脑电信号的时频域波形图
draw(t,N,fs,y);;                       % 画出滤波器去噪后脑电信号的时频域波形图
draw(t,N,fs,s0);                       % 画出小波去噪后脑电信号的时频域波形图
```

% draw 函数代码:
```
function[] = draw(t,N,fs,singal)
% 画出脑电时域图
subplot(211);plot(t,singal);
title('脑电信号时域图');xlabel('时间/s');ylabel('幅度');

% 脑电信号频谱图
NFFT = 2^nextpow2(N);                  % 转换为 2 的基数倍
f = fs/2 * linspace(0,1,NFFT/2);       % 求出 FFT 转换频率
singal_fft = fft(singal,NFFT)/N;
subplot(212)
plot(f,2 * abs(singal_fft(1:NFFT/2)));title('脑电信号频域图');xlabel('频率/Hz');ylabel('幅度');
```

% filter_noise 函数代码:
```
function [y] = filter_noise(singal,fs)
% 高通滤波器滤除 0 - 1Hz 低频噪声
wp1 = 2 * pi * 1/fs;ws1 = 2 * pi * 0.1/fs;Ap = 0.5;As = 40;
[N,wn] = buttord(wp1/pi,ws1/pi,Ap,As);
[b,a] = butter(N,wn,'high');
freqz(b,a,512,200);title('butterworth highpass filter');

% 低通滤波器滤除高频噪声 30Hz 以上
wp = 2 * pi * 30/fs;ws = 2 * pi * 35/fs;Ap = 0.1;As = 60;
[N,wn] = buttord(wp/pi,ws/pi,Ap,As);
[b1,a1] = butter(N,wn,'low');

% 输出滤波以后的波形
y1 = filter(b,a,singal); y = filter(b1,a1,y1);
```

dec_rec1 函数代码:
```
function[s0] = dec_rec1(singal,wname,T)
[C,L] = wavedec(singal,7,wname);       % 小波基为 coif5,分解层数为 7 层
cal1 = appcoef(C,L,wname,7);           % 获取低频信号
cd1 = detcoef(C,L,1);                  % 获取高频细节
```

```
cd2 = detcoef(C,L,2); cd3 = detcoef(C,L,3); cd4 = detcoef(C,L,4); cd5 = detcoef(C,L,5);
cd6 = detcoef(C,L,6); cd7 = detcoef(C,L,7);
sal = zeros(1,length(cal1)); sd1 = zeros(1,length(cd1));
sd2 = wthresh(cd2,'s',T);sd3 = wthresh(cd3,'s',T);sd4 = wthresh(cd4,'s',T); sd5 = wthresh(cd5,'s',T);
sd6 = wthresh(cd6,'s',T); sd7 = wthresh(cd7,'s',T);
s0 = waverec([sal,sd7',sd6',sd5',sd4',sd3',sd2',sd1],L,wname);          % 小波重构
```

6.1.5　脑电信号的分析实例

本部分分析处理的脑电信号为小波预处理之后的脑电信号,并且找了两位受试者,一位是正常人,一位是癫痫患者,获取他们的脑电信号,进行分析比对,可以更好地了解脑电信号的处理和脑电信号的特点。

1. 正常人脑电节律的提取

脑电可以分为几个波段,它们的频率范围各不相同,因此在仿真中先利用快速傅里叶变换,再将各个节律频率范围内的信号保留,用其余信号置零的方式进行节律的提取,因此还利用到了快速傅里叶反变换。首先提取正常人受试者预处理之后的脑电节律,结果如图 6-10 所示。

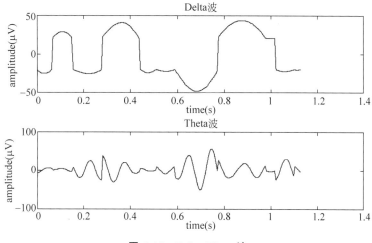

图 6-10　Delta、Theta 波

正常人受试者的 Delta 波和 Theta 波都存在,并且 Delta 波的频率最低,而 Theta 波存在,且振幅较大,可以推测被测试者处于一种兴奋的状态,振幅范围为 $10\mu V \sim 50\mu V$。

Alpha 波是人脑电波的主要成分,因此正常人在不经受刺激时的 Alpha 波应当是振幅正常且存在的,并且相对稳定,Beta 波是日常活动主要的节律,因此存在于正常人的脑电中,较为稳定,频率相较于其他三个频段是最高的,经节律提取之后,发现正常人受试者的 Alpha 和 Beta 两个波段都符合描述,展示结果如图 6-11 所示。

完整 MATLAB 程序代码：

```
% 主程序
% 读取脑电波
clc;clear;
data = load('Z001.txt');
fs = 174;                    % 采样频率
N = 1000;                    % 采样点数 读取 1000 个的数据来进行分析处理
```

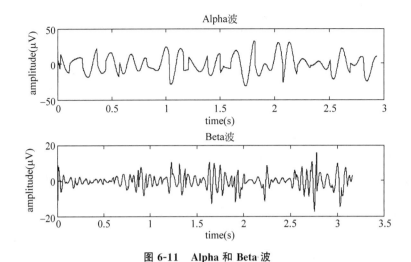

图 6-11 Alpha 和 Beta 波

cal = 1;   % 通道数 一般读取的脑电数据有 16 个以上的通道,可改变值求不同通道,这里的 txt 文
                  % 件只有一列 4079x1 对 cal 值无影响

```
wname = 'coif5';                        % 小波名
% THR = 'minimaxi';
THR = 'rigrsure';                       % 自适应阈值
T = 40;                                 % 阈值

% t = 0:1/fs:(N - 1)/fs;                % 时间序列
% f = (0:N - 1)/N * fs;                 % 频率序列
singal = data(1:N,cal);                 % 选取 4079 个数据的部分序列
% [y] = filter_noise(singal,fs);        % 滤波器滤波
[s0] = dec_rec1(singal,wname,T);        % 调用小波去噪函数

[delta,theta,alpha,beta] = Fftfil(s0,fs);    % 提取小波去噪后脑电信号每段节律
draw_wave(s0,fs)                        % 画出每段节律的信号波形
```

% **Fftfil 函数代码:**
```
function [delta,theta,alpha,beta] = Fftfil(data,fs)
% 根据各节律的频率特征提取各波段节律
% data 是预处理之后的脑电信号
dt = 1/fs;N = length(data);x = data;
y1 = fft(x);                            % 对原信号作 FFT 变换
y2 = y1;y3 = y2;y4 = y3; f1 = 0.5;f2 = 4;f3 = 8;f4 = 13;f5 = 30;

% 设置四个数组代表各节律的频率范围
yy1 = zeros(1,length(y1)); yy2 = yy1;yy3 = yy2;yy4 = yy3;

% delta 0.5 - 4Hz
for m = 0:N - 1          % 将频率落在该频率范围及其大于 Nyquist 频率的波滤去
    if(m/(N * dt)> = f1&&m/(N * dt)< f2)||(m/(N * dt)> = (fs - f2)&&m/(N * dt)<(fs - f1))
        yy1(m + 1) = y1(m + 1);              % 设置在此频率范围内的振动振幅不变
    else
        yy1(m + 1) = 0;                      % 其余频率范围的振动振幅为 0
    end
```

```
end

% theta 4 − 8Hz
for m = 0:N − 1
    if(m/(N * dt) >= f2&&m/(N * dt) < f3)||(m/(N * dt) >= (fs − f3)&&m/(N * dt) < (fs − f2))
        yy2(m + 1) = y2(m + 1);
    else
        yy2(m + 1) = 0;
    end
end

% alpha 8 − 13Hz
for m = 0:N − 1
    if(m/(N * dt) >= f3&&m/(N * dt) < f4)||(m/(N * dt) >= (fs − f4)&&m/(N * dt) < (fs − f3))
        yy3(m + 1) = y3(m + 1);
    else
        yy3(m + 1) = 0;
    end
end

% beta 13 − 30Hz
for m = 0:N − 1
    if(m/(N * dt) >= f4&&m/(N * dt) < f5)||(m/(N * dt) >= (fs − f5)&&m/(N * dt) < (fs − f4))
        yy4(m + 1) = y4(m + 1);
    else
        yy4(m + 1) = 0;
    end
end

d = real(ifft(yy1))';t = real(ifft(yy2))';a = real(ifft(yy3))';b = real(ifft(yy4))';
% 滤掉不符合幅度范围的频率
delta = d(find(( − 200 < d&d < − 20)|(20 < d&d < 200)));theta = a(find(( − 100 < d&d < − 20)|(20 <
d&d < 100)));
alpha = t(find(( − 50 < d&d < − 10)|(10 < d&d < 50)));beta = b(find(( − 20 < d&d < − 5)|(5 < d&d < 20)));
```

% **draw_wave 函数代码:**

```
function[] = draw_wave(data,fs)

[rr,rc] = find( − 200 > data|data > 200);
nc = ～isempty(rc);nr = ～isempty(rr);
if ～(nc&&nr)
    [delta,theta,alpha,beta] = Fftfil(data,fs);
end
t1 = 0:1/fs:(length(delta) − 1)/fs; t2 = 0:1/fs:(length(theta) − 1)/fs;
t3 = 0:1/fs:(length(alpha) − 1)/fs; t4 = 0:1/fs:(length(beta) − 1)/fs;

figure(1);subplot(211);plot(t1,delta);
xlabel('time (s)'); ylabel('amplitude (uV)');title('Delta 波');
subplot(212);plot(t2,theta);
xlabel('time (s)'); ylabel('amplitude (uV)');title('Theta 波');
figure(2);subplot(211);plot(t3,alpha);
xlabel('time (s)'); ylabel('amplitude (uV)');title('Alpha 波');
subplot(212);plot(t4,beta);
xlabel('time (s)'); ylabel('amplitude (uV)');title('Beta 波');
```

2. 癫痫患者脑电节律的提取

下面展示癫痫患者的脑电节律提取,并进行分析。由于癫痫受试者的 Delta 波与正常人的基本相同,因此在此不多展示,下面展示的是其他节律的波形图。

癫痫患者本身就处于一个极度兴奋的状态,因此脑电中的 Theta 波应当是非常明显的,观察图 6-12 可以看出,Theta 波的频率增大,振幅相对较大,符合癫痫患者的特点。

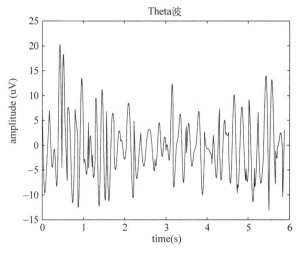

图 6-12 癫痫患者的 Theta 波

图 6-11 与图 6-13、图 6-14 有很大的不同之处,我们发现癫痫患者的 Alpha 波后半段基本消失不见,并且振幅相对来说减小了很多,这对于 Alpha 波来说是非常奇怪,因为它是主要的波段,因此可以推测出受试者处于一个受刺激的状态,导致 Alpha 波的振幅变小,而癫痫患者的 Beta 波的振幅变得更小,Beta 波是与日常生活行动所关联的一个节律,Beta 波的振幅减小甚至消失,可以让我们再度推测,受试者的脑部出现了病变。癫痫患者和正常人的脑电波存在着很大的不同,在大脑出现病变的情况下,某些对应的节律也会随之改变。临床医学分析上,医生就通过观察脑电图的方式来初步判断患者是否患有一些疾病,此部分代码与上面代码类似,这里就不再列出。

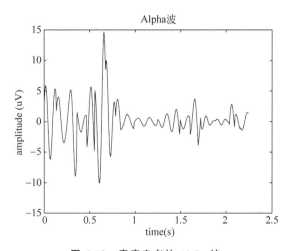

图 6-13 癫痫患者的 Alpha 波

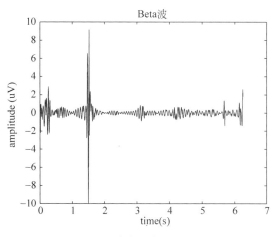

图 6-14　癫痫患者的 Beta 波

6.1.6　自适应噪声抵消法增强心电图实例

ESU（**Electrosurgical Unit**）（以下简称电刀）是一种医疗设备，广泛地应用于切割组织和凝结血管，会产生调制在 120Hz 的射频信号（工频干扰的两倍）。记录心电信号的心电图（ECG）电极能够采集到出现在病人皮肤表面的 ESU 电压。电刀工作时能够产生信噪比大约为 -90dB 的非平稳干扰，有用信号被淹没掉，心电监测仪上看不到信号。Yelderman 等提出了结合多种信号处理技术来消除电刀干扰的方法：

（1）采用传统信号处理电路对采集的信号作预处理；

（2）再采用自适应噪声抵消器消除 ECG 通道内的非平稳干扰。

Yelderman 提出的外科电刀干扰消除方案如图 6-15 所示，自适应噪声抵消器包括主通道和参考通道。因此，电刀干扰消除系统由主通道和参考通道构成，其主通道采集的信号包括微伏量级的 ECG 信号和高压射频噪声，同时参考通道采集高压射频噪声。两路通道的高

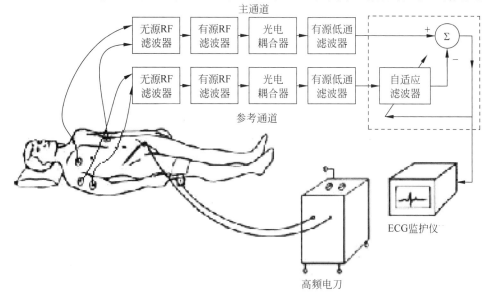

图 6-15　外科电刀干扰消除方框图

压射频噪声均必须与电子设备隔离(如计算机、心电监护仪),否则可能烧坏这些电子设备。因此,ECG 导联需要与高阻抗负载连接,才能阻止高能射频电流流入上述设备。电刀干扰成分复杂,既有高频,也有低频,自适应噪声抵消器不能消除所有电刀干扰成分,所以一定要有预处理环节。另外,在病人身体上需要设置一个公共参考点,该参考点浮地,使病人隔离,减小 ECG 电极偶然导致病人皮肤燃烧。

第一步,干扰的初始滤波。利用无源射频滤波器(因为有源滤波器对高压射频噪声过载)消除高压射频噪声,为心电图电极提供了高阻抗负载。

第二步,去除共模射频干扰。利用光耦合器实现隔离作用,阻止病人和地电位之间的新连接。

第三步,剩余高频干扰成分滤波。利用有源滤波器实现消除剩余的高于 600Hz 噪声信号。

干扰消除情况:高于 600Hz 的射频干扰被消除,但是在低频频率点 60Hz、120Hz 和 180Hz 上仍然剩余有较强的干扰噪声,还有一些低频随机噪声。预处理前信噪比－90dB,预处理后信噪比可以达到－10dB,改善大约 80dB,仍然不能满足 ECG 监护的要求,需要采用自适应滤波技术进一步消除剩余的低频干扰,用于消除剩余的非平稳低频干扰。对有源滤波器输出信号作 ADC 变换后,输入计算机作自适应噪声抵消,再对结果作 DAC 变换后,输入 ECG 监护仪。

一种基于 LMS 算法的自适应滤波器如图 6-16 所示。这种自适应滤波器采用了双参考信道,而不是传统的单参考信道。采用双参考信道是因为同时存在两种不同的干扰:由于射频电流流动的被动引起的低频干扰小于 25Hz 和 60Hz、120Hz 的导线频率失真等。为了控制自适应处理的收敛,用截止频率为 25Hz 的数字低通滤波器将参考信号分成两部分:低频干扰和导线频率失真。这样双参考通道的上面部分为高于 25Hz 的干扰,下面部分为低于 25Hz 的干扰,图中 AGC 为自动增益控制单元。这里给出一个具体的应用实例,设抽样率为 400Hz。双参考信道中自适应滤波收敛参数 μ 为 0.02~0.2,参考信道的输入功率被归一化,输出结果信噪比达到 20dB,因此,自适应噪声抵消器可实现 30dB 信噪比的提高。

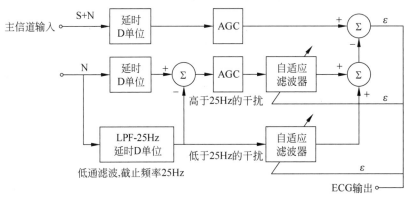

图 6-16 自适应噪声抵消器原理框图

如图 6-17 所示电刀凝血过程中的噪声抵消情况,关键在于通过选择适当的 μ 值来控制收敛率。上图是未采用任何信号处理技术时,心电监护仪显示的 ECG 波形,波形的干扰是很严重的。图 6-17 中下图是采用了双参考自适应噪声抵消后心电监护仪输出的 ECG 波形。显然,消除干扰后的 ECG 波形清晰可见。

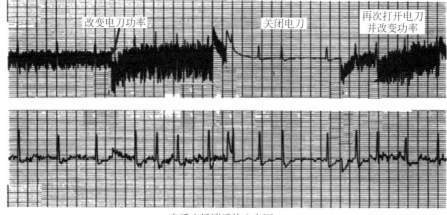

图 6-17 电刀凝血过程中的噪声抵消

Yelderman 等采用模拟硬件(无源和有源滤波器)和数字软件(自适应噪声抵消器)实现了手术过程中电刀干扰的消除,将信噪比从 -90dB 提高到 20dB,改善约 110dB;由于生物医学信号的复杂性,所以其预处理是十分必要的,单一信号处理技术难以取得预期效果。上面结果表明,模拟滤波器和 ANC(自适应噪声抵消器)的结合可有效地从背景噪声中获取 ECG 心电信号。

6.2 图像信号处理应用专题

6.2.1 基础知识

1. 图像类型

在计算机中,按照颜色和灰度的多少可以将图像分为二值图像、灰度图像、RGB 彩色图像和索引图像四种基本类型。

(1) 二值图像。

一幅二值图像的二维矩阵仅由 0、1 两个值构成,"0"代表黑色,"1"代表白色。由于每一像素(矩阵中每一元素)取值仅有 0、1 两种可能,所以计算机中二值图像的数据类型通常为 1 个二进制位。二值图像通常用于文字、线条图的扫描识别(OCR)和掩膜图像的存储。一个二值图像及其矩阵表示如图 6-18 所示。

(2) 灰度图像。

灰度图像矩阵元素的取值范围通常为 $[0,255]$,因此其数据类型一般为 8 位无符号整数(int8),这就是人们经常提到的 256 阶灰度图像。"0"表示纯黑色,"255"表示纯白色,中间的数字从小到大表示由黑到白的过渡色,如图 6-19 所示。

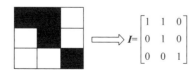

图 6-18 二值图像及其矩阵表示

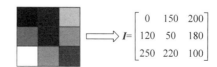

图 6-19 灰度图像及其矩阵表示

（3）彩色图像。

彩色图像的数据不仅包含亮度信息，还包含颜色信息。颜色的表示方法是多样化的，最常见的是 RGB 模型，通过调整 RGB 三原色的比例可以合成很多种颜色。彩色图像中每个像素的信息都是由 RGB 三原色构成的，其中，RGB 是由不同的灰度级来描述的。在 RGB 图像中，每个像素都由红、绿和蓝 3 个字节组成，每个字节为 8bit，表示 0～255 的不同亮度值，如图 6-20 所示，这 3 个字节组合可以产生 1670 万种不同的颜色。彩色图像色彩丰富，信息量大，目前，数码产品获取的图像一般为彩色图像。

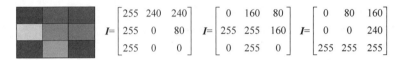

$$I=\begin{bmatrix} 255 & 240 & 240 \\ 255 & 0 & 80 \\ 255 & 0 & 0 \end{bmatrix} \quad I=\begin{bmatrix} 0 & 160 & 80 \\ 255 & 255 & 160 \\ 0 & 255 & 0 \end{bmatrix} \quad I=\begin{bmatrix} 0 & 80 & 160 \\ 0 & 0 & 240 \\ 255 & 255 & 255 \end{bmatrix}$$

图 6-20　彩色图像

（4）索引图像。

索引图像的文件结构比较复杂，除了存放图像的二维矩阵外，还包括一个称为颜色索引矩阵 MAP 的二维数组。MAP 的大小由存放图像的矩阵元素值域决定，如矩阵元素值域为 [0,255]，则 MAP 矩阵的大小为 256×3。MAP 中每一行的三个元素分别指定该行对应颜色的红、绿、蓝单色值，图像在屏幕上显示时，每一像素的颜色由存放在矩阵中该像素的灰度值作为索引通过检索颜色索引矩阵 MAP 得到。图 6-21 为索引图像的示意图，右上角是图像的数据矩阵，它的值就是在索引矩阵中的行数。比如数据矩阵的元素是 5，那么就取在索引矩阵中的第 5 行。由于每一行有 3 列每一列中的数值与 RGB 分量取值一一对应。

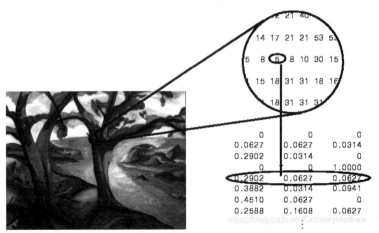

图 6-21　索引图像

2. 数字图像格式

（1）BMP 格式。

BMP(Bitmap) 格式又称为位图文件格式，是 Windows 中的标准图像文件格式，Windows 环境下运行的所有图像处理软件都支持这种格式，以 ". bmp" 作为文件扩展名。BMP 格式的图像文件的特点是不进行压缩处理，具有极其丰富的色彩，图像信息丰富，能逼真地表现真实世界。因此，BMP 格式的图像文件的尺寸比其他格式的图像文件的尺寸相对要大得多，不适宜在网络上传输。

（2）GIF 格式。

GIF 格式（Graphics Interchange Format）是 CompuServe 公司于 1987 年推出的，主要是为网络传输设计的，其扩展名是“.gif”，是经过压缩的一种图像文件格式。GIF 格式的图像文件的特点是压缩比高、磁盘空间占用较小、适宜网络传输。GIF 格式的图像文件的不足是最多只能处理 256 种色彩，图像存在一定的失真。

（3）JPEG 格式。

JPEG 格式广泛用于彩色传真、静止图像、电话会议、印刷及新闻图片的传送上。JPEG 格式的图像文件的扩展名是“.jpg”。JPEG 格式的图像文件的优点是有着非常高的压缩比率，适合在网络中传输，使用 24 位色彩深度，使图像保持真彩，技术成熟，已经得到所有主流浏览器的支持。JPEG 格式的图像文件的缺点是压缩算法是有损压缩，会造成图像画面少量失真。

（4）PNG 格式。

PNG（Portable Network Graphics）格式是一种新兴的网络图像格式，适用于色彩丰富复杂、图像画面要求高的情况，如作品展示等，扩展名为“.png”。PNG 是目前保证最不失真的图像格式，它存储形式丰富，兼有 GIF 和 JPEG 的色彩模式；能把图像文件压缩到极限以利于网络传输，但又能保留所有与图像品质有关的信息；显示速度很快，只需下载 1/64 的图像信息就可以显示出低分辨率的预览图像；支持透明图像的制作。

（5）TIFF 格式。

TIFF（Tag Image File Format）是由 Aldus 公司（现已被 Adobe 公司收购）开发的，用于存储照片和艺术图在内的图像，其扩展名采用“.tif”。此图像格式复杂，存储内容多，占用存储空间大，是 GIF 图像的 3 倍，是相应的 JPEG 图像的 10 倍。TIFF 是一种灵活的、适应性强的文件格式，可采用多种压缩数据格式，TIFF 文件为无损压缩文件，压缩率低；但是其画质高于 JPEG 格式的画质。

3. 图像处理主要研究内容

一般图像处理的研究目的主要包括改善图像视觉效果，提高图像传输和存储效率，进行图像测量、理解与识别以及特殊目的需求，如图像重建等。因此，数字图像处理的主要研究内容有以下几方面。

（1）图像增强和复原。

图像增强和复原的目的是为了提高图像的质量，如去除噪声、提高图像的清晰度等。图像增强主要是突出图像中感兴趣的目标部分，如强化图像高频分量，可使图像中的物体轮廓清晰，细节明显；而强化图像低频分量，可减少图像中噪声的影响等。图像复原要求对图像降质的成因有一定的了解，根据降质的过程建立降质模型，然后采用某种滤波方法，恢复或重建原来的图像。

（2）图像变换。

由于图像阵列很大，如果直接在空间域中进行处理涉及的计算量很大，因此往往采用各种图像变换的方法，如傅里叶变换、离散余弦变换、K-L 变换和小波变换等间接处理技术，将空间域的处理转换为变换域处理。这样不仅可以减少计算量，而且可以获得更有效的处理。

（3）图像编码压缩。

图像编码压缩技术主要是为了减少描述图像的数据量，以便节省图像传输、处理的时间和减少所占用的存储器容量。压缩可以在不失真的前提下获得，也可以在允许的失真条件下进行。目前还有专门针对视频图像创建的国际编码标准。

（4）图像分割。

图像分割是数字图像处理中最关键的技术之一。它是将图像中有意义的特征部分提取出来，如图像中的边缘、区域等，为进一步进行图像识别、分析和理解提供条件。

（5）图像分析和理解。

图像分析和理解是图像处理技术的发展和深入，也是人工智能和模式识别的一个分支。在图像分析和理解中主要有图像的描述和图像的分类识别。图像分类识别属于模式识别的范畴，其主要内容是图像经过某些预处理（增强、复原、压缩）后，进行图像分割和特征提取，从而进行分类判决。

综上所述，数字图像处理是一门综合性边缘学科，汇聚了光学、电子学、数学、计算机技术等众多方面的学科知识，得到了人工智能、神经网络、遗传算法、模糊逻辑等新理论、新工具、新技术的支持，因而在近年得到了快速的发展。

6.2.2　典型数字图像处理应用

1. 灰度直方图

灰度直方图是关于灰度级分布的函数，是对图像中灰度级分布的统计。灰度直方图是将数字图像中的所有像素，按照灰度值的大小，统计其出现的频率。如果将图像总像素亮度（灰度级别）看成是一个随机变量，则其分布情况就反映了图像的统计特性，这可用 Probability Density Function（PDF）来刻画和描述，表现为灰度直方图。把直方图上每个属性的计数除以所有属性的计数之和，就得到了归一化直方图。可以直接反映不同灰度级出现的比率。灰度直方图是一个二维图，横坐标为图像中各个像素点的灰度（亮度）级别，纵坐标表示具有各个灰度级别的像素在图像中出现的频数或频率。直方图像素点灰度级集中（直方图窄）的图像，对比度会比较低，图像看起来也不太清晰，如图 6-22 所示。若图像直方图近似均匀分布，对应图像动态范围宽，对比度高，图像则相对清晰很多。因此我们可以处理直方图来达到使图像清晰的目的，比如直方图均衡化。

(a) 原图像

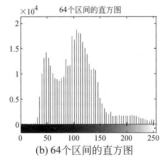
(b) 64个区间的直方图

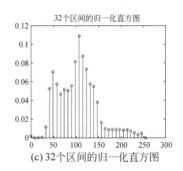
(c) 32个区间的归一化直方图

图 6-22　灰度直方图和归一化直方图

MATLAB 程序代码如下：

```
clc;clear;F = imread('D:\MATLAB\R2010a\经典图像\kodim16.png');        % 读入原图像
F = rgb2gray(F); figure(1);imshow(F);title('原图像');
figure(2);imhist(F,64);title('64 个区间的直方图');
[counts,x] = imhist(F,32);[m,n] = size(F);counts = counts/m/n;
```

figure(3);stem(x,counts);title('32 个区间的归一化直方图');

直方图均衡化是使用图像直方图对对比度进行调整的图像处理方法。目的在于提高图像的全局对比度,使亮的地方更亮,暗的地方更暗。常被用于背景和前景都太亮或者太暗的图像,尤其是 X 光中骨骼的显示以及曝光过度或者曝光不足的图片的调整。把原始图像的灰度直方图从比较集中的某个灰度区间变成在全部灰度范围内的均匀分布。直方图均衡化就是对图像进行非线性拉伸,重新分配图像像素值,使一定灰度范围内的像素数量大致相同。说简单点,就是把原来的图像的灰度分配均匀,使得 0~255 都有一定的取值,这样对比度相对大一些,视觉上更好看一点,如图 6-23 所示。可以直接利用 histeq( ) 函数对图像进行均衡化。

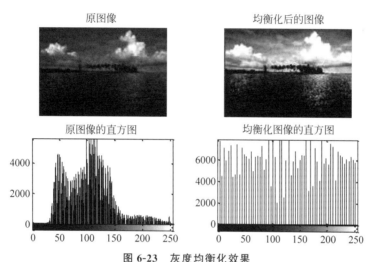

图 6-23　灰度均衡化效果

MATLAB 程序代码如下:

```
clc;clear;
F = imread('D:\MATLAB\R2010a\经典图像\kodim16.png');          %读入原图像
F = rgb2gray(F);
G = histeq(F);%直方图均衡化
subplot(221),imshow(F);title('原图像');
subplot(222),imshow(G);title('均衡化后的图像');
subplot(223),imhist(F);title('原图像的直方图');
subplot(224),imhist(G);title('均衡化图像的直方图');
```

从灰度直方图的意义上说,如果一幅图像的非 0 范围占了所有可能的灰度级,并且在这些灰度级上分布均匀,那么这幅图像的对比度较高,而且灰度色调较为丰富,从而易于进行判读,直方图均衡化恰恰能满足这一要求。

2. 灰度线性变换

灰度线性变换是一种灰度变换,通过建立灰度映射来调整原图像的灰度,达到图像增强的目的。灰度线性变换就是将图像的像素值通过指定的线性函数进行变换,以此增强或减弱图像的灰度,灰度线性变换的公式就是一维线性函数:

$$g(x,y) = a \cdot f(x,y) + b \qquad (6\text{-}1)$$

设 u 为原始的灰度值,则变换后的灰度值 w 为

$$w = a \cdot u + b (0 \leqslant w \leqslant 255) \qquad (6\text{-}2)$$

其中,a 表示直线的斜率,即倾斜程度;b 表示线性函数在 y 轴的截距,参数 a、b 的作用如表 6-1 所示。

表 6-1　参数 a、b 的作用

a、b 的值	作　　用
$a>1$	增大图像的对比度,像素值在变换后全部增大,整体效果被增强
$a=1$	通过调整 b,实现对图像亮度(灰度)的调整
$0<a<1$	图像的对比度被削弱
$a<0$	原来图像亮的区域变暗,暗的区域变亮

使用 MATLAB 对图像进行灰度线性变换没有内置专门的函数,下面的程序对 MATLAB 系统示例图像进行了不同参数的线性变换操作,MATLAB 程序代码如下:

```
F = imread('D:\MATLAB\R2010a\经典图像\1.png'); F = rgb2gray(F);    % 读入原图像,转换为灰度图像
F = im2double(F);                                                  % 转换数据类型为 double
subplot(2,3,1);imshow(F);xlabel('原图像');                         % 显示原图像
a = 1.5; b = - 60; G = a. * F + b/255;subplot(2,3,2);imshow(G);xlabel('a = 1.5,b = - 60 增加对比度');
a = 0.75; b = - 60; G = a. * F + b/255;subplot(2,3,3);imshow(G);xlabel('a = 0.75,b = - 60 减小对
比度');
a = 1; b = 60; G = a. * F + b/255;subplot(2,3,4);imshow(G);xlabel('a = 1,b = 60 线性平移增加亮度');
a = 1; b = - 60; G = a. * F + b/255;subplot(2,3,5);imshow(G);xlabel('a = 1,b = - 60 线性平移减小
亮度');
a = - 1; b = 255; G = a. * F + b/255;subplot(2,3,6);imshow(G);xlabel('a = - 1,b = 255 反相显示');
```

从图 6-24 可以看出,单纯的线性变换可以在一定程度上解决视觉上的图像整体对比度问题,但对图像细节部分的增强则较为有限,结合后面将介绍的非线性变换技术可以解决这一问题。

原图像

a=1.5,b=-60增加对比度

a=0.75,b=-60减小对比度

a=1,b=60线性平移增加亮度

a=1,b=-60线性平移减小亮度

a=-1,b=255反相显示

图 6-24　线性变换示意图

3. 图像的几何变换

图像的几何变换是将一幅图像中的坐标映射到另一幅图片中的新坐标位置,它不改变图像的像素值,只改变像素所在的几何位置,使原图像按照需要产生位置、形状和大小的变换。

（1）图像的平移。

将一幅图片上的所有点都按照给定的偏移量在水平方向沿着 X 轴,在垂直方向沿着 Y 轴移动,平移后的大小相同。原始图像中的点为(x_0, y_0),对称变换后的点为

$$\begin{cases} x_1 = x_0 + \Delta x \\ y_1 = y_0 + \Delta y \end{cases} \tag{6-3}$$

矩阵表示为

$$\begin{bmatrix} x_1 \\ y_1 \\ 1 \end{bmatrix} = \begin{bmatrix} 1 & 0 & \Delta x \\ 0 & 1 & \Delta y \\ 0 & 0 & 1 \end{bmatrix} \begin{bmatrix} x_0 \\ y_0 \\ 1 \end{bmatrix} \tag{6-4}$$

若平移后不丢失信息,需扩大"画布"。

下述程序的运行结果如图 6-25 所示。注意,对于映射在原图像之外的点,算法直接采用白色填充,丢弃了变换后目标图像中被移出图像显示区域的像素。

原图像   平移后的图像

图 6-25 图像平移变换效果

MATLAB 程序代码如下：

```
clc;clear;F = imread('D:\MATLAB\R2010a\经典图像\1.png');      % 读入原图像
F_in = rgb2gray(F); F = F_in(:,:,1); F = double(F);
[h,w,c] = size(F_in);                                        % 读取原图像的尺寸
G = zeros(h,w);                                              % 目标图像与原图像同样大
dx = 10;dy = 20;                                             % 水平、竖直方向的平移值
for i = 1:h
    for j = 1:w
        i1 = i + dx;j1 = j + dy;                             % 平移后的新坐标
        if(i1 > = 0&i1 < = h&j1 > = 0&j1 < = w)
            G(i1,j1) = F(i,j);
        else
            G(i,j) = 255;
        end
    end
end
F_out = uint8(G);subplot(1,2,1);imshow(F_in);title('原图像');  % 显示
subplot(1,2,2);imshow(F_out);title('平移后的图像');
```

（2）镜像。

镜像指原始图像相对于某一参照面旋转$180°$的图像,设原始图像的宽为w,高为h。水平镜像的变换公式如下：

$$\begin{bmatrix} x_1 \\ y_1 \\ 1 \end{bmatrix} = \begin{bmatrix} -1 & 0 & w \\ 0 & 1 & 0 \\ 0 & 0 & 1 \end{bmatrix} \begin{bmatrix} x_0 \\ y_0 \\ 1 \end{bmatrix} \tag{6-5}$$

垂直镜像的变换公式如下：

$$\begin{bmatrix} x_1 \\ y_1 \\ 1 \end{bmatrix} = \begin{bmatrix} 1 & 0 & 0 \\ 0 & -1 & h \\ 0 & 0 & 1 \end{bmatrix} \begin{bmatrix} x_0 \\ y_0 \\ 1 \end{bmatrix} \tag{6-6}$$

图像镜像变换效果如图 6-26 所示。

原图像   水平镜像   垂直镜像

图 6-26　图像镜像变换效果

MATLAB 程序代码如下：

```
clc;clear;F = imread('D:\MATLAB\R2010a\经典图像\1.png');    % 读入原图像
F = rgb2gray(F);                                           % 读入原图像,转换为灰度图像
[h,w,c] = size(F);
G = zeros(h,w,c);
for k = 1:c                                                % 水平镜像
    for i = 1:h
        for j = 1:w
            G(i,w - j + 1,k) = F(i,j,k);
            % 注意图像坐标系与笛卡儿坐标系的不同
        end
    end
end
H = zeros(h,w,c);
for k = 1:c                                                % 垂直镜像
    for i = 1:h
        for j = 1:w
            H(h - i + 1,j,k) = F(i,j,k);
        end
    end
end
subplot(1,3,1);imshow(F);title('原图像');
subplot(1,3,2);imshow(uint8(G));title('水平镜像');
subplot(1,3,3);imshow(uint8(H));title('垂直镜像');
```

（3）图像的旋转。

一般图像的旋转是以图像的中心为原点，旋转一定的角度，即将图像上的所有像素都旋转一个相同的角度。设原始图像的任意点 $A_0(x_0,y_0)$ 经旋转角度 β 以后到新的位置，为表示方便，采用极坐标形式表示，原始的角度为 α，原始图像的点的坐标如下：

$$\begin{cases} x_0 = r\cos\alpha \\ y_0 = r\sin\alpha \end{cases} \tag{6-7}$$

旋转到新位置以后点 $A(x,y)$ 的坐标如下：

$$\begin{cases} x_0 = r\cos(\alpha - \beta) = r\cos\alpha\cos\beta + r\sin\alpha\sin\beta \\ y_0 = r\sin(\alpha - \beta) = r\sin\alpha\cos\beta - r\cos\alpha\sin\beta \end{cases} \tag{6-8}$$

$$\begin{cases} x = x_0\cos\beta + y_0\sin\beta \\ y = -x_0\sin\beta + y_0\cos\beta \end{cases} \tag{6-9}$$

图像旋转用矩阵表示如下：

$$\begin{bmatrix} x \\ y \\ 1 \end{bmatrix} = \begin{bmatrix} \cos\beta & \sin\beta & 0 \\ -\sin\beta & \cos\beta & 0 \\ 0 & 0 & 1 \end{bmatrix} \begin{bmatrix} x_0 \\ y_0 \\ 1 \end{bmatrix} \tag{6-10}$$

MATLAB 系统封装了实现围绕图像中心的旋转变换函数 imrotate，其调用方式如下：

G＝imrotate(F, angle, method,'crop');

在上面的调用方式中，参数 F 是要旋转的原图像；angle 是旋转的角度，单位为度，若其值大于 0，则按逆时针方向旋转图像，否则按顺时针方向旋转；可选参数 method 为插值方法，提供三种取值选择：最近邻插值('nearest')、双线性插值('bilinear')和双三次插值('bicubic')。其中，双三次插值方法可以得到超出原始范围的像素值；'crop'选项会裁剪旋转后增大的图像，使得到的图像与原图像大小一致；输出参数 G 是旋转后的目标图像，下面给出图像旋转的 MATLAB 程序实现，如图 6-27 所示。

图 6-27　图像旋转变换效果

MATLAB 程序代码如下：

```
clc;clear;F = imread('D:\MATLAB\R2010a\经典图像\1.png');    % 读入原图像
F = rgb2gray(F);                                           % 读入原图像,转换为灰度图像
% 最近邻插值法逆时针旋转 30°,并剪切图像
G = imrotate(F,30,'nearest','crop');
subplot(1,2,1);imshow(F);title('原图像');
subplot(1,2,2);imshow(G);title('逆时针旋转 30°的图像');
```

4. 空间域滤波

空间域滤波大体分为两类：平滑滤波、锐化滤波。平滑滤波实质上是模糊处理，用于减小噪声，实际上是低通滤波。包括均值滤波、加权均值滤波、阈值平均滤波、中值滤波、高斯滤波等,应用时它们仅是卷积核之间的不同。而锐化滤波用来提取边缘信息，突出图像边缘及细节、弥补平滑滤波造成的边缘模糊。实际上是高通滤波。典型的滤波器包括 Sobel 边缘提取算子等。

线性空间滤波中相关和卷积的概念相近，相关是滤波器略过图像中每个像素计算乘积之和；卷积运算则是首先将滤波器旋转 180°，之后滤波器略过图像中每个像素计算每个像素的乘积之和。

（1）均值滤波。

均值滤波就是用其像素点周围像素的平均值代替元像素值,在滤除噪声的同时也会滤掉图像的边缘信息的方法。但均值滤波本身存在着固有的缺陷,即它不能很好地保护图像细节,在图像去噪的同时也破坏了图像的细节部分,从而使图像变得模糊,不能很好地去除噪声点,特别是椒盐噪声。均值滤波就是卷积核都是 $1/(M \times N)$ 的一种特殊形式的邻域滤波,如图 6-28、图 6-29 所示。

图 6-28　均值滤波过程示意图

原始图像　　加入高斯噪声后的图像　　均值滤波后的图像

图 6-29　均值滤波效果图

MATLAB 程序代码如下:

```
clc;clear;image = imread('D:\MATLAB2010\1.png');        % 读入图像
noisy_image = imnoise(image, 'gaussian', 0, 0.02);      % 加入高斯噪声
% 定义均值滤波器
filter_size = 3;                                        % 定义滤波器大小
filter = fspecial('average', filter_size);
% 进行滤波
filtered_image = imfilter(noisy_image, filter, 'replicate');
% 显示结果
subplot(1, 3, 1);imshow(image);title('原始图像');
subplot(1, 3, 2);imshow(noisy_image);title('加入高斯噪声后的图像');
subplot(1, 3, 3);imshow(filtered_image);title('均值滤波后的图像');
```

（2）高斯滤波。

高斯滤波是一种线性平滑滤波器,对于服从正态分布的噪声有很好的抑制作用。高斯滤波和均值滤波一样,都是利用一个掩膜和图像进行卷积求解。不同之处在于:均值滤波器的模板系数都是相同的,而高斯滤波器的模板系数,则随着距离模板中心的增大而系数减小(服从二维高斯分布),从而确保中心点看起来更接近与它距离更近的点。所以,高斯滤波器相比于均值滤波器对图像的模糊程度较小,更能够保持图像的整体细节。高斯核函数公式中的 x、y 是滤波器的点坐标,计算出来的值是滤波器上的值,也就是图像上每个点对应的权重,用滤波器与原图像滚动相乘,也就得到了最终的处理结果。

二维高斯函数为

$$G(x,y) = \frac{1}{2\sigma^2\pi} e^{-(x^2+y^2)/(2\sigma^2)} \tag{6-11}$$

如果矩阵与原图像中的元素做的是卷积运算,那么我们可称矩阵为卷积核。如果矩阵是由高斯分布生成的,我们可称其为"高斯核"。高斯卷积核形成过程如图 6-30 所示,效果如图 6-31 所示。

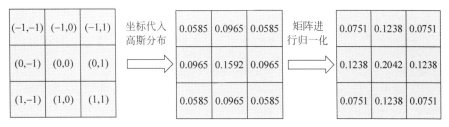

图 6-30 高斯卷积核形成过程

图像+噪声　　　　　　　高斯滤波后的图像

图 6-31 高斯滤波效果

MATLAB 程序代码如下:

```
clc;clear;img = imread('D:\R2018a\kodim20.png');      % 读入图像
img = rgb2gray(img);
img_noise = imnoise(img, 'gaussian', 0.02);           % 添加高斯噪声
h = fspecial('gaussian', [5 5], 2);        % 定义高斯滤波器,5×5,标准差为 2 的高斯滤波器
img_filtered = imfilter(img_noise, h);                % 对添加噪声的图像进行高斯滤波
subplot(1,2,1),imshow(img_noise), title('图像 + 噪声','FontSize', 18);
subplot(1,2,2),imshow(img_filtered),title('高斯滤波后的图像','FontSize', 18);
```

5. 空间域锐化

图像锐化的目的是使图像变得清晰起来,锐化主要用于增强图像的灰度跳变部分,这一点与图像平滑对灰度跳变的抑制正好相反。锐化提高图像的高频分量,增加灰度反差增强图像的边缘和轮廓,以便后期图像识别。

在图像增强过程中,常用平滑算法来消除噪声,平滑属于低通滤波,图像的能量主要集中在低频部分,噪声所在频段主要在高频部分,同时图像的边缘也集中在高频部分,这意味着图像平滑后,高频被衰减轮廓会出现模糊。图像锐化就是为了减少这种现象,通过高通滤波使图像边缘和轮廓变得清晰。

(1)一阶微分图像增强-梯度算子

$$\nabla f = \begin{bmatrix} Gx \\ Gy \end{bmatrix} = \begin{bmatrix} \dfrac{\partial f}{\partial x} \\ \dfrac{\partial f}{\partial y} \end{bmatrix} \tag{6-12}$$

其中，

$$\frac{\partial f}{\partial x} = \lim_{s \to 0} \frac{f(x+s, y) - f(x, y)}{s} \text{ 为} (x, y) \text{处 } f \text{ 对 } x \text{ 的偏导数;}$$

$$\frac{\partial f}{\partial y} = \lim_{s \to 0} \frac{f(x, y+s) - f(x, y)}{s} \text{ 为} (x, y) \text{处 } f \text{ 对 } y \text{ 的偏导数。}$$

梯度的方向就是函数 $f(x, y)$ 最大变化率的方向。梯度的幅值作为最大变化率大小的度量，值为

$$|\nabla f(x, y)| = \sqrt{\left(\frac{\partial f}{\partial x}\right)^2 + \left(\frac{\partial f}{\partial y}\right)^2} \tag{6-13}$$

离散的二维函数 $f(i, j)$，可以用有限差分作为梯度的一个近似值，则

$$|\nabla f(i, j)| = \sqrt{[f(i+1, j) - f(i, j)]^2 + [f(i, j+1) - f(i, j)]^2} \tag{6-14}$$

为了简化计算，可以用绝对值来近似，则

$$|\nabla f(i, j)| = |f(i+1, j) - f(i, j)| + |f(i, j+1) - f(i, j)| \tag{6-15}$$

（2）Robert 算子

$$|\nabla f(i, j)| = |f(i+1, j+1) - f(i, j)| + |f(i, j+1) - f(i+1, j)| \tag{6-16}$$

上面算式采用对角相差的差分法来代替微分，写为滤波模板形式为

$$w_1 = \begin{bmatrix} -1 & 0 \\ 0 & 1 \end{bmatrix}, \quad w_2 = \begin{bmatrix} 0 & -1 \\ 1 & 0 \end{bmatrix} \tag{6-17}$$

其中，w_1 对接近 45° 的边缘有较强响应，w_2 对接近 −45° 的边缘有较强响应。

MATLAB 程序代码如下：

```
clc;clear;img = imread('D:\R2018a\4.bmp');        % 读入图像
w1 = [-1,0; 0,1];w2 = [0, -1; 1, 0];
G1 = imfilter(img, w1, 'corr', 'replicate');
G2 = imfilter(img, w2, 'corr', 'replicate');
G = abs(G1) + abs(G2);
subplot(2,2,1),imshow(img), title('原始图像','FontSize', 18);
subplot(2,2,2),imshow(abs(G1)), title('w1 图像','FontSize', 18);
subplot(2,2,3),imshow(abs(G2)),title('w2 图像','FontSize', 18);
subplot(2,2,4),imshow(G),title('Robert 交叉梯度图像','FontSize', 18);
```

可见 w_1 滤波后 45° 的边缘被突出，w_2 滤波后 −45° 的边缘被突出。Robert 交叉滤波后全部边缘突出显示，如图 6-32 所示。

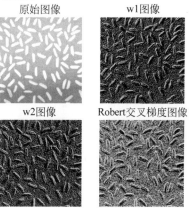

图 6-32　w_1, w_2 和 Robert 交叉梯度图像

（3）Sobel 算子

滤波时一般更多使用奇数尺寸的模板，下面是 Sobel 算子。

$$w_1 = \begin{bmatrix} -1 & -2 & -1 \\ 0 & 0 & 0 \\ 1 & 2 & 1 \end{bmatrix}, \quad w_2 = \begin{bmatrix} -1 & 0 & 1 \\ -2 & 0 & 2 \\ -1 & 0 & 1 \end{bmatrix} \tag{6-18}$$

同 Robert 算子，w_1 滤波后 45° 的边缘被突出，w_2 滤波后 −45° 的边缘被突出。Sobel 交叉滤波后全部边缘突出显示，如图 6-33 所示。

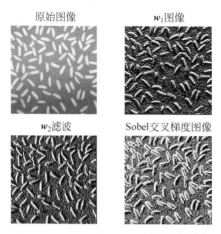

图 6-33　w_1，w_2 和 Sobel 交叉梯度图像

MATLAB 程序代码如下：

```
clc;clear;img = imread('D:\R2018a\4.bmp');        % 读入图像
w1 = [-1, -2, -1; 0,0,0; 1,2, 1];
w2 = [-1,0,1; -2,0,2; -1,0,1];
G1 = imfilter(img, w1);
G2 = imfilter(img, w2);
G = abs(G1) + abs(G2);
subplot(2,2,1),imshow(img), title('原始图像','FontSize', 18);
subplot(2,2,2),imshow(abs(G1)), title('w1 图像','FontSize', 18);
subplot(2,2,3),imshow(abs(G2)),title('w2 滤波','FontSize', 18);
subplot(2,2,4),imshow(G),title('Sobel 交叉梯度图像','FontSize', 18);
```

无论一阶微分算子还是二阶微分算子，各系数之和都为 0，说明算子在灰度恒定区域的响应为 0，即锐化后的图像，在原图比较平坦的区域几乎都变为黑色，而在图像边缘，灰度跳变点的细节被突出显示。一般图像锐化是希望增强图像的边缘和细节，而非将平滑区域的灰度信息丢失。因此，可以用原图像加上锐化后的图像，得到比较理想的结果。

使用 Sobel 算子锐化和 matlab 内置锐化函数锐化之后的图像对比，图 6-34 是内置函数锐化结果。

MATLAB 程序代码如下：

```
clc;clear;img = imread('D:\R2018a\4.bmp');        % 读入图像
w1 = [-1, -2, -1; 0,0,0; 1,2, 1];w2 = [-1,0,1; -2,0,2; -1,0,1];
G1 = imfilter(img, w1);G2 = imfilter(img, w2);
G = abs(G1) + abs(G2);
```

图 6-34　MATLAB 内置锐化图像与 Sobel 交叉梯度图像

```
b = imsharpen(img,'Radius',2,'Amount',1);
subplot(1,3,1),imshow(img), title('原始图像');
subplot(1,3,2),imshow(b), title('imsharpen 图像');
subplot(1,3,3),imshow(G),title('Sobel 交叉梯度图像');
```

imsharpen 滤波图像明显比算子锐化的图像亮度更高,保留了原图比较平坦的部分,比如背景图部分。如果希望上面的滤波函数也达到这个效果,只需要把原图加上滤波后的图像即可,系数是为了防止溢出,比如下面的例子。使用函数为 imshow(G+0.7 * img),title('Sobel 交叉梯度图像')。

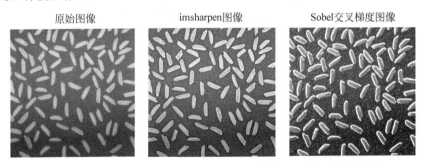

图 6-35　MATLAB 内置锐化图像与改进后的 Sobel 交叉梯度图像

6.2.3　图像信号处理应用实例

本实例以血液样本显微图像中细胞(如图 6-36 所示)的自动计数为目标,通过图像处理和分析技术,识别出血液中的细胞,并自动检测出细胞的个数。

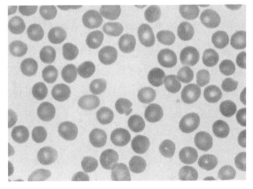

图 6-36　血液样本中细胞显微图像

1. 图像预处理

图像预处理包括彩色图像转为灰度图像、二值化图像、翻转黑白图像和黑色洞填充。将图像更改为二值图像并显示它,那是因为之后会进行侵蚀和膨胀。但是细胞里有太多的洞了。这些孔是细胞的透明部分。孔可能会影响对细胞的处理方法,应该填充它们。首先,将二值图像逆转了黑白。如果对原始的二值图像进行填充,将填充许多细胞。现在可以看到在这些细胞中有很多黑点。细胞图像预处理结果如图 6-37 所示。

二值图像　　　　　　　翻转黑白　　　　　　　填充黑色洞

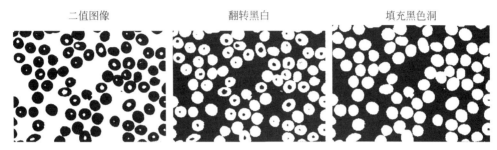

图 6-37　细胞图像预处理

然后使用"imfill"函数来填补这些洞。这个函数可以填充位于白色区域的黑洞。但是边缘上的一些点并没有被破坏。因为这些点并没有被白色的区域所包围。

2. 开运算和图像相减

图像开运算是图像依次经过腐蚀、膨胀处理后的过程。图像被腐蚀后,去除了噪声,但是也压缩了图像(原图中的前景也就变小了);接着对腐蚀过的图像进行膨胀处理,可以去除噪声,并保留原有图像(前景恢复,但是去除了噪声)。在这一步中做开运算,可以减少这些细胞的连接。这种方法可以分离出那些没有紧密连接的细胞。同时,噪点也被清理干净。可以发现仍有许多细胞在连接。但是不能使 disk 更大。如果这样做,一些细胞将会变形,其他细胞可能会消失。事实上,这个开放的操作已经摧毁了一些细胞,应该恢复它们,如图 6-38 所示。

开运算　　　　　　相减后图像　　　　　被删除的细胞图像

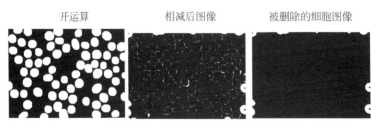

图 6-38　开运算和图像相减结果

在"开运算图像"和"填充黑色洞图像"之间进行减法,可以得到相减后的图像。白色线是被开运算切断的细胞的轮廓,角落和边缘的细胞也被开运算切断。接着设置了一个更小的 disk,并对"相减后图像"再次做开运算,获得被删除的细胞图像。

3. 腐蚀运算和图像相加

接着,设置一个比较大的 disk＝10,并对之前的那个第一次开运算后的图像做腐蚀运算。这样可以彻底分离细胞,而且不会使细胞消失。现在,腐蚀后图像细胞是独立的。我们将对腐蚀后图像和被删除细胞图像进行加法运算。现在,由于开运算而丢失的细胞将返回到图像中。我们几乎可以看到所有的细胞,而且它们都是独立的。

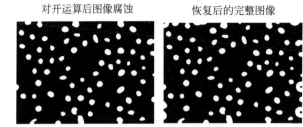

图 6-39　腐蚀运算和图像相加

4. 细胞计数

采取 bwlabel 函数进行简单细胞计数,计算出细胞的个数。

说明:L＝bwlabel(BW,n),返回一个和 BW 大小相同的 L 矩阵,包含了标记了 BW 中每个连通区域的类别标签,这些标签的值为 1、2、num(连通区域的个数)。n 的值为 4 或 8,表示是按 4 连通寻找区域,还是 8 连通寻找,默认为 8。

结果:在 MATLAB 命令窗口可以看到 n＝82。

MATLAB 完整程序代码如下:

```
clear;clc;close all;                          % 清空已有窗口,变量等
I = rgb2gray(imread('D:\R2018a\13.png'));     % 读取并转换为灰度图像
figure,imshow(I),title('Gray Level Image','FontSize', 18);
BW = imbinarize(I,graythresh(I));             % 转换为二值图像
figure,imshow(BW),title('二值图像','FontSize', 18);
BW1 = imcomplement(BW);                        % 翻转黑白
figure,imshow(BW1),title('翻转黑白','FontSize', 18);
BW2 = imfill(BW1,'holes');                     % 填补黑色洞
figure,imshow(BW2),title('填充黑色洞','FontSize', 18);
se1 = strel('disk',14);
BW3 = imopen(BW2,se1);                         % 初步开运算减少白色区域
figure,imshow(BW3),title('开运算','FontSize', 18);
BW4 = BW2 - BW3;                               % 对比开运算前后图像,找出被删除的细胞
figure,imshow(BW4),title('相减后图像','FontSize', 18);
se2 = strel('disk',6);
BW5 = imopen(BW4,se2);        % 开运算对比后图像,消除因细胞大小改变产生的细胞轮廓
figure,imshow(BW5),title('被删除的细胞图像','FontSize', 18);
se2 = strel('disk',10);
BW7 = imerode(BW3,se2);                        % 对图像进行腐蚀,使细胞不再连接
figure,imshow(BW7),title('对开运算后图像腐蚀','FontSize', 18);
BW8 = BW5 + BW7;                               % 与此前消失的细胞的图像合并,恢复它们
figure,imshow(BW8),title('恢复后的完整图像','FontSize', 18);
[L,n] = bwlabel(BW8,4)                         % 标签化并计算个数
```

细胞计数是医学图像处理中一个重要的研究内容。当拍摄的图像中细胞和细胞液颜色差别明显时,判别分析法通常能估计一个好的阈值,将二者良好分开。细胞通常存在粘连现象,通过形态学腐蚀可去掉一些粘连程度较轻的连接细胞,但对多个粘连紧密的细胞,这种方法并不一定有效。

习题

6-1 简述医学信号的特点。举例说明常见的生物医学信号,哪些医学信号是非平稳信号,为什么?

6-2 心电信号是如何产生的? 心电信号有何特点,其对应的生理含义有哪些?

6-3 常见的图像文件格式有哪些? 同一图像文件,哪种格式所占的存储空间最小?

6-4 将图像逆时针旋转 35°和顺时针旋转 35°,用 MATLAB 如何编程实现?

6-5 任意选择一幅彩色图像,通过 MATLAB 编程将其转换为灰度图像,并对灰度图像进行直方图均衡化处理。

参 考 文 献

[1] 丁玉美.数字信号处理-时域离散随机信号处理[M].西安:西安电子科技大学出版社,2002.
[2] 胡广书.现代信号处理教程[M].2 版.北京:清华大学出版社,2015.
[3] 张贤达.现代信号处理[M].3 版.北京:清华大学出版社,2015.
[4] 姚天任,孙洪.现代数字信号处理[M].武汉:华中科技大学出版社,2018.
[5] 饶妮妮,李凌.生物医学信号处理[M].成都:电子科技大学出版社,2005.
[6] 牟琦.神经网络与深度学习——TensorFlow 实践[M].西安:西安科技大学出版社,2022.
[7] 何子述.现代数字信号处理及其应用[M].北京:清华大学出版社,2009.
[8] 陆光华,彭学愚.随机信号处理[M].西安:西安电子科技大学出版社,2002.
[9] 应启珩.离散时间信号分析和处理[M].北京:清华大学出版社,2001.
[10] 王慧琴.小波分析与应用[M].北京:北京邮电大学出版社,2011.
[11] 李媛.小波变换及其工程应用[M].北京:北京邮电大学出版社,2010.
[12] 皇甫堪,陈建文,楼生强.现代数字信号处理[M].北京:电子工业出版社,2003.
[13] 胡广书.数字信号处理——理论、算法与实现[M].3 版.北京:电子工业出版社,2012.
[14] 姚天任.数字信号处理教程[M].2 版.北京:清华大学出版社,2018.
[15] 陈后金.数字信号处理[M].3 版.北京:高等教育出版社,2018.
[16] 王炳和.现代数字信号处理[M].西安:西安电子科技大学出版社,2011.
[17] 李益华.MATLAB 辅助现代工程数字信号处理[M].2 版.西安:西安电子科技大学出版社,2010.
[18] 马昌凤.数字图像处理(MATLAB 版)[M].北京:电子工业出版社,2022.